石油化工卓越工程师规划教材(试用)
辽宁省精品课程教材

过程设备制造

李志安　金志浩　金　丹　主编

中国石化出版社

内 容 提 要

　　《过程设备制造》注重理论联系实际，侧重工程实践，结合过程设备制造企业的实际工艺过程进行编写，主要内容包括：筒节、封头、管件等零部件的下料、成形、组对等工艺及工装设备；过程设备的焊接方法及焊接设备；法兰、管板等机加件的机械加工方法及工艺规程；过程设备质量检验及检测技术；典型过程设备制造工艺与技术要求；过程设备制造质量管理等等。

　　本书为《过程设备设计》教材姊妹篇，为其立体教材资源的主体部分，另配有相应的 PPT 课件、影像教材资源、网络教学资料等教学资源附件；可作为过程装备与控制工程专业的教材，也可作为过程设备设计、制造、检验、维修和使用管理等方面工程技术人员的参考书。

图书在版编目(CIP)数据

　　过程设备制造 / 李志安，金志浩，金丹主编．
—北京：中国石化出版社，2014.8（2021.3重印）
　　ISBN 978-7-5114-2968-1

　　Ⅰ．①过… Ⅱ．①李… ②金… ③金… Ⅲ．①化工过程-化工设备-制造-高等学校-教材 Ⅳ．①TQ051.06

　　中国版本图书馆 CIP 数据核字（2014）第 189441 号

中国石化出版社出版发行
地址:北京市东城区安定门外大街 58 号
邮编:100011　电话:(010)84271850
读者服务部电话:(010)84289974
http://www.sinopec-press.com
E-mail:press@sinopec.com
北京科信印刷有限公司印刷
全国各地新华书店经销
*
787×1092 毫米 16 开本 17.5 印张 411 千字
2014 年 8 月第 1 版　2021 年 3 月第 2 次印刷
定价:45.00 元

《石油化工卓越工程师系列教材》
编委会

前　言

随着国内高等学校本科专业的建设和发展，以及工业建设发展的需要，开设"过程装备与控制工程"专业的院校也在逐渐增多，专业课程的设置和课程的内容也在不断地更新发展。过程装备包括过程设备和过程机器两大部分，从设备设计和制造的角度，过程装备与控制工程专业侧重于过程设备，尤其是制造方面，更侧重于以焊接为主要制造手段的过程设备的制造技术。而过程机器的制造手段主要是机械加工，是机械制造类专业的主要内容。

《过程设备制造》为过程装备与控制工程专业的核心专业课之一。近10年来，过程工业得到了迅速的发展，过程设备（压力容器）制造业也得到了快速发展；过程设备的相关国家标准和法规的内容都进行了更新和完善；过程设备制造新工艺不断出现；过程设备制造工装设备不断创新，行业对本专业人才培养的工程性要求越来越高，编写出版一本适合当前本行业企业急切需求人才培养的"过程设备制造技术"专业课程的教材非常必要而有意义。

本教材注重理论联系实际，侧重工程实践，以目前多数企业过程设备制造工艺流程为主线，结合过程设备制造企业的实际工艺过程进行编写，主要内容包括：筒节、封头、管件等零部件的下料、成形、组对等工艺及工装设备；过程设备的焊接方法及焊接设备；法兰、管板等机加件的机械加工方法及工艺规程；过程设备质量检验及检测技术；典型过程设备制造工艺与技术要求；过程设备制造质量管理等等。教材引入目前过程设备制造先进技术内容，引用的相关标准和规范为目前最新版本。

本教材与《过程设备设计》一书构成姊妹篇，为该教材立体教材资源的主体部分，另配有相应的PPT课件、过程设备制造工艺过程影像教材资源、网络教学资料等教学资源附件。本书可作为过程装备与控制工程本科专业的专业课程教材，也可作为过程设备设计、制造、检验、维修和使用管理等方面的工程技术人员的参考书。

本书由沈阳化工大学李志安教授、金志浩教授、金丹教授主编，负责全书统稿和修改工作。本书绪论由李志安教授编写；第1章由张忠宁副教授、金丹教授、金志浩教授编写；第2章由龚斌教授、金丹教授、李志安教授编写；第3章由杨峥鑫博士、李志安教授、张春梅副教授编写；第4章由孟辉波副教授、张忠宁副教授、金志浩教授编写；第5章由金丹教授、李志安教授、张忠宁副教授编写；第6章由王宗勇副教授、杨峥鑫博士、金志浩教授、林伟讲师编写；第7章由林伟讲师、金丹教授、金志浩教授编写；第8章由张春梅副教授、李志安教授、杨峥鑫博士编写。

本书的编写参阅了近几年出版的相关教材和专著以及大量的标准规范，主要参考文献列于书后。在此对有关作者一并表示感谢！

由于编者水平所限，书中难免有不足之处，诚请同行专家及广大读者批评指正。

目　　录

0 绪 论

0.1 过程装备的概念

0.1.1 过程工业

过程装备与控制工程专业的工业背景为过程工业。

按照国际标准化组织的认定(ISO/DIS 9000∶2000)，以流体(气、液、粉粒体等)形态为主要原料生产加工出来的产品为"流程性材料产品"。生产流程性材料产品的工业则为过程工业，它包括化工、石油化工、生物化工、化学、炼油、制药、食品、冶金、环保、能源、动力等诸多行业与部门。过程工业所涉及的一些物理、化学过程，主要有传质过程、传热过程、流动过程、反应过程、机械过程、热力学过程等。正是这些物理、化学过程，构成了过程工业的生产过程。

0.1.2 过程装备

在过程工业中，要实现一系列的物理和化学的生产过程，达到工业生产的目的，必需要有相应的过程装备。过程装备是指由一系列的过程机器和过程设备，按一定的流程方式用管道、阀门等连接起来的、再配以必要的控制仪表和设备的独立密闭系统。如图0-1所示。

图 0-1 过程装备(过程工业的工厂一角)

从设备的角度，过程装备总体分为两大类：过程设备(静设备)和过程机器(动设备)。过程设备根据在生产工艺过程中的作用原理可为以下四大类：

(1) 反应设备

主要用于完成介质的物理、化学反应的设备，包括各种反应器、反应釜、聚合釜、转化炉、合成塔、转化器、煤气发生炉等。

1

（2）储存设备

主要用于储存或者盛装气体、液体、液化气体等介质的设备，包括各种金属储罐、非金属储罐、球形储罐、气柜、各种储存容器等。

（3）换热设备

主要是用于完成介质的热量交换的设备，包括各种换热器、冷凝器、冷却器、蒸发器、废热锅炉等。

（4）分离设备

主要是用于完成介质的流体压力平衡缓冲和气体净化分离的设备，包括各种分离器、过滤器、吸收塔、洗涤塔、汽提塔、干燥塔、分气缸、除氧器等。

过程机器主要是指流体输送和液、固分离的机械设备，主要有以下几类：

（1）泵

主要用于液体介质的输送和加压的设备，包括离心泵、往复泵、真空泵、齿轮泵等。

（2）压缩机

主要用于气体介质的输送和加压的设备，包括往复式压缩机、离心式压缩机、回转式压缩机、螺杆式压缩机等。

（3）鼓风机

主要用于气体介质的输送的设备，包括离心式鼓风机、罗茨鼓风机等。

（4）液体和固体分离机械

包括各种离心机、真空过滤机、叶片过滤机等。

从设备设计和制造的角度，过程装备与控制工程专业侧重于过程设备，过程机器主要包含在机械制造类专业中。在制造方面，过程设备的制造技术中除少部分锻造和铸造设备外，绝大部分为焊制设备，所以，本教材重点突出焊制过程设备制造的内容。

0.2 过程设备制造工艺过程

0.2.1 过程设备的总体结构

图0-2为卧式储存设备结构简图。储存设备基本没有内部构件，是由筒体、封头、接管、人孔、管法兰、支座等零部件组成。

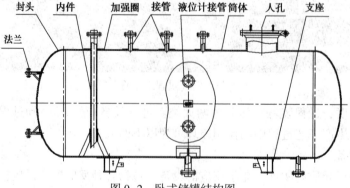

图0-2 卧式储罐结构图

图 0-3 为固定管板式换热设备结构总图。由筒体、封头、接管、管箱法兰(也叫设备法兰)、管法兰、管板、换热管束、膨胀节、折流板、支座等零部件组成。

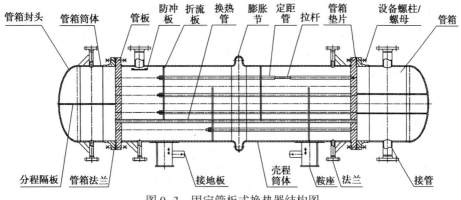

图 0-3 固定管板式换热器结构图

图 0-2 和图 0-3 是两种典型的过程设备图,从中可以看到,所有的过程设备在结构上有个共同的特点,都具有一个或多个封闭的外壳,这种封闭的壳体统称为压力容器。压力容器外壳,加上各种内部构件和附件就组成了过程设备。

0.2.2 过程设备的主要零部件

过程设备的外壳称为压力容器,在设备运行过程中承受介质压力作用的零部件称为受压元件。过程设备中主要受压元件包括筒体(壳体)、封头(端盖)、膨胀节、设备法兰、球罐的球壳板、换热器的管板和换热管、M36 以上设备的主螺柱及公称直径大于等于 250mm 的接管和管法兰。

筒体通常用钢板经过弯卷和焊接加工成形,当筒体较长时由多个筒节组焊而成。小直径的筒节用无缝钢管制作,大直径的筒节用多块钢板组焊而成。厚壁高压容器可以采用锻焊加工工艺、多层缠绕加工工艺、多层热套加工工艺成形式。

封头有凸形封头(椭圆形、球形、蝶形封头等)、锥形封头和平板形封头等多种形式。凸型封头视直径大小不同可采用整板或拼板冲压、旋压的方法来制造,超大直径的封头采用分瓣冲压然后组焊的方法来制造。

接管、人孔是压力容器上的主要部件。较大直径的开孔要进行开孔补强。接管与筒体的连接,采用角接接头或 T 形接头。一般情况,接管和人孔为受压元件,其制造要求与筒体相同。

设备法兰、管板类零部件,主要通过机械加工工艺成形。当法兰或管板厚度较薄时,其毛坯可采用钢板,当厚度较大时毛坯采用锻件。

容器内部的所有构件统称为内件。如塔器设备的塔盘、换热器内的管束、反应器内的搅拌机构、储罐内的加热盘管等。有的内件是受压元件,应该按照《固定式压力容器安全技术监察规程》等相关法规和标准的规定进行制造。

支座有多种形式。立式容器常采用裙式支座、立柱式支座、悬挂式支座等;卧式容器常采用鞍式支座、圈座或支承式支座。支座不属于受压元件,但其加工制造精度也要满足相关标准的要求。

0.2.3 过程设备制造工艺流程

制造工艺是指产品制造(加工和装配)的方法和手段。根据过程设备零部件及总体结构特点,过程设备制造工艺内容主要包括三种工艺:铆工工艺、焊接工艺和机加工艺。

其中,铆工工艺是指筒体、封头类零部件的下料划线、成形组对、开孔划线及总体组装等加工方法和技术要求;焊接工艺是指在过程设备制造过程中所有与焊接有关的加工方法、实施措施和技术要求;机加工艺是指对法兰、管板类零部件通过机械加工使其形状、尺寸、相互位置和表面质量达到要求的加工方法和技术要求。

制造工艺过程是指按照一定的加工方法和加工顺序(工序)制造产品的生产全过程。

过程设备的制造过程,就是将所有的受压元件和非受压元件加工制造出来,再进行装配、检验直至合格的整个生产过程。过程设备制造工艺流程是设备制造的一个工艺路线,制造单位的各个部门应按工艺流程进行过程设备的生产。将过程设备制造的各个工序,按先后顺序排列出的工艺图形,称为工艺流程图,如图0-4所示。

图0-4是过程设备制造的典型工艺流程图,这个流程图指示了每个零部件的加工制造工序及组装、耐压试验、除锈喷漆的设备制造全过程。如筒体的加工制造过程可以分为原材料的检验、划线、切割,受压元件的成形、焊接、组装等工序;管板的加工制造过程分为毛坯检验、机加外圆和上下表面、划线、钻孔等工序。工艺流程图是对设备制造的工艺内容和工序顺序的总体设计,对每一道工序的具体实现,还要编制工艺过程控制文件(如工艺规程、工艺过程卡等,统称为工艺文件),给出加工零件所用的方法或设备、加工过程应控制的规范参数、加工精度、质量要求等等。

工艺流程和工艺过程控制文件是过程设备制造的重要依据,是由制造工程技术人员进行编制。工艺文件编制过程大体包括以下步骤:首先,对施工图纸进行审核,主要审核图纸批准手续的合法性,图纸技术要求标准的规范性,零部件的规格、材质、数量和重量的准确性,图样结构尺寸的相符性,图纸的技术要求提出的有关制造工艺的可行性;然后选定加工方法,确定设备中各零部件的加工工艺路线,绘制工艺流程图;最后,根据零部件的形状和技术要求以及制造厂工装设备的情况,按现行技术标准规范的要求,编制工艺过程卡,确定整个设备制造所要采用的工艺和技术措施,提出完整的工艺过程控制文件,以指导设备制造生产全过程。

0.3 过程设备制造的特点

0.3.1 过程设备的大型化与运输条件限制

随着石油化工生产装置的大型化,过程设备相应的也向大型化发展。较大的过程设备,直径可达3000~6000mm,壁厚可达50~100mm,质量可达100~300t。大型设备质量就更大。例如国产板焊结构的加氢反应器直径为3000mm,壁厚128mm,单台质量为265t;锻焊结构加氢反应器直径为4200mm,壁厚281mm,单台质量为961t。其制造技术要求高,施工周期长,运输、安装难度大。

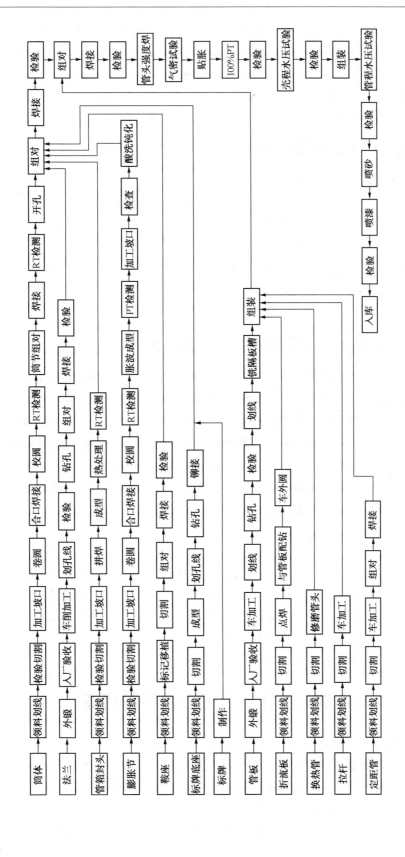

图0-4 固定管板式换热器制造工艺流程图

过程设备基本属于单件非标设备，很难形成批量生产。根据过程设备的结构特点、制造技术和运输条件不同，制造方法分为整体制造和分段制造以及现场制造。大多数过程设备都是在制造厂整体制造，然后运到现场进行安装；但对于直径超过4000mm、或长度超过20m、或质量超过300t的大型设备，因受运输条件的限制，一般要在制造厂分段制造，然后运到现场组装成整体再进行安装。

0.3.2 焊接是过程设备制造的主要工艺

焊接是过程设备制造质量的重要控制环节。在过程设备的焊接中，焊条电弧焊的比例正在降低，埋弧自动焊、二氧化碳气体保护焊、氩弧焊的比例正在加大。自动焊接技术和焊接机器人的使用，使大型容器的焊接实现了自动化。等离子堆焊、多丝、大宽度带极堆焊、电渣焊、窄间隙焊等焊接方法，已在过程设备制造上得到广泛应用。

另外，过程设备使用的材料种类多，有碳素钢、低合金钢、耐热钢、不锈钢、低温钢、抗氢钢和特殊合金钢等材料，对钢材的品质要求越来越严。对于不同材料的焊接，要求焊接过程采用的相应工艺措拖更加严格，如焊前预热、焊接保温、焊后热处理等。

0.3.3 过程设备制造需要相应的资质和必要的条件

过程设备制造企业，必须具有专业的生产厂房、材料库、加工设备和施工机具；必须有一支经验丰富的技术管理、技术施工队伍和完善的压力容器质量保障体系，以及与之相配套的管理措施和制度；必须取得国家质量技术监督局或地方质量监督部门认可的资质。

过程设备(压力容器)属于特种设备，我国规定压力容器的设计和制造实行许可证制度，过程设备的制造企业必须按照技术监督部门批准的压力容器制造许可证的等级来生产，未经批准或超过批准范围生产压力容器都是非法的。压力容器制造许可证每隔四年要进行换证审核，达不到要求的要取消压力容器制造许可证。

0.3.4 过程设备制造的协作性

随着过程设备趋向大型化，制造企业需要有大型厂房，并配有大吨位的行车、大型卷板机、大型水压机、大型热处理炉和各种类型的焊接变位机等。具备上述设备，已成为提升制造过程设备能力的关键因素。一个制造企业购置所有的加工设备需要花大量的资金，而大部分设备又长时间处于闲置状态，势必造成巨大的浪费。因此，专业化生产和社会化分工协作，是提升过程设备制造能力和制造水平的最佳方式。

0.4 过程设备制造课程的任务、主要内容和特点

《过程设备制造》是过程装备与控制工程专业的一门主干专业课。《过程设备制造》的研究对象是过程设备的制造工艺，即如前所述三大主要工艺：铆工工艺、焊接工艺和机加工工艺，其指导思想是在保证质量的前提下，提高产品的生产效率和经济性。工艺是生产中最活跃的因素，它既是构思和想法，又是实在的方法和手段，并落实在材料管理、下料成形、开孔组对、整体组装等工序构成的整个工艺系统之中。《过程设备制造》所包涵和涉及的范围

非常广泛，需要多门学科知识的支持，同时又和生产实际联系十分密切。

0.4.1 课程的主要任务

① 掌握下料、成形的基本概念和方法，了解下料、成形的相关设备工作原理和设备选择；学会铆工工艺文件的编制和应用。

② 掌握焊接基本原理，了解常用焊接方法和工艺要求，了解过程设备常见金属焊接的工艺要点；学会焊接工艺规程、焊接工艺评定等工艺文件的编制和应用。

③ 了解法兰、管板类机械加工零件的机械加工工艺过程，学会机械加工工艺规程的编制和应用。

④ 掌握过程设备制造质量检验的方法和手段，了解过程设备制造的质量管理体系，学会质量检验的基本技能和质量管理的基本方法。

0.4.2 课程的主要内容

根据过程设备制造的工艺流程和特点，《过程设备制造》课程的主要内容如下：

第 1 章 过程设备下料工艺

介绍过程设备壳体零部件的展开划线：包括筒体、各种封头的展开计算，U 形膨胀节、变径段、扩容段的展开计算；划线，放样；标记和标志移植。介绍切割下料及边缘加工的方法和相关器具、设备。

第 2 章 过程设备成形工艺

介绍筒节的弯卷成形工艺及其设备；封头的封头冲压成型和旋压成形工艺及设备；管子的弯曲方法；压力容器 U 形膨胀节的成形工艺及其设备，等等。

第 3 章 过程设备焊接工艺

介绍焊接基本原理；焊接接头形式与坡口形式；焊接残余变形和残余应力；常见焊接缺陷及预防措施；常用焊接方法及其焊接工艺；金属材料的焊接性及其焊接工艺评定；常用金属的焊接及焊接工艺要点；焊前预热与焊后热处理：目的、方法及热处理设备等。

第 4 章 过程设备组装工艺

介绍圆筒筒节与筒节的组对、圆筒与封头的组对、开孔接管组装等工艺方法、技术要求和组装用工装设备。

第 5 章 过程设备机加件工艺

结合法兰、管板类零部件特点，介绍常见机械加工零件表面形式、加工方法、表面质量与精度要求；法兰、管板、轴类另件的毛坯及其选择、加工工艺过程；介绍机械加工工艺规程的作用、内容及其编制。

第 6 章 过程设备制造质量检验与检测

介绍过程设备制造质量检验的内容、方法及要求；介绍无损检测的方法、主要技术及检测质量评定；声发射检测技术简介；过程设备的耐压试验与泄漏试验。

第 7 章 典型过程设备制造过程简介

介绍管壳式换热器、塔设备、球形储罐、高压厚壁容器的制造工艺技术要求；设备喷漆包装技术要求等。

第 8 章 过程设备制造质量管理和质量保证体系

介绍国家关于过程设备制造质量管理和安全监察的部门、法规标准；介绍 ISO 质量管理体系；制造企业质量管理与质量保证体系；介绍我国石化行业的 QHSE 管理体系。

0.4.3 课程的特点

① 《过程设备制造》是一门专业性比较强的专业课程，它与基础课和专业基础课不同，随着科技进步和经济的发展，课程内容在不断地更新和充实。其中涉及许多国家标准、法规和规范，在学习和应用过程中要以最新版本为准。

② 课程的工程性和实践性非常强，与生产实际的联系十分密切。具有一定的实践知识，才能学习得比较深入和透彻，因此要注重生产实践知识的学习和积累。

③ 课程具有较强的综合性。本课程涉及的相关课程和专业较多，如铆工下料属于钣金学内容，成形组对属于铆工和钳工的工艺结合，焊接工艺属于焊接专业的专业课程内容，机械加工工艺属于机械制造工艺学内容，质量管理属于企业管理的内容，等等。

本课程各章节的内容就其专业性来看，都具有相对的独立性，但从过程设备制造工艺流程上看，各个章节又具有密切的联系，在设备制造的过程中，每个工序都不是按照课程章节内容孤立进行的，在划线、成形过程中有检验、有焊接；在机械加工过程中有检验、有组对等等。所以说本课程具有较强的整体性，学习时要有一个整体、立体的概念，才能更好地掌握和理解全部内容。

过程设备制造工艺和技术要求，不仅仅体现在制造工艺文件中，有些制造技术要求和质量要求还要体现在设备制造施工图纸等技术文件和质量管理文件中。这就要求，不仅是设备制造工厂里的工艺技术人员要具备设备制造工艺知识；对于过程设备的设计人员，对于过程设备制造质量检验、质量管理、生产管理等技术人员都需要具备制造工艺相关知识。因此，学习《过程设备制造》课程，掌握过程设备制造工艺知识，对从事过程设备设计，从事过程设备制造的工艺编制、质量检验、质量管理、生产管理，从事过程设备的安装和使用管理等工作，都是非常必要而有意义。

1 过程设备下料工艺

绪论中已经介绍，过程设备是由许多受压元件组成，其中：筒体、封头（端盖）、膨胀节、球罐的球壳板等元件为壳体零部件，主要用钢板经过弯卷、焊接加工或锻造加工等工艺成形；管板、法兰等元件需经过焊接加工或锻造加工和机械加工工艺成形。

本章将介绍过程设备制造的第一个环节，即下料工艺过程。其内容主要包括：钢材的预处理、展开划线、切割下料及边缘加工等三部分。

1.1 钢材的预处理

钢材的预处理是指对钢板、钢管和型钢等材料在某项加工处理之前进行的预先处理，对于过程设备制造来说，一般包括钢材的净化处理、矫形等处理。本节主要介绍受压壳体制造准备中常用的钢材预处理方法，即净化处理和矫形。

净化处理主要是指对钢材在划线、切割、焊接加工之前和经过切割、坡口加工、成形、焊接之后清除其表面的锈、氧化皮、油污和熔渣等的处理过程。一般来说，净化处理贯穿于过程设备制造的整个制造工艺流程过程中。

矫形则主要是指对钢材在运输、吊装或存放过程中所产生的变形进行矫正的处理过程。

1.1.1 净化处理

1.1.1.1 净化处理的作用

（1）延长钢材耐腐蚀寿命。

除锈质量的好坏直接影响着钢材的腐蚀速度。不同的除锈方法对钢材的保护寿命也不同，如抛丸或喷丸除锈后涂漆的钢板比自然风化后经钢丝刷除锈涂漆的钢板耐腐蚀寿命要长5倍之多。钢板表面氧化皮存在的多少对腐蚀速度的影响参见表1-1。

表1-1　钢板表面氧化皮的多少对腐蚀速度的影响

样板编号	用喷砂法除氧化皮的面积/%	阴极与阳极面积比	去除氧化皮钢材腐蚀速度/（mm/a）
1	5	10：1	1.140
2	10	9：1	0.840
3	25	3：1	0.384
4	50	1：1	0.200
5	100	—	0.125

（2）保证焊接质量。

对焊接接头处，尤其是坡口处进行净化处理，清除锈、氧化物、油污等影响焊接质量的杂物。

（3）提高下道工序的配合质量。

例如，下道工序需要进行喷镀、搪瓷、衬里的设备以及多层包扎式和热套式高压容器的制造，净化处理是很重要的一道工序。

1.1.1.2 净化方法

对局部维修等净化处理可使用手工净化，即手工用砂布、钢丝刷或手提砂轮打磨（磨削），显然这种方法劳动强度大、效率低。在现代专业化的生产中常使用喷砂法、抛（喷）丸法和化学清洗法等净化方法。下面简单介绍过程设备制造过程中常用的喷砂法和抛（喷）丸法的净化方法。

（1）喷砂法

喷砂法是采用压缩空气为动力，将喷料（一般采用石英砂）高速喷射到要被处理工件表面，使工件表面的外表或形状发生变化。由于喷料对工件表面的冲击和切削作用，可除去工件表面的锈和氧化皮等，使工件的表面获得一定的清洁度和不同的粗糙度，使工件表面的机械性能得到改善，因此提高了工件的抗疲劳性，增加了它和涂层之间的附着力，延长了涂膜的耐久性，也有利于涂料的流平和装饰。喷砂是目前国内常用的一种机械净化方法，虽然效率较高，但粉尘大，对人体有害并对环境有污染，一般操作工人要佩戴防尘面具并在封闭的喷砂室内进行。

喷砂的工作原理如图 1-1 所示。

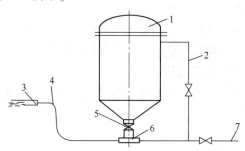

图 1-1　喷砂装置工作原理

1—砂斗；2—平衡管；3—喷砂嘴；4—橡胶软管；5—放砂旋塞；6—混砂管；7—导管

喷砂机所用砂粒为均匀石英砂（直径为 1.5~3.5mm），压缩空气的压力一般为 0.5~0.7MPa，由于喷嘴受冲刷磨损较大，所以喷嘴常用硬质合金或陶瓷等耐磨材料制成。

由于一般利用传统喷砂法进行净化处理往往会对工人的身体健康产生较大危害，同时对环境也会造成污染。所以，目前过程设备制造厂正在逐步采用无尘喷砂机或液体喷砂机来取代传统喷砂机进行净化处理，可以达到降低或消除传统喷砂机的灰尘污染。

无尘喷砂机，一般是将传统喷砂机的喷砂嘴处加以改造，使喷砂机喷嘴与被处理工件间密封良好，并增加喷砂的回收、砂尘分离及除尘等回收循环装置。

液体喷砂机一般是利用高压水取代传统喷砂机中的压缩空气，有些时候根据被处理工件表面污物的性质，也可以不使用石英砂而只用高压水。

（2）抛（喷）丸法

抛丸法是利用高速旋转的叶轮把丸料（直径在 0.2~3.0mm 的小钢丸或小铁丸）高速地抛向工件表面，可以除去工件表面的氧化层。同时钢丸或铁丸高速撞击零部件表面，造成零部件表面的晶格扭曲变形，使表面硬度增高，是对零部件表面进行清理的一种方法。抛丸法常用来铸件表面的清理或者对零部件表面进行强化处理。抛丸法产生的灰尘较小，并可以几个抛头上下左右一起同时进行，所以效率高且对环境污染较小。

喷丸法与上述的喷砂法类似，只是将喷砂法中的砂料换成喷丸法中使用的丸料而已。值得注意的是，由于抛丸法利用的是离心力，丸料要由抛丸器抛出，其抛丸方向和工件之间的夹角往往会受到限制；而喷丸法则可以由操作工人调节喷嘴的方向自由地获得最有利的喷丸角度。因此，对于某些工件可能采用喷丸法比采用抛丸法处理效果更好。

抛丸机系统装置如图 1-2 所示，主要由以下 4 个部分组成：

① 抛丸器一般用高速旋转的叶轮将丸料在高离心力作用下向一定方向抛射。在工作过程中，有的抛丸器可作一定角度的摆动或上、下移动。图 1-3 为抛丸器中的叶轮。

② 丸料收集、分离和运输系统。

③ 使工件在抛丸清理过程中连续不断运行和翻转的承载体。

④ 除尘系统。

图 1-2　抛丸机系统装置

图 1-3　抛丸器中的叶轮

1.1.2　矫形

过程设备制造所用的钢板、型钢、钢管等原材料，在轧制、运输和存放过程中，由于轧辊受热不均、钢材的自重、钢材的支撑不当或装卸条件不良等原因，均会使钢材产生弯曲、波浪形或扭曲变形。这些变形都会影响产品制造质量，必须进行矫形。另外，焊接加工常使工件产生各种变形，也需矫形。

实际上，钢材的任何一种变形都是由于其中一部分纤维比另一部分纤维缩得短些或是伸得长些所致。因此，矫正就得将较短的纤维拉长和将较长的纤维缩短而使之一样长，但实际上一般都采取拉长纤维的方法，因为压缩纤维难以实现。

有些制造精度要求较高的过程设备(如热套式、层板包扎式高压容器要求钢板的变形很小)，对保存较好的供货钢材也需要矫形，因为供货时的平面度要求有时不能满足实际制造的要求。钢板供货的不平度、型钢供货弯曲度要求见表 1-2，过程设备制造前一般钢材的变形量允许偏差可参见表 1-3，就钢板而言，供货的钢板不平度要求有时不能满足容器制造的变形量允许偏差(<1mm/m 或 1.5mm/m)的要求，因此钢板在设备制造前应予以矫形，以保证壳体的制造精度要求。

矫正方法有机械矫正和火焰矫正。机械矫正主要用冷矫正方法，当变形较大、设备能力不足时，可用热矫正方法。机械矫正方法及其适用范围见表 1-4，常用矫正设备及矫正设备精度见表 1-5，火焰矫正原理及其适用范围见表 1-6。

表 1-2　钢板供货的不平度、型钢供货的弯曲度要求　　　　　　　　　　mm

钢材名称	不平度或弯曲度		
	公称厚度	公称宽度	公称宽度
		≤3000	>3000
		测量长度	
		1000	1000
钢板 GB 709—2006	3~5	9	15
	>5~8	8	14
	>8~15	7	11
	>15~25	7	10
	>25~40	6	9
	>40~400	5	8
等边角钢	每米弯曲度≤3，总弯曲度≤总长度的 0.3%[①]		
槽钢	每米弯曲度≤3，总弯曲度≤总长度的 0.3%[①]		
工字钢	每米弯曲度≤2，总弯曲度≤总长度的 0.2%[①]		

注：①摘自 GB/T 706—2008《热轧型钢》。

表 1-3　一般钢材变形量允许偏差

偏差名称	图　　示	允许值/mm
钢板的局部弯曲度		$\delta \geqslant 14$ 时：$f \leqslant 1$ $\delta < 14$ 时：$f \leqslant 1.5$
型钢及管子 的直线度		$f \leqslant \dfrac{L}{1000}$ 且 $f \leqslant 5$
角钢两肢的垂直度		$f \leqslant \dfrac{b}{100}$ 且 $f \leqslant 1.5$
工字钢、槽钢翼缘 的倾斜度		$f_1 \leqslant \dfrac{b}{100}$；$\begin{array}{l}L > 10\text{m}；f_2 \leqslant 5\\ L < 10\text{m}；f_2 \leqslant 3\end{array}$

表 1-4 机械矫正方法及其适用范围

矫正方法	矫正设备及其示意图	适用范围
手工矫正	手锤、大锤、型锤(与被矫正型材外形相同的锤)或一些专用工具	操作简单、劳动强度大、质量不高,适用于设备无法矫正的场合
拉伸机矫正	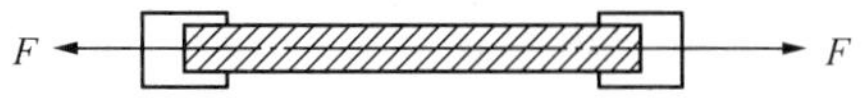 (a)拉伸机	适用于薄板瓢曲矫正、型材扭转矫正及管材的矫直
压力机矫正	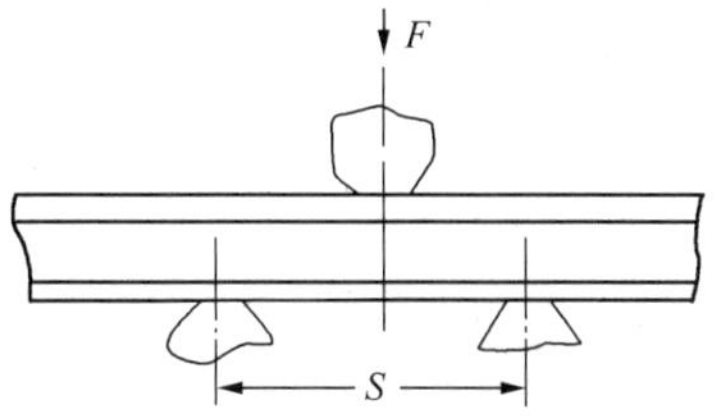 (b)压力机	适用于板材、管材、型材的局部矫正。对型钢的校正精度一般为 1.0mm/m
辊式矫板机矫正	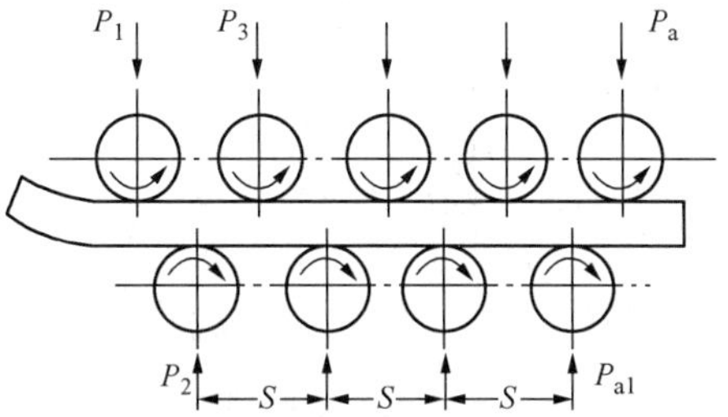 (c)辊式矫板机	适用于钢板的矫正,不同厚度的钢板选择辊子数目、直径不同的矫板机,矫正精度为 1.0~2.0mm
斜辊矫管机矫正	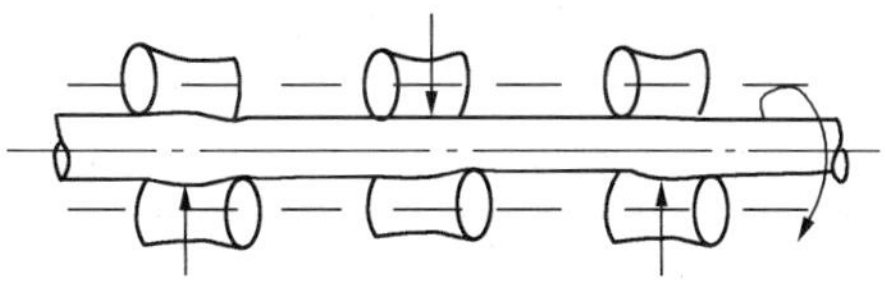 (d)2-2-2 型斜辊矫管机 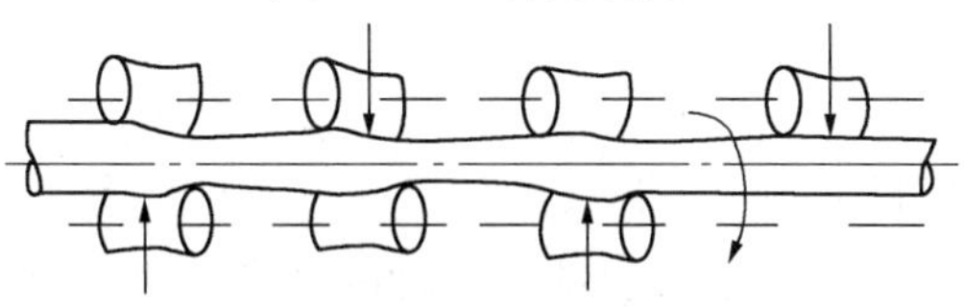 (e)2-2-2-1 型斜辊矫管机	适用于管材、棒材的矫正,有不同的结构形式,如左图所示。图(d)所示为主动辊对称分布,被矫件受对称圆周力,工件稳定。有一个矫正循环。图(e)所示主动辊仍是对称分布,而且有两个矫正循环,矫正质量较高
型钢矫正机矫正	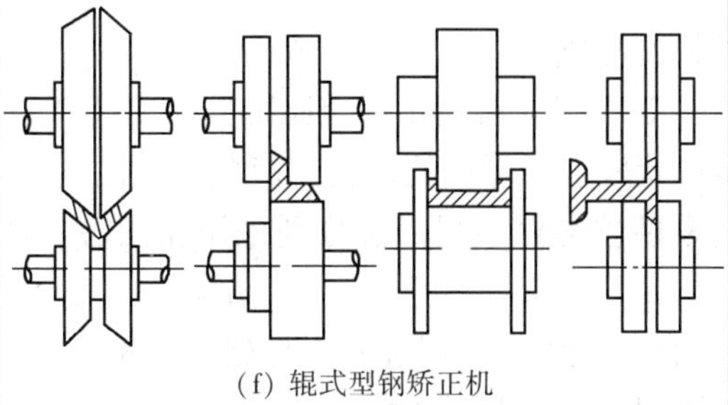 (f)辊式型钢矫正机	适用于型钢的矫正。矫正辊的形状与被矫型钢截面形状相同,一般上、下列辊子对正排列,以防止矫正过程中产生扭曲变形

13

表 1-5 常用矫正设备及矫正设备精度

矫正设备		矫正范围	矫正精度/(mm/m)
辊式矫正机	多辊板材矫正机	板材矫平	1.0~2.0
	多辊角钢矫正机	角钢矫直	1.0
	矫直切断机	卷材(棒料、扁钢)矫直切断	0.5~0.7
	斜辊矫正机	圆截面管材及棒材矫直	毛料 0.5~0.9 精料 0.1~0.2
压力机	卧式压力弯曲机	工字钢、槽钢的矫直	1.0
	立式压力弯曲机	工字钢、槽钢的矫直	1.0
	手动压力弯曲机	胚料的矫直	精料模矫时 0.05~0.15
	磨擦压力机	胚料的矫直	
	液压机	大型轧材的矫直	

表 1-6 火焰矫正原理及其适用范围

示意图	矫正原理	适用范围
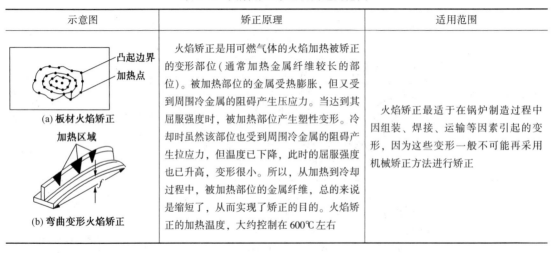	火焰矫正是用可燃气体的火焰加热被矫正的变形部位(通常加热金属纤维较长的部位)。被加热部位的金属受热膨胀,但又受到周围冷金属的阻碍产生压应力。当达到其屈服强度时,被加热部位产生塑性变形。冷却时虽然该部位也受到周围冷金属的阻碍产生拉应力,但温度已下降,此时的屈服强度也已升高,变形很小。所以,从加热到冷却过程中,被加热部位的金属纤维,总的来说是缩短了,从而实现了矫正的目的。火焰矫正的加热温度,大约控制在600℃左右	火焰矫正最适于在锅炉制造过程中因组装、焊接、运输等因素引起的变形,因为这些变形一般不可能再采用机械矫正方法进行矫正

1.2 展开划线

划线是在原材料或经粗加工的坯料上划出下料线、加工线、各种位置线和检查线等,并打上(或写上)必要的标志、符号。划线工序通常包括对零件的展开计算、放样和打标记。

划线前应先确定坯料尺寸。坯料尺寸由零件展开尺寸和各种加工余量组成。确定零件展开尺寸的方法如下:

① 作图法:用几何制图法将零件展开成平面图形。

② 计算法:按展开原理或压(拉)延变形前后面积不变原则推导出计算公式。

③ 试验法:通过试验公式决定形状较复杂零件的坯料,简单、方便。

④ 综合法:对计算过于复杂的零件,可对不同部位分别采用作图法、计算法,有时尚需用试验法配合验证。

过程设备制造过程中欲展开的零件,大多属于用金属板材制成的钣金零件。在画法几何和工程制图中,钣金零件的表面分为可展和不可展两种。都是由平面组成的钣金零件表面,属于可展的表面。而由曲面组成的钣金零件表面能否可展，则根据组成其表面的曲面性质而定。

由直线运动所产生的曲面，即两相邻素线相互平行或相交的直纹曲面，均属于可展曲面，例如柱面、锥面等。除直纹曲面外，其他所有的曲面都是不可展曲面，由不可展曲面表面组成的钣金零件表面的展开常采用近似展开的方法画出其展开图。绘制实际生产中的展开图，要考虑板厚、加工余量等制造中的因素。

1.2.1 零件的展开计算

板料在弯曲过程中外层受到拉应力，内层受到压应力，从拉到压之间有一既不受拉力又不受压力的过渡层——中性层，中性层在弯曲过程中的长度和弯曲前一样，保持不变，所以中性层是计算弯曲件展开长度的基准。中性层位置与变形程度有关，当弯曲半径较大，折弯角度较小时，变形程度较小，中性层位置靠近板料厚度的中心处；当弯曲半径变小，折弯角度增大时，变形程度随之增大，中性层位置逐渐向弯曲中心的内侧移动。

对于过程设备壳体零部件的加工制造，一般可近似认为钢板的中间面即为中性层，即在加工过程中长度保持不变，因此，在下面各例中均以壳体的中间面作为展开计算的基准。

1.2.1.1 可展零件的展开计算

（1）圆筒体（筒节）的展开计算

筒节展开如图1-4所示。已知 H、DN（公称直径，由钢板卷焊制造的圆筒体的公称直径即为筒体内径）、D（中间面直径）、δ（壁厚）。

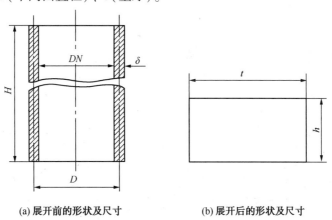

(a) 展开前的形状及尺寸　　　　　　(b) 展开后的形状及尺寸

图1-4　筒节展开

分析确定零件展开后图形的形状及所求的几何参数。圆柱形筒体展开后为矩形，所求的几何参数分别为长 l 和宽 h。这里需要强调的是：由于受内压筒体的周向应力大于轴向应力，而钢板轧制方向（钢板的长度方向）强度高于其他方向的强度，因此利用上述几何参数长 l 和宽 h 划线下料时应分别对应轧制钢板的长向和宽向。显然：

$$D = DN + \delta \qquad (1-1)$$

$$l = \pi D \qquad (1-2)$$

$$h = H \qquad (1-3)$$

在实际排版计算材料时，要根据现有钢板的宽度 B 和筒体的设计长度，来求需要的筒节数量和所需钢板重量。同时注意单个筒节长度(相当于图1-4中坯料宽度 h)一般不小于300mm。筒体公称直径 DN 应符合 GB 9019—2001《压力容器公称直径》的要求，参见表1-7。

表1-7　筒体公称直径 DN 　　　　　mm

300	350	400	450	500	550	600	650	700	750
800	850	900	950	1000	1100	1200	1300	1400	1500
1600	1700	1800	1900	2000	2100	2200	2300	2400	2500
2600	2700	2800	2900	3000	3100	3200	3400	3400	3500
3600	3700	3800	3900	4000	4100	4200	4300	4400	4500
4600	4700	4800	4900	5000	5100	5200	5300	5400	5500
5600	5700	5800	5900	6000	—	—	—	—	—

(2) 无折边锥形壳体(封头)的展开计算

无折边锥形壳体如图1-5所示，已知大端中径 D、小端中径 d，锥顶角为 β。展开后图形为扇形，需要求的几何参数为展开后的圆心角 α，小端展开半径 r 和大端展开半径 R。由图1-5(a)的几何关系得：

$$R = l = \frac{D/2}{\sin(\beta/2)} \qquad (1-4)$$

$$r = \frac{d/2}{\sin(\beta/2)} \qquad (1-5)$$

$$\alpha = \frac{360°S}{2\pi R} \qquad (1-6)$$

其中大端展开弧长 $S = \pi D$、$R = l$，则有

$$\alpha = 360°(D/2)/l = 360°\sin(\beta/2) \qquad (1-7)$$

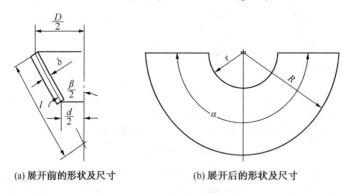

(a) 展开前的形状及尺寸　　　　　(b) 展开后的形状及尺寸

图1-5　无折边锥壳的展开

1.2.1.2　不可展零件的展开计算

不可展零件的展开常采用近似展开的方法或经验公式进行展开计算。

(1) 大端带折边锥形壳体的展开计算

大端带折边锥形壳体如图1-6所示。已知折边锥壳大端中间面直径 D，小端中间面直径 d，折边中间面半径 r，直边高度 h，锥顶角为 β。

从理论上讲带折边锥壳属于不可展的零件，但生产中需要展开(划线下料用)，可假设

板材的中间面处弧长在成形前后相等（等弧长法），来进行展开计算。此法适用于曲面面积较小的零件，如U形膨胀节、椭圆形封头等零件的展开计算。此方法简单，但展开尺寸偏大。

带折边锥壳展开成平面后，仍为扇形（图1-6）。展开角 α、小端展开半径 r' 的求解与无折边锥壳相同，即：

$$\alpha = 360°\sin(\beta/2) \tag{1-8}$$

$$r' = \frac{d/2}{\sin(\beta/2)} \tag{1-9}$$

大端展开后的展开半径 R 要利用等弧长法求得，即展开后中间面处半径 R 等于展开前中间面处总弧长。即：

$$R = \overline{oc} + \overset{\frown}{ce} + h \tag{1-10}$$

$$\overline{oc} = \frac{D/2 - [r - r\cos(\beta/2)]}{\sin(\beta/2)} \tag{1-11}$$

$$\overset{\frown}{ce} = (\beta/2)(\pi/180)r \tag{1-12}$$

$$R = \frac{(D/2) - [r - r\cos(\beta/2)]}{\sin(\beta/2)} + (\beta/2)(\pi/180)r + h \tag{1-13}$$

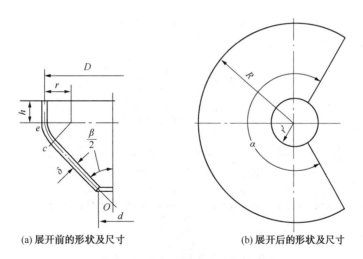

(a) 展开前的形状及尺寸　　　　　　　(b) 展开后的形状及尺寸

图1-6　带折边锥形壳体的展开

（2）大端和小端双折边锥形壳体的展开计算

下述计算方法同样适用于变径段、半波冲压或旋压成形膨胀节的展开计算。

大端和小端双折边锥形壳体如图1-7所示。大端中径 D、小端中径 d、小端直边高度 h_1、大端直边高度 h_2、锥壳厚度 δ、半顶角 α、小端过渡段圆弧中半径 r_1、大端过渡段圆弧中半径 r_2 和折边锥形封头高度 H 为产品设计尺寸或可通过产品设计尺寸求得的数据，展开后的形状尺寸是 R_1、R_2、θ，分别为展开料的大半径、小半径和圆心角，是要计算的展开尺寸。

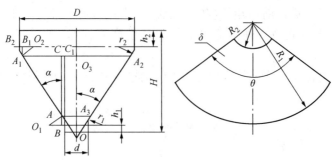

(a) 展开前的形状及尺寸　　　　　(b) 展开后的形状及尺寸

图 1-7　双折边锥壳的展开

从图 1-7(a) 的几何关系进行展开计算如下：

$$O_1A = r_1 , \ O_2A_1 = r_2 , \ \angle B_1O_2A_1 = \angle BO_1A = \alpha = \angle A_1AC$$

$$A_1C = \frac{1}{2}(D - d) - B_1B_2 - CC_1 = \frac{1}{2}(D - d) - r_2 - r_1 + (r_2 + r_1)\cos\alpha$$

$$AC = H - h_1 - h_2 - AB - A_1B_1 = H - h_1 - h_2 - (r_1 + r_2)\sin\alpha$$

$$\tan\alpha = \frac{A_1C}{AC} = \frac{\sin\alpha}{\cos\alpha}$$

令：$a = H - h_1 - h_2$，$b = \frac{1}{2}(D - d) - r_2 - r_1$，$c = r_1 + r_2$。代入上述三式可得：

$$a\sin\alpha - b\cos\alpha - c = 0$$

利用数学公式求出 α 值(取锐角)

$$\alpha = 2\arctan\frac{a \pm \sqrt{a^2 + b^2 - c^2}}{c - b}$$

$$AA_1 = \frac{AC}{\cos\alpha} = l \ (令 \ AA_1 = l \ )$$

$$A_1A_2 = D - 2B_1B_2 = D - 2r_2(1 - \cos\alpha) = D_1 \ (令 \ A_1A_2 = D_1 \ )$$

$$AA_3 = d + 2CC_1 = d + 2r_1(1 - \cos\alpha) = d_1 (令 \ AA_3 = d_1)$$

$$OA_1 = AA_1 \cdot \frac{A_1O_3}{A_1C} = l \cdot \frac{D_1}{D_1 - d_1} = R' \ (令 \ OA_1 = R' \ )$$

则其展开料的尺寸计算公式为：

$$R_1 = R' + 0.017\alpha r_2 + h_2 + \delta \tag{1-14}$$

$$R_2 = R' - l - 0.017\alpha r_1 - h_1 - \delta \tag{1-15}$$

$$\theta = 180°\frac{D_1}{R'} \tag{1-16}$$

注：式(1-14)和式(1-15)中的 δ 分别是实际生产中考虑加工余量等工艺因素常常增加和减小的修正量。

(3) 椭圆形封头的展开计算

椭圆形封头如图 1-8 所示。已知公称直径 D_i(内径)、壁厚 δ、封头曲面深度 h_i、封头直边高度 h。

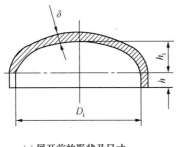
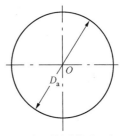

(a) 展开前的形状及尺寸　　　　　　(b) 展开后的形状及尺寸

图 1-8　椭圆形封头展开计算

椭圆形封头、球形封头、碟形封头都属于不可展的零件，但生产中冲压加工或旋压加工时毛坯料(展开后的图形)都为圆形，所以只需要求出展开后的半径或直径即可。

封头中间面处直径 D 等于公称直径(内径)与壁厚之和，即 $D = D_i + \delta$。

假设封头中间面处长、短半径(轴)分别为 a 和 b，且 $a = D/2$；$b = h_i + \delta/2$(即中间面处曲面深度)。展开计算方法一般有如下三种方法：

① 等面积法　椭圆形封头毛坯的较准确计算方法应为等体积法，即板材在成形前后的体积是不变的。但实际上壁厚的变化很小而可以忽略，故可以认为中间面处的表面积在展开前后是相等的，即等面积法。

椭圆形封头展开前的表面积由直边部分表面积和半椭球表面积组成，即：

$$A = \pi D h + \pi a^2 + \frac{\pi b^2}{2e} \ln\left(\frac{1+e}{1-e}\right) \tag{1-17}$$

式中，e 为椭圆率，$e = \sqrt{a^2 - b^2}/a$。

椭圆形封头展开后的表面积为 $\pi D_a^2/4$，其中 D_a 为展开后坯料的直径。假设展开前后面积相等，可得椭圆封头展开圆坯料直径公式：

$$D_a^2 = 8ah + 4a^2 \frac{2b^2}{e} \ln\frac{1+e}{1-e} \tag{1-18}$$

对于标准椭圆封头 $a/b = 2$，代入上式整理得：

$$D_a = \sqrt{1.38D^2 + 4Dh} \tag{1-19}$$

此式即为标准椭圆形封头的展开近似计算公式。

② 等弧长法　假定主断面上的弧长在成形前后相等。即展开圆直径与椭圆封头中间面弧长相等。半椭圆曲线长可由积分求得后，再加 2 倍直边高可得：

$$D_a = \frac{\pi}{2} \sqrt{2\left[\left(\frac{D_i}{2}\right)^2 + h_i^2\right] - \frac{(D_i/2 - h_i)^2}{4}} + 2h \tag{1-20}$$

对于标准椭圆形封头有 $h_i = D_i/4$，则：

$$D_a = 1.257D_i + 2h \tag{1-21}$$

③ 经验法：

$$D_a = KD + 2h \tag{1-22}$$

式中，D_a 为包括了加工余量的展开直径，K 为经验系数，可查表 1-8，D 为中径，h 为直边高度。

表1-8　椭圆封头经验系数 K

a/b	1	1.1	1.2	1.3	1.4	1.5	1.6	1.7	1.8	1.9	2.0	2.1	2.2	2.3	2.4	2.5	2.6	2.7	2.8	2.9	3.0
K	1.42	1.38	1.34	1.31	1.29	1.27	1.25	1.23	1.22	1.21	1.19	1.18	1.17	1.16	1.16	1.15	1.14	1.13	1.13	1.12	1.12

标准椭圆封头 $K=1.19$。

对于椭圆封头的展开计算，弧长法近似程度较大，计算结果偏大，等面积法较为精确，经验法简单易用，计算结果居中。因此，其他几种凸形封头一般均用等面积法进行展开计算。

（4）半球形封头的展开计算

半球形封头如图1-9所示。D_i 为半球形封头内径，δ 为壁厚，H 为封头深度，R_i 为封头内半径，则封头中径 $D=D_i+\delta$。

半球形封头展开前的半球表面积为：

$$A = \frac{\pi D^2}{2} \tag{1-23}$$

半球形封头展开后的表面积为 $\pi D_a{}^2/4$，由等面积法得半球形封头展开后的直径：

$$D_a = \sqrt{2}D = 1.414D \tag{1-24}$$

半球壳为椭球壳的特例，当 $a/b=1$ 时，由表1-8查得半球封头的 $K=1.42$，于是可得半球形封头经验法展开后的直径为：

$$D_a = 1.42D \tag{1-25}$$

（5）碟形封头的展开计算

蝶形封头如图1-10所示。碟形封头由三部分组成：部分球面，内半径为 R_i；过渡圆弧段内半径为 r_i；直边圆筒段内直径为 D_i，直边段长为 h，H 为封头深度。

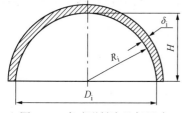

图1-9　半球形封头几何尺寸

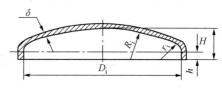

图1-10　蝶形封头几何尺寸

展开前中间面处蝶形封头表面积为：

$$A = 2\pi\left[\frac{Dr\theta}{2} + r^2(\sin\theta - \theta) + R^2(1 - \sin\theta) + \frac{Dh}{2}\right] \tag{1-26}$$

式中，$\theta = \arccos\left[\dfrac{D/2 - r}{R - r}\right]$，rad。

展开后的圆形坯料表面积为 $\pi D_a{}^2/4$，则封头展开后圆形坯料的直径：

$$D_a = \sqrt{8\left[\frac{Dr\theta}{2} + r^2(\sin\theta - \theta) + R^2(1 - \sin\theta) + \frac{Dh}{2}\right]} \tag{1-27}$$

式中，中径 $D=D_i+\delta$，$R=R_i+\delta/2$，$r=r_i+\delta/2$。

（6）压力容器膨胀节的波纹管展开计算

固定管板式换热器为典型过程设备之一，这种换热器的壳体上常常设置膨胀节以降低管程和壳程的温差应力。用于过程设备外壳上的膨胀节统称为压力容器膨胀节，我国国家标准 GB 16749《压力容器波形膨胀节》中规定了容器膨胀节的结构形式、几何参数、设计计算方法和制造、检验要求等内容。根据压力容器波形膨胀节(即 U 形波纹膨胀节)结构形式不同，其波纹管加工成形分为两种方法：整体成形方法和半波整体冲压成形方法。下面就两种不同成形方法给出对应的展开计算公式。

① 整体成形时波纹管展开计算　U 形波纹管结构形式和尺寸见图 1-11。整体成形结构展开后为矩形面积，L'、H 即为展开计算尺寸。按等弧长原理进行展开计算如下。

展开长度(通常以中间层的直径来计算)：

$$L' = \pi(DN + S) \tag{1-28}$$

展开高度：

$$H = 2L_4 + 2h' + 2\pi(R + S/2) = 2L_4 + 2(h - 2R - S) + 2\pi(R + S/2) \tag{1-29}$$

式中(图 1-11)，DN——波纹管内径；R——圆弧半径；h——波高；S——单层厚度；L_4——直边段高度。

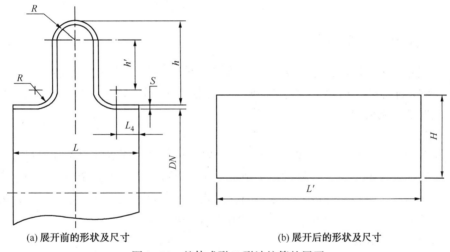

(a) 展开前的形状及尺寸　　　　　　(b) 展开后的形状及尺寸

图 1-11　整体成形 U 形波纹管的展开

② 半波整体冲压成形时波纹管的展开计算　图 1-12 所示 U 形波纹管(GB 16749 中的 HZ 型膨胀节)是由两个半波组对焊接而成，制造时采用半波整体冲压成形然后两半波组焊的工艺。半波波纹管的展开下料计算，与大端和小端双折边锥形壳体展开计算相似，半波波纹管正好相当于半锥顶角为 90° 的双折边锥形壳体，不同的是展开后为一封闭的圆环形面积。故可按式(1-14)~式(1-16)三式计算下料，也可由几何关系直接按中间面处等弧法推得环坯下料公式。

环坯内径下料直径尺寸：

$$D_i = DN + 2(S + R) - \pi(R + 0.5S) - 3S \tag{1-30}$$

环坯外径下料直径尺寸：

$$D_o = DN + 2(S + R) + 2(h - 2R - S) + \pi(R + 0.5S) + 3S \tag{1-31}$$

式中(图 1-12)，DN—波纹管内径；R—圆弧半径；h—波高；S—单层厚度。

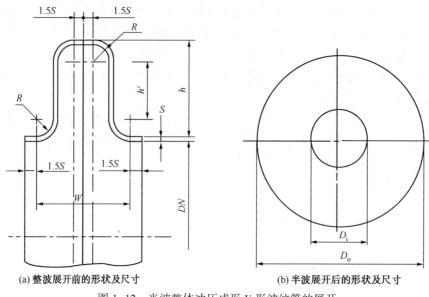

(a) 整波展开前的形状及尺寸   (b) 半波展开后的形状及尺寸

图 1-12　半波整体冲压成形 U 形波纹管的展开

1.2.2　号料(放样，即划线)

工程上把零件展开图画在板料上的过程称为号料(放样)。实际上号料是划线过程的具体操作。号料(划线)过程中主要考虑两个方面的问题，一是全面考虑各道工序的加工余量；二是考虑划线的技术要求。

1.2.2.1　加工余量

上述展开尺寸只是理论计算或经验尺寸，号料时还要考虑零件在全部加工过程中各道工序的加工余量，如成形变形量、机械加工余量、切割余量、焊接工艺余量等。由于实际加工制造方法、设备、工艺过程等内容不尽相同，因此加工余量的最后确定是比较复杂的，要根据具体条件来确定。这里介绍几个主要参数供实际下料时参考。

(1) 筒节卷制伸长量

筒节卷制伸长量与材质、板厚、直径、卷制次数、加热等条件有关。钢板冷卷伸长量较小，约 7~8mm，一般可以忽略。钢板热卷伸长量较大不容忽视。一般可用下式估算其伸长量 Δl。

$$\Delta l = (1 - K)\pi D \tag{1-32}$$

式中　K——修正系数，$K = 0.9931 \sim 0.9960$。

热卷筒节展开后长度计算公式为：

$$L = \pi D - \Delta l = K\pi D \tag{1-33}$$

其中 $K\pi$ 值见表 1-9。

表 1-9　$K\pi$ 值

材　质	冷卷		热卷
	三辊	四辊	
低碳钢、奥氏体不锈钢	3.14	3.137~3.14	3.12~3.129
低合金钢、合金钢	3.14		

注：热卷温度高、卷制次数多、直径小时，$K\pi$ 应取表中小值。

（2）边缘加工余量

边缘加工余量主要考虑机械加工（切削加工）余量、热切割加工余量和焊接坡口余量。边缘机械加工余量见表1-10，边缘加工余量与加工长度关系见表1-11，钢板切割加工余量见表1-12。

表1-10 边缘机械加工余量 mm

不加工	机加工		要去除热影响区
	厚度≤25	厚度>25	
0	3	5	>25

表1-11 边缘加工余量与加工长度关系 mm

加工长度	<500	500~1000	1000~2000	2000~4000
每边加工余量	3	4	6	10

表1-12 钢板切割加工余量 mm

钢板厚度	火焰切割		等离子切割	
	手工	自动及半自动	手工	自动及半自动
<10	3	2	9	6
10~30	4	3	11	8
32~50	5	4	14	10
52~65	6	4	16	12
70~130	8	5	20	14
135~200	10	6	24	16

焊接坡口余量主要是考虑坡口间隙。坡口间隙的大小主要由坡口形式、焊接工艺、焊接方法等因素来确定。由于影响因素较多，坡口形式也较多，所以实际焊接坡口余量（间隙）要由具体情况来确定，可参见 GB/T 985.1—2008 气焊、焊条电弧焊、气体保护焊和高能束焊的推荐坡口及 GB/T 985.2—2008 埋弧焊的推荐坡口。坡口间隙确定方法举例见表1-13。

表1-13 坡口间隙确定举例 mm

坡口形式及坡口间隙	焊接方法和焊接工艺								备 注
	埋弧自动焊				手工电弧焊				
I字形坡口	单双面焊	单面焊	双面焊	带垫板		单双面焊	双面焊	带垫板	B—对接 I 形坡口间隙；δ—板厚。窄间隙焊：b 为 8~12 电渣焊；b 为 30 左右
	δ	$3\sim20$	$>9\sim12$	$>11\sim24$	$>9\sim12$	δ	<3	$>3.5\sim6$	$2\sim4$
	b	0^{+1}	2^{+2}_{-1}	3 ± 1	4 ± 1	b	0	$2^{+1.5}_{-1.0}$	$2^{+1.6}_{-2.0}$
单面Y形坡口	不带垫板		带垫板		不带垫板		带垫板		b—V 形坡口间隙；δ—板厚；p—钝边高度；α—坡口角度。其他条件下的坡口间隙，根据实际情况确定
	δ	$>9\sim26$	$>9\sim26$		δ	$>16\sim24$	$>20\sim30$		
	b	2^{+2}_{-1}	5 ± 1		b	3 ± 1	4 ± 1		

（3）焊缝变形量

对于尺寸要求严格的结构，划线时要考虑焊缝变形量（焊缝收缩量）。焊缝收缩量的确定参见表 1-14 和表 1-15。

表 1-14　焊缝横向收缩量近似值（电弧焊）

接头形式	板　　　厚/mm						
	3~4	4~8	8~12	12~16	16~20	20~24	24~30
	焊缝收缩量/mm						
V 形坡口对接接头	0.7~1.3	1.3~1.4	1.4~1.8	1.8~2.1	2.1~2.6	2.6~3.1	—
X 形坡口对接接头	—	—	—	1.6~1.9	1.9~2.4	2.4~2.8	2.8~3.2
单面坡口十字接头	1.5~1.6	1.6~1.8	1.8~2.1	2.1~2.5	2.5~3.0	3.0~3.5	3.5~4.0
单面坡口角焊缝		0.8		0.7	0.6	0.4	
无坡口单面角焊缝		0.9		0.8	0.7	0.4	
双面断续角焊缝	0.8	0.3		0.2	—	—	—

表 1-15　焊缝纵向收缩量近似值（电弧焊）

焊缝形式	对接焊缝	连续角焊缝	断续角焊缝
焊缝收缩量/（mm/m）	0.15~0.30	0.20~0.40	0~0.10

焊缝的收缩量、弯曲变形等受多种因素影响，在划线时若想准确地考虑由于焊接变形所产生的各种焊接余量是十分困难的，因此表 1-14、表 1-15 均为近似值。对于单层焊对接接头焊缝纵向收缩量可用下式估算：

$$\Delta l = K_1 A_H L/A \tag{1-34}$$

式中　Δl——焊缝纵向收缩量，mm；

$\quad K_1$——与焊接方法有关的系数，手工电弧焊 $K_1 = 0.052 \sim 0.057$，埋弧自动化 $K_1 = 0.071 \sim 0.076$；

$\quad A_H$——焊缝熔敷（熔化）金属截面积，mm²；

$\quad L$——构件长度，mm；

$\quad A$——构件截面积，mm²。

1.2.2.2　划线技术要求

（1）加工余量与尺寸线之间的关系

在实际生产中经常划出零件展开图形的实际用料线和切割下料线。筒节划线如下：

实际用料线尺寸=展开尺寸-卷制伸长量+焊缝收缩量-焊缝坡口间隙+边缘加工余量；

切割下料线尺寸=实际用料线尺寸+切割余量+划线公差。

（2）划线公差

目前划线尚无统一标准，各制造单位根据具体情况制定内部划线公差要求。图 1-13 为某过程设备制造厂对筒节划线和公差要求。

长度 l 和宽度 h 的公差要求如图 1-13 所示；对

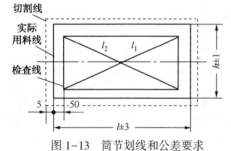

图 1-13　筒节划线和公差要求

角线 $(l_1 - l_2)$ 不大于 1mm；两平行线的不平行度不大于 1mm。若再考虑相对长度、宽度的关系则更为完善。

（3）合理排料

① 充分利用原材料、边角余料，使材料利用率达到 90% 以上。

② 零件排料要考虑到切割方便、可行。例如，剪板机下料必须是贯通的直线，等等。

③ 筒节下料时注意保证筒节的卷制方向应与钢板的轧制方向(轧制纤维方向)一致。

④ 认真设计焊缝位置。在划线下料的同时，基本上也就确定了焊缝的位置(钢板的边缘往往就是焊缝的位置)，因此必须给予认真配置。在制定排版工艺时要结合相关国家标准(如 GB 150、GB 151 等)合理排版下料。

1.2.3 标记和标志移植

在钢板划线时对制造受压元件的材料应有确认的标记(如打上冲眼、涂上标号)，如原有确认标记被截掉或材料分成几块，应按照 TSG R0004—2008《固定式压力容器安全技术监察规程》(以下简称"固容规")要求，于材料切割前完成标志准确、清晰、耐久的移植工作。材料标记或代号的保留和移植，是保证制造过程中不致用错材料，并为检验和监督人员识别材料标记提供方便。其主要内容有选用何种标记、标记定位、标记方法以及标记移植等规定。

（1）选用材料标记代号。

为使焊工钢印、焊缝代号以及检测标号有所区别，材料标记有全称标记(即包括厂家商标、牌号和炉批号、规格及标准号)和代号标记。前者可以直接读出，但容器的小零件却表达不全；后者可以减少打印工作量，大小零件均适宜，虽直观感较差，但仍常用。目前国家还没有统一的标记代号，故各制造厂对材料的标记管理和移植制度都有各自的规定。

（2）标记定位。

规定出标记在各种零件上的位置，有助于生产过程和设备维修中对标记的查找与识别。各种零件坯料标记的位置，根据其零件形状和受力状态的不同而有所区别。

筒体类板料的标记位置如图 1-14 所示，封头类板料的标记位置如图 1-15 所示，锻件及法兰板坯的标记位置如图 1-16 所示。

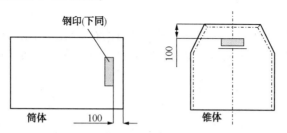

图 1-14　筒体类板料的标记位置图

当螺栓、螺母类小型零件打钢印有困难时，可采用硫酸印制标记。对于低温钢或有较大裂纹敏感倾向的钢制容器，由于不允许有钢印刻痕引起应力集中的不良影响，因而可以采用画涂标记来表示。

（3）标记移植和确认

要求在钢板切离之前，先将标记移植到被切开而又无标记的那一块钢板上，而且应经检验人员复检并打上检验人员的确认标记。这样在每一个材料标记代号下，都有一个检验确认标记。对仅有材料标记代号而无检验确认标记的材料，标记管理和标记移植制度规定不得使用。如材料标识在加工中被去除，加工后应立即恢复，且经检验员确认。对于可用的余料，必须在下料的同时，由操作者做好标记移植，经检查员核对确认后，方可退库。

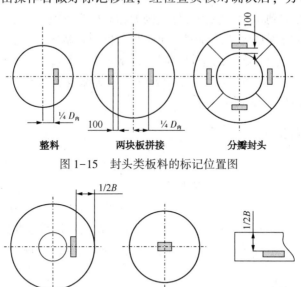

图 1-15　封头类板料的标记位置图

图 1-16　锻件及法兰板坯的标记位置图

1.3　切割下料及边缘加工

过程设备的坯料在划线之后就要按所划线条进行切割下料及边缘加工，以便得到所需要的形状和尺寸，为后续的成型、拼装和焊接等工序作好准备。

切割就是按照所划的切割线从原材料上割下坯料的过程。金属的切割方法很多，常用的切割方法有：机械切割、火焰切割、电弧切割（包括等离子切割）、高压水切割、激光切割等。

边缘加工是板材焊接前的一道准备工序，其目的在于除去切割时产生的边缘缺陷；根据焊接方法的要求，在板边缘加工出一定形状的坡口。目前常用的边缘加工方法有氧气切割及机械加工两种。

1.3.1　机械切割

机械切割是常用的一种切割方法，随着火焰切割、电弧切割等技术的发展，机械切割的比例正在减少，但仍是过程设备制造中不可缺少的切割方法。机械切割有剪切、锯（条锯、圆片锯、砂轮锯等）切、铣切等。剪切主要用于钢板的切割；锯切主要用于各种型钢、管子的切割；铣切主要用于精密零件和焊缝坡口的切割。

（1）剪切原理及特点

机械切割最常用的设备是剪板机。一般剪板机的最大剪切厚度在20mm左右，被剪钢板的最大抗拉强度为 490MPa，最大剪切宽度为 3000mm。剪板机的传动方式有机械和液压两种。它的工作原理是利用机械装置对材料施加一个剪切力，当剪切应力超过材料的抗剪切强度时就被切断，从而达到将材料分离的目的。

剪切的优点是操作简单，劳动成本低，切割质量和效率比手工切割有大幅度提高。缺点是切割厚度受到限制，且仅限于各种直线切割。

（2）剪切设备

过程设备制造厂使用最多的是龙门式剪板机。龙门式剪板机又分为平口式和斜口式两种，用于直线切割。平口式剪板机多用于切割窄而厚的矩形断面坯料；斜口式多用于薄而宽的板料。

① 斜口剪板机　斜口式剪板机结构示意图如图 1-17 所示。它的主要工作部件由两个成一定夹角的剪刃组成。下剪刃水平地固定在剪板机的工作台上，待剪钢板放在其上。上剪刃倾斜(一般倾斜角 $\alpha = 2° \sim 6°$)地固定在横梁 5 上，横梁与一套偏心机构 3 相联，飞轮 1 和偏心机构之间装有离台器 2。当踩下切割踏板时，电动机转动，通过飞轮 1、离台器 2、偏心轴 3 和连杆 4，推动横梁往下移动。当上刀刃碰到工件 8 时，刀刃两侧的金属首先产生弹性变形，随着上刀刃继续下移，材料将产生塑性变形，直到超过材料的抗剪切强度，工件就被剪断。为了防止切割时工件受剪切力的作用发生翻转或移动，可采用机械式、液压或气动夹具将工件压紧在工作台上。

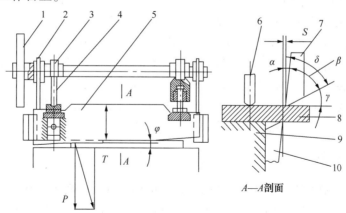

图 1-17　龙门斜口式剪板机结构示意图

1—飞轮；2—离合器；3—偏心机构；4—连杆；5—横梁；
6—压紧装置；7—上剪刃；8—工件；9—工作台；10—下剪刃

当板料被剪切后，切口处的金属由于剪切时的塑性变形，使上表面向下弯曲，下表面则向下凸出，形成毛刺。由于切口边缘冷态下的塑性变形使其硬度增加、塑性降低，即产生了冷加工硬化现象，对于强度等级高的钢材，这种现象更为明显。切口边缘的硬化范围随着被剪材料厚度的增加而加大，它的存在常成为焊接接头边缘产生裂纹的原因，因此必要时应把切口近旁 2~3mm 的硬化区用刨削或其他冷加工方法除去，这也是为什么大厚度、高强度钢板不宜采用机械剪切的原因之一。对具有良好塑性的低碳钢，硬化区的存在会随着焊接过程的热作用而得到消除，切除硬化区的工作就显得不必要。

② 平口式剪板机　平口式剪板机的上、下剪刃都是水平的，如图 1-18 所示，是斜口剪板机的特殊形式，即上剪刃的倾斜角 $\alpha = 0°$ 时，即为平口剪板机。下剪刃固定在工作台上，

上剪刃固定在横梁上，可随横梁一起作上下运动。由于平口剪板机上、下刀剪刃是平行的，剪切时上剪刃同时参与钢板的剪切，工作时受力较大，故需要较大的剪切功率。因此，剪切厚度受到限制，但剪切时间较短，适宜于剪切狭而厚的条钢。剪切后的钢板不会产生弯曲变形比较平直，剪板机的结构与传动方式基本与斜口剪板机相同。

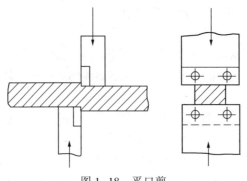

图 1-18 平口剪

除上述两种剪板机外，还有圆盘式剪板机，适宜于剪切长度很长的条料；还有剪切曲线的剪板机，滚刀斜置式圆盘剪板机和振动式斜口剪板机，等等。

（3）砂轮切割

砂轮切割在型钢切割中应用很广泛。砂轮切割是利用砂轮片高速旋转时，与工件摩擦产生热量，使之熔化而形成割缝。为了获得较高的切割效率和较窄的割缝，切割用的砂轮片必须具有很高的圆周速度和较小的厚度。砂轮切割主要用于切割圆钢、各种钢管和角钢、扁钢、工字钢等各种型钢。目前，应用最广的砂轮切割工具，是可移动式砂轮切割机，它是由切割动力头、可转夹钳、中心调整机构及底座等部分组成。切割时将型材装在可转夹钳上，驱动电动机通过皮带传动砂轮片进行切割，用操纵手柄控制切割给进速度。操作时要均匀平稳，不能用力过猛，以免过载或砂轮崩裂。

1.3.2 氧乙炔切割

氧乙炔切割是火焰切割应用最广泛的一种，也称为氧气切割或气割。它的特点是设备结构简单、操作容易。主要用于碳素钢、低合金钢板材的切割下料，焊接坡口的加工，特别适合厚度较大或形状复杂零件坯料的下料切割。将数控技术、光电跟踪技术以及各种高速气割技术应用于火焰切割设备中，氧气切割的工作生产率和切割质量将大大提高，使火焰切割向精密、高速、自动化方向发展。

1.3.2.1 氧气切割原理

氧气切割的原理是：利用高温下的铁在纯氧气流中剧烈燃烧，铁燃烧时产生的氧化物被切割气流带走，从而达到分离金属的目的。氧气切割的化学反应式为：

$$3Fe+2O_2 \longrightarrow Fe_3O_4 + Q(放热反应)$$

（1）氧气切割的过程

氧气切割的过程如图 1-19 所示。

① 点燃氧-乙炔混合气体的预热火焰，将切割金属预热到 1350℃（工作表面发红）。

② 向预热金属喷射纯氧，使高温下的铁在纯氧气流中剧烈燃烧。

③ 高速的氧气流将燃烧生成的氧化物从切口中吹掉。

④ 工件燃烧放出的潜热使附近的金属预热，移动割嘴使金属燃烧，切割连续进行。

（2）氧气切割的条件

氧气切割是一种在固态下燃烧的切割方法，固态燃烧是切割质量的基本保障。不是所有的金属都能被切割，而是有条件限制的。必须同时具备下列条件的材料才能被切割。

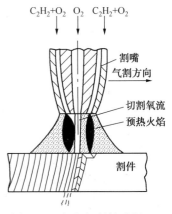

图 1-19　氧气切割的过程

① 金属的燃点必须低于金属的熔点。

必须保证金属燃烧时仍是固态，否则开始燃烧之前金属就已熔化为液体，使切割无法进行。由铁碳平衡图可知，随着含碳量的增大，铁碳合金的熔点逐渐降低，而燃点逐渐升高。

当含碳量为 0.7% 时，燃点高于熔点就不能采用火焰切割。具体来说，高碳钢和铸铁就不符合这一要求，只有低碳钢和低合金钢满足这个条件。

② 金属氧化物的熔点必须低于金属的熔点。

金属氧化物是铁燃烧的产物。只有液态金属氧化物具有流动性，才能被高速纯氧气流吹走，而金属本身还保持其固体状态。具备这一条件的只有低碳钢和低合金钢，而以铬和镍为主的高合金和有色金属不具备这个条件。如铝的氧化物 Al_2O_3 的熔点为 2025℃，高于铝本身的熔点 658℃；铬氧化后生成 Cr_2O_3，其熔点高达 1990℃，超过钢和铬镍钢的熔点。因此，这些材料也无法采用氧气切割。

③ 金属燃烧时放出的热能足以补偿金属传导及向周围辐射损失的热能。

金属燃烧时放出的热量比预热热量大 6~8 倍时才能维持切割连续进行，才能为切割所需的预热温度提供补充，这是保证切割过程持续快速进行的充分条件。有色金属具有良好的导热性。例如铝的热导率是钢的 4 倍，燃烧时产生的热会很快向切口的两侧传导而散失，切口处无法保持金属燃烧时所需的温度，这也是有色金属不能使用氧气切割的原因。低碳钢切割时，只有约 30% 的热能是依靠氧-乙炔火焰燃烧时提供的，其余是铁燃烧时释放的，因此低碳钢不仅切口质量好，而且切割速度快。

1.3.2.2　氧气切割气体

（1）氧气

氧气本身不能自燃，它是一种极为活泼的助燃气体，能帮助别的物质燃烧，能与很多元素化合生成氧化物。

氧气的化合能力随着压力的增加和温度的升高而增加。高压氧和油脂类等易燃物质接触时，会产生剧烈的氧化而使易燃物自行燃烧，甚至发生爆炸，使用时必须注意安全。

（2）乙炔

乙炔是一种可燃气体，分子式为 C_2H_2，是一种无色而带有特殊臭味的碳氢化合物，是最简单的炔烃。标准状态下的密度是 1.173kg/m³，沸点为 -82.4℃。比空气轻，稍溶于水，易溶于丙酮。

乙炔具有低热值、发热量高、火焰温度高、制取方便等特点。在纯氧中燃烧的火焰，温度高达 3150℃ 左右，热量比较集中，是目前在切割中应用最为广泛的一种可燃性气体。但乙炔是一种易燃易爆的气体，当乙炔压力达 0.15MPa，温度达 580~600℃ 时，遇火就会发生爆炸。当乙炔与空气或氧气混合时，爆炸性会大大增加。与铜、银等长期接触也能生成乙炔铜和乙炔银等爆炸化合物。因此，禁止用银或纯铜来制造与乙炔接触的设备或器具。乙炔与氯、次氯酸盐化合会燃烧爆炸。因此乙炔燃烧时禁止用四氯化碳灭火。

1.3.2.3 氧气切割设备

氧气切割设备由氧气瓶、乙炔气瓶、氧气减压器、乙炔减压器，回火防止器、割炬和胶管组成。

（1）氧气瓶

氧气瓶用来盛装氧气，常用氧气瓶的压力为14.7MPa。为了保证其强度，采用强度级别较高的42Mn2合金钢，并用特殊旋压工艺轧制成一种无缝气瓶。

氧气瓶的外径为219mm、高度为1370mm、容积为40L。在20℃、0.1MPa条件下的装气量为6m³。按我国《气瓶安全监察规程》规定，氧气瓶外部涂天蓝色油漆，用黑色油漆写上"氧气"两字以作标志，在瓶体上套两个橡胶防振圈，并在瓶体的上方打上检验的钢印标记。氧气瓶在使用过程中每隔3年应检验一次，即检查气瓶的容积、质量，查看气瓶的腐蚀和破裂程度。超期或经检验有问题的不得继续使用。有关气瓶的使用、运输、储存等其他方面应遵循《气瓶安全监察规程》的规定。

（2）乙炔气瓶

瓶装乙炔已在国内广泛使用，它与移动式乙炔发生器相比，显示出节省能源、减少污染、安全可靠、使用方便等一系列优越性。瓶装乙炔是利用乙炔易溶于某些有机溶剂的特性，又以多孔填料作为溶剂的载体，将乙炔在加压的条件下，充入到乙炔气瓶中。瓶内填有高空隙的填料，溶剂则吸附于众多的微小空隙中。

由于气瓶的工作压力不高，所以瓶体采用有缝筒体与椭圆封头焊接而成。乙炔瓶体通常被漆成白色，并漆有"乙炔"红色字样。瓶内装有浸满丙酮的多孔性填料，可使乙炔以1.5MPa的压力安全地储存在瓶内。有关乙炔气瓶的使用、运输和储存接国家质检总局颁布的《溶解乙炔气瓶安全监察规程》执行。

（3）氧气减压器

氧气减压器又称氧气表，其作用是将氧气瓶内高压气体的压力降低到工作时所需要的压力并输送到割炬内。切割时，氧气瓶内的压力随着用气量的增多会逐渐降低，造成工作压力波动，导致切割受到影响。为了保证切割的稳定性，应要求减压器的工作压力不随瓶内氧气的消耗而变化，能稳定地维持在调整好的工作压力上。

常用的减压器为单级反作用式，如图1-20所示。减压器由高压室、低压室、弹性膜片、减压活门、传动杆、调压弹簧、调节螺钉等部件组成。

切割时，低压室内压力降低，减压活门的开启程度就会逐渐增大，高压室内的氧气进入低压室，维持切割工作压力不变。不切割时，氧气停止输出，低压室内的压力升高，推动膜片向下运动，减压活门开启程度减小，直至关闭。这种自动调节作用可保证输出的氧气压力不变。

随着氧气不断的消耗，氧气的压力逐渐降低，高压室内的压力也相应降低，使活门开启程度增大，保证低压室内的压力不变，故称为反作用式。

（4）割炬

割炬是氧气切割的重要切割工具，它将氧气和乙炔以一定的比例进行混合后形成一定能量的预热火焰，同时在预热火焰中心喷射一定压力的切割氧，从而保证切割连续进行。割炬分为射吸式和等压式两种，常用的是射吸式，其结构如图1-21所示。

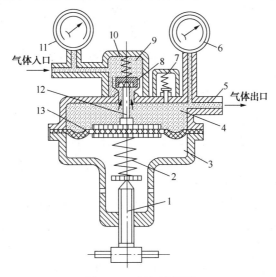

图1-20 氧气减压器

1—调节螺钉；2—调压弹簧；3—外壳；4—低压室；5—出口；6—低压表；7—安全阀；
8—减压活门；9—高压室；10—副弹簧；11—高压表；12—传动杆；13—弹簧膜片

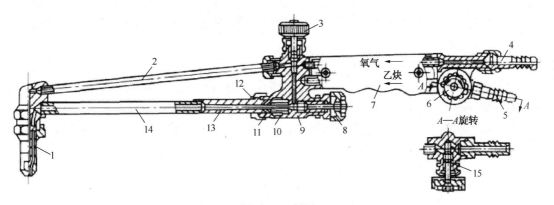

图1-21 割炬

1—割嘴；2—切割氧通道；3—切割氧控制阀；4—氧气管接头；5—乙炔管接头；
6—乙炔控制阀；7—手把；8—预热氧控制阀；9—主体；10—氧气针阀；11—喷嘴；
12—射吸管螺母；13—射吸管；14—混合气管；15—乙炔针阀

射吸式割炬工作时，先开乙炔控制阀6，再开预热氧控制阀8，使乙炔和氧气以一定的比例混合。当氧气从喷嘴11中高速喷到射吸管13中时，由于截流作用，在喷嘴周围形成负压，将乙炔吸入到射吸管中与氧混合，然后经割嘴1的环形通道射出。这是预热火焰的气路通道。而切割氧气则经切割氧通道2和切割氧气控制阀3形成通路，从割嘴中心喷出。射吸式割炬有三种不同型号，同一型号又配有三个或四个孔径不同的割嘴，以适应不同切割厚度的工件。

1.3.2.4 切割火焰

切割火焰有焰芯、内焰和外焰三部分组成，如图1-22所示。

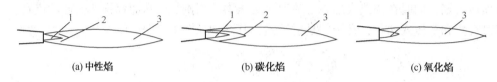

(a) 中性焰   (b) 碳化焰   (c) 氧化焰

图 1-22　切割火焰

1—焰芯；2—内焰；3—外焰

焰芯呈尖锥形，色白而明亮，轮廓清楚；外焰是氧乙炔燃烧的外轮廓，颜色由里向外逐渐由淡紫色变成橙黄色。它是未燃烧的一氧化碳和氢气与空气中的氧化合燃烧的部分；内焰呈蓝白色，有深蓝色线条呈杏核形，依乙炔与氧气比例的改变，在焰芯和外焰之间移动。随着氧气比例的增大，内焰逐渐向焰芯靠近，甚至进入焰芯；当氧气比例减小时，内焰逐渐远离焰芯。切割时可调整内焰选择不同的切割火焰。

切割火焰调节措施：通过调节割炬上氧气和乙炔的控制阀来选择不同的切割火焰。

1.3.2.5　氧气切割工艺规范

切割工艺参数主要包括：切割氧压力、切割速度、预热火焰能率（单位时间内火焰提供的能量）、割嘴与工件间的倾角、割嘴至工件表面的距离等。

（1）氧气压力

氧气压力是根据切割材料的厚度来确定。压力过低时氧化反应速度减缓，切割速度变慢，而且氧气流不足以吹净氧化渣而使其附着在切缝的背面。压力过高时不仅使氧气消耗量增加。而且对工件产生强烈的冷却作用，使切割缝表面粗糙，割缝变宽，同样限制了切割速度的提高。

（2）切割速度

切割速度应与金属氧化的速度相适应。控制切割速度应使火焰和熔渣以接近于垂直的方向喷向切割件的底面为准。速度太慢时会使切口上缘熔化。导致切口过宽。速度太快时后拖量过大，甚至切割不透（即上部金属已切断，而下部金属未烧透）。后拖量一般保持钢板厚度的 10%~15% 为宜，如图 1-23 所示。

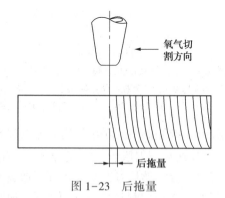

氧气切割方向

后拖量

图 1-23　后拖量

（3）切割纯氧度

氧和氮的汽化点比较相近，制氧过程中有可能混入氮，使燃烧温度降低。氧的纯度每降低 1%。切割 1m 长的钢板，时间增加 10%~15%，耗氧量增加 25%~35%。切割用氧的纯度为：Ⅰ级不小于 99.2%、Ⅱ级不小于 98.5%。

（4）割嘴与工件之间的倾角和距离

割嘴与工件之间的距离为切割火焰焰芯的长度为宜。因为距离较长时切割热量损失大，从而切割速度就慢。距离较短时会使切口金属边缘熔化而产生渗碳。切割产生的飞溅易堵塞割嘴孔，严重时产生回火现象。

割嘴一般应垂直于切割件表面。对直线切割厚度小于20mm的切割件，割嘴可沿切割方向后倾10°~30°，以减小后拖量，提高切割速度。割嘴的倾斜角度直接影响切割速度与熔渣喷射的方向和后拖量。切割6~20mm钢板，割嘴的轴线应与钢板的表面垂直；切割6mm以下的钢板，割嘴的轴线应向后倾斜5°~10°；切割大于20mm的钢板时，割嘴的轴线应先倾斜5°~10°，当工件快割穿时，割嘴迅速与钢板的表面垂直。

1.3.3 等离子切割

1.3.3.1 等离子切割的特点

（1）等离子的概念

在通常情况下，气体是不导电的。但是通过某种方式使气体的中性分子或原子获得足够能量，就可使外层的一个或几个电子分离，而变成带正电的正离子和带负电的电子。这就是气体电离的过程，而被充分电离的气体，则称为等离子体。

在等离子体中的原子、电子和正离子，一方面由于不断激发，使原子不断离解成电子和正离子；另一方面电子、正离子又不断地复合成原子，在一定条件下，这种离解、复合过程将达到某种动态平衡状态。当电子和正离子复合时，以热和光的形式释放能量，使等离子体具有很高的温度和强烈的光。

（2）等离子切割特点

等离子切割是电弧切割的一种。它利用压缩强化的电弧，使气体介质被充分电离，获得一种比电弧温度更高、能量更集中，具有很大的动能和冲刷力的等离子焰流，将切口处金属迅速熔化，随即由高速气流把熔化金属吹走，使金属或非金属材料分离。

等离子焰流的温度可达13000~14000℃，速度可达300~1000m/s，高能密度可达48kW/cm²。它可以熔化任何难熔的以及用火焰和普通电弧所不能切割的金属和非金属，如不锈钢、铝、铜、铸铁、钨、钼以及陶瓷、水泥和耐火材料等。

等离子切割具有切割厚度大、切口较窄，切口平整光滑、热影响区小、变形小、速度快、生产率高，机动灵活和装夹工件简单以及可以切割曲线等优点。缺点是：电源的空载电压高，耗电量大，在割炬绝缘不好的情况下容易造成操作人员触电；设备相对较贵，切割过程中会产生弧光辐射、烟尘及噪声等。

1.3.3.2 等离子切割工艺

等离子切割质量，是由切缝是否平直、光滑、背面有无粘渣、切缝的宽度和热影响区的大小来衡量。主要参数有气体流量、空载电压、切割电流、工作电压、切割速度、喷嘴到工件的距离、钨极到喷嘴端面的距离及喷嘴尺寸等。这些参数的选取与切割厚度等因素有关。

（1）等离子切割机的切割功率选择

等离子切割机的切割功率大小应根据切割厚度（参照表1-16）选取。切割较厚的钢板应选择较大功率档或大功率切割机，选择切割功率时还应考虑喷嘴和电极相匹配。

表 1-16 手工切割工艺参数

切割厚度/mm	喷嘴孔径/mm	功率/kW	切割速度/(m/min)	割缝宽度/mm
10~12	2.8	25	2.0~2.5	4.0~5.0
15~20	2.8	35	1.5~2.0	4.5~5.5
25~35	3.0	45	1.0~1.5	5.0~6.5
40~50	3.2	60	0.6~1.5	6.5~8.0
50~60	3.2	70	0.4~0.6	8.~10.0
80	3.2	100	0.2~0.4	10.0~12.0

（2）空载电压

切割电源应具有较高的空载电压，一般为 150~200V。若空载电压高，则引弧容易，电弧燃烧稳定，等离子弧挺直度好、机械冲刷力大、切割速度快且质量好。但安全性差，易使操作人员触电。

（3）切割电流与工作电压

在不影响喷嘴寿命和电弧稳定性的情况下，应采用较大的切割电流和较高的工作电压以提高切割速度和切割厚度。一般工作电压为空载电压的 60% 以上，可以延长割嘴的使用寿命。当切割电流过大时，弧柱变粗、割缝变宽、切割质量下降。切割电流和工作电压这两个参数决定着等离子电弧的功率。

（4）气体流量

增加气体流量，既能提高工作电压，又能增强对电弧的压缩作用，使等离子弧的能量更加集中，有利于提高切割速度和质量。当气体流量过大时，部分电弧热量被冷却气流带走，反而使切割能力减弱。

空气流量要与喷嘴孔径相适应，气体流量较大时有利于压缩电弧，使等离子弧的能量更集中，吹力更大。因此可提高切割速度时吹走熔化金属，且有利于避免烧坏喷嘴。但气体流量过大时，从电弧中带走的热量太多，不利于电弧稳定。因此要选择合适的空气压力和流量。

（5）切割速度

在电弧功率不变的情况下提高切割速度，能使切缝变窄，热影响区域不大且切割工件变形小。但切割速度过大，则不易切透工件。切割过慢会降低生产率，增加切缝处的粘渣，使得切缝粗糙，工件变形较大。切割速度主要取决于钢板厚度、切割功率和喷嘴孔径等。在切割厚板时，应适当减小切割速度，否则切割后拖量太大，甚至切割不透；当钢板厚度不变时若用较大功率的切割机，则切割速度应加快，否则切割缝和热影响区太宽，切割质量变差。

（6）喷嘴至工件的距离

在电极内缩量一定时（通常为 2~4mm），喷嘴距切割件的距离一般为 4~6mm，电极尖端角度为 50° 左右。距离过大，电弧电压升高，电弧能量散失增加，切割工件的有效热量相应减小，使切割能力减弱。距离过小，喷嘴损坏较快。

（7）电极至喷嘴端面距离

一般取电极至喷嘴端面距离为 8~11mm。距离过大时，工件的加热效率低，电弧不稳定。距离过小，等离子弧被压缩的效果差，切割能力减弱，易造成电极和喷嘴短路而烧坏喷嘴。

上述工艺参数应综合考虑，不同材料的切割规范也不同。

1.3.4 机械化切割装置

上面介绍的氧气切割、等离子切割，最初的使用都是手工操作。手工操作效率低、质量差，且劳动强度大，特别不适合大批量切割同一种零件。因此，半自动切割机、仿形切割机、光电跟踪切割机及数控切割机等自动切割装置陆续开发研制了出来，并在承压壳体制造中得到了越来越广泛的应用。机械化切割的应用，在提高切割效率、保证切割质量、减轻劳动强度等方面显示出手工切割所不能比拟的优势。

1.3.4.1 半自动气割机

在过程设备制造厂里有一种半自动气切割机，由切割小车、导轨、割炬、气体分配器、自动点火装置及割圆附件等组成。割炬固定在由电动机驱动的小车上，小车在轨道上行走，可以切割较厚、较长的直线钢板或大半径的圆弧钢板。通过调整割炬的角度，可以加工 V 形、X 形坡口。其切割厚度为 5~60mm，切割速度为 50~750mm/min。每台切割机配有三个不同孔径的割嘴，以适应不同厚度的钢板。在直线切割时，导轨放在被切割钢板的平面上，使有割炬的一侧，面向操作者。根据钢板的厚度，调整气割角度和速度。

各种不同类型的气割机其区别仅在于使割炬移动的原理和方式不同：有依靠由直流电动机驱动和调速，在导轨上移动或在割圆附件上转动的半自动气割机；有按照靠模样板移动的机械仿形气割机；有依靠电磁铁吸附在管子上，并沿管子外表面转动的管子气割机；以及用于切割封头、球片、马鞍形开孔的专用气割机，等等。它们都有各自的应用范围和应用的局限性，但由于都是通过电气和机械装置移动，速度均匀，在较大范围内可以进行无级调速，速度快，因而切口光洁，切割精度高，克服了手工割炬的不足，在不同领域得到应用。

1.3.4.2 数控切割机

数控切割机是目前最先进的热切割设备。它在数控系统的基础上，经过二次开发运用到热切割领域，可以控制氧气切割、普通等离子切割、精细等离子切割等。数控切割无需划线，只要输入程序，即可连续完成任意形状的高精度切割。目前，已有采用工控机作控制系统的切割机，它可以现场直接绘制 CAD 图形，或者将 CAD 图形输入系统，实现图形跟踪切割。

数控切割机是一种高效节能的切割设备。适用于各种碳钢、不锈钢及有色金属板材的精密切割下料。板材利用率高，省时省料。数控切割编程方式和操作方式简单，可对图形实现自动排序。操作人员只需输入切割数量与排列方向，即可实现大批量连续自动切割。图 1-24 为数控切割机图片。

图 1-24 数控切割机

1.3.5　碳弧气刨

碳弧气刨虽然是一种热切割的方法，但在生产实际中常把它作为一种辅助切割。这是因为碳弧气刨的热源是焊接电弧，没有像等离子那样进行处理，所以能量不够集中，切口比较宽也不光滑整齐，切割速度还比较低。因而碳弧气刨的切割质量和效率都不高，但可应用于氧气切割无法切割的材料及焊缝坡口的加工等场合。

碳弧气刨的特点是在清除焊缝或铸件缺陷时，使得被刨削面光洁锃亮，在电弧下容易发现各种细小的缺陷。因此，有利于焊接质量的提高，降低工件加工的费用。碳弧气刨主要用于氧气切割难以切割的金属，如铸铁、不锈钢和铜等材料，并适用于仰、立各个位置的操作，尤其在空间位置刨槽时更为明显，大大降低了劳动强度。与等离子切割相比，气刨设备简单，成本低，对操作人员要求较低。缺点是在刨和削的过程中会产生一些烟雾、噪声，在通风不良处工作，对人的健康有影响。另外，目前多采用直流电源，设备费用较高，有一定的热影响区和渗碳现象。

1.3.5.1　工作原理及应用

碳弧气刨在以碳棒为一极、工件为另一极的回路中，利用碳棒与工件电弧放电而产生的高温，将金属局部加热到熔化状态，同时借助夹持碳棒的气刨钳上通入的压缩空气将熔化的金属吹掉，从而达到对金属进行刨削或切割的目的。切割原理如图 1-25 所示。

在过程设备壳体制作中，碳弧气刨常用于不锈钢容器的开孔，双面焊时清焊根，对有缺陷的焊缝进行返修时清除缺陷，开 U 形坡口，切割不锈钢等金属的异形工件。

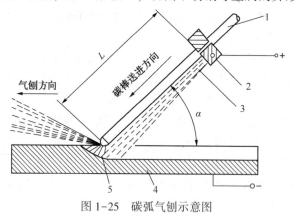

图 1-25　碳弧气刨示意图

1—碳棒；2—气刨抢夹头；3—压缩空气；4—工件；5—电弧

1.3.5.2　碳弧气刨设备

（1）电源设备

碳弧气刨采用直流电源。电源特性与手工电弧焊（见第 3 章）相同，即要求具有陡降的外特性和较好的动特性。因此直流手工电弧焊机和具有陡降外特性的各种直流弧焊设备都可以充当碳弧气刨电源。但碳弧气刨一般选用电流较大、连续工作时间较长、功率较大的直流焊机。

（2）刨枪

刨枪按送风方式可分圆周送风式和侧面送风式。圆周送风式具有良好的导电性，吹出来的压缩空气集中而准确，电极夹持牢固，更换方便；外壳绝缘良好；重量轻以及使用方便。

钳式侧面送风结构，在钳口端部钻有小孔，压缩空气从小孔喷出，并集中吹在碳棒电弧的后侧。它的特点是压缩空气紧贴着碳棒吹出，当碳棒伸出长度在较大范围内变化时，始终能吹到且吹走熔化的金属；同时碳棒前面的金属不受压缩空气的冷却；碳棒伸出长度调节方便，碳棒直径大或小都能使用。缺点是只能向左或向右单一方向进行气刨，因此在有些使用场合显得不够灵活。圆周送风刨枪可弥补其缺陷，应用较广泛。

1.3.5.3 碳弧气刨工艺

（1）工艺参数及其影响

① 极性 碳弧气刨多采用直流反接（工件接电源的负极，碳棒接电源的正极）。普通低碳钢采用反接时，熔融金属的含碳量为 1.44%，而正接时为 0.38%。含碳量高时，金属的流动性较好，同时凝固温度较低，使刨削过程稳定、刨槽光滑。

② 电流与碳棒直径 电流太小切割速度慢，还容易产生夹碳现象。电流较大，则刨槽宽度增加。可以提高刨削速度，并能获得较光滑的刨槽质量。电流的大小与碳棒的直径有关，不同直径的碳棒，可按下面公式选取电流：

$$I = (30 \sim 50)d \tag{1-35}$$

式中，d 为碳棒的直径，mm。而碳棒直径的选取应考虑钢板厚度，见表 1-17。

表 1-17 碳棒直径的选取   mm

钢板厚度	碳棒直径	钢板厚度	碳棒直径
3	一般不刨	8~12	6~7
4~6	4	>10	7~10
6~8	5~6	>15	10

③ 刨削速度 刨削速度对刨槽尺寸、表面质量都有一定的影响。刨削速度太快，会造成碳棒与金属相碰，使碳棒在刨槽的顶端形成所谓"夹碳"的缺陷。刨削速度增大，刨削深度就减小。一般刨削速度在 0.5~1.2m/min 左右较合适。

④ 压缩空气压力 常用的空气压力为 0.40~6MPa，压力提高则对刨削有利。但压缩空气所含的水分和油分应加以限制，否则会使刨槽质量变坏。必要时可加过滤装置。

⑤ 电弧长度 碳弧气刨时，电弧长度约为 1~2mm。电弧过长时，电弧电压增高，会引起操作不稳定，甚至熄弧。电弧太短，容易使碳棒与工件接触，引起"夹碳"缺陷。在操作时为了保证均匀的刨槽尺寸和提高生产率，应尽量减小电弧长度的变化。

⑥ 碳棒的伸出长度 碳棒从钳口导电嘴到电弧端的长度为伸出长度。一般为 80~100mm 左右。伸出长度大，压缩空气吹到熔渣的距离远，引起压缩空气压力不足，不能顺利将熔渣吹走；伸出长度太短，会引起操作不方便，一般在碳棒烧损 20~30mm 时，就需要对碳棒进行调整。

（2）碳弧气刨的常见缺陷和预防措施

① 夹碳 刨削速度太快或碳棒送进过猛。会使碳棒头部碰到铁水或未熔化的金属上，电弧就会短路而熄灭。由于这时温度还很高，当碳棒再往前送或向上提时，头部脱落并粘在未熔化的金属上，形成夹碳。这种缺陷不清除，焊后易出现气孔和裂纹。清除方法是在缺陷前端引弧，将夹碳处连根刨掉。

② 铜斑 有时因碳棒镀铜质量不好，铜皮成块剥落。刨削时剥落的铜皮呈熔化状态，

在刨槽表面形成铜斑点。如不注意清除铜斑，铜进入焊缝金属的量达到一定数值时会引起热裂纹。清除方法是在焊前用钢丝刷将铜斑刷干净。

③ 其他 粘渣、刨槽不正和深浅不均、刨偏等缺陷，都会降低刨削质量。

1.3.6 高压水射流切割简介

高压水射流加工技术是用水作为携带能量的载体，对各类材料进行切割、穿孔和去除表面层的加工新方法。高压水射流加工技术一般分为纯水射流切割和磨料射流切割。所谓纯水射流切割是以水作为能量载体，水压在 20~400MPa，喷嘴孔径为 0.1~0.5mm；它的优点是结构较简单，喷嘴磨损慢；缺点是切割能力较低，只适于切割软材料。磨料射流切割则以水和磨料(磨料一般采用粒度为 80~150 目的二氧化硅、氧化铝等)的混合液作为能量载体，水压在 300~1000MPa，喷嘴孔径为 1~2mm；由于射流加入了磨料，可大大提高切割功效，并大大扩展了高压水射流切割的应用范围；其缺点是喷嘴磨损快，且结构较复杂。典型的高压水切割机如图 1-26 所示。

图 1-26 高压水切割机

高压水射流切割其水喷射的流速达到 2~3 倍声速(800~1000m/s)喷出，具有极大的冲击力，当水射流冲击被切割材料时，如果压强超过材料的破坏强度，即可切断材料。喷嘴常用人造宝石、陶瓷、碳化钨等耐磨材料制作。

高压水射流切割具有如下优点：

① 几乎适用于所有材料的切割，除钢铁、铜、铝、钛、镍等金属材料外，还能切割特别硬脆、柔软的非金属材料，如塑料、皮革、木材、陶瓷和复合材料等；

② 切割质量高，切口平整，无毛边、飞刺，无撕裂或应变硬化现象；

③ 切削时无火花，对工件不会产生任何热效应，也不会引起表面组织的变化，这种加工技术可以在易燃易爆场合进行切削加工操作。

④ 切割加工过程清洁，不产生烟尘或有毒气体，减少空气污染，提高操作人员的安全性；

⑤ 减少了刀具准备、刃磨和设置刀偏量等工序，并能显著缩短安装调整时间。

高压水射流加工技术是近 20 年迅速发展起来的新技术，主要由于石油化工、航空航天、汽车制造、建筑、造船、皮革等工业领域。纯水型射流加工设备主要适用于切割橡胶、布、木板、皮革、泡沫塑料、玻璃、地毯、纤维织物等材料；磨料型射流加工设备主要用于切割金属材料、硬质合金、表面堆焊硬化层的零件和陶瓷、钢筋混凝土、花岗岩等各种复合材料。此外，高压水射流加工技术还可用于各种材料的打孔、开凹槽、焊接接头清根、焊缝整形加工、清除焊缝中的缺陷等。

目前，磨料射流水切割技术已经应用于过程设备制造，特别是切割贵重金属（如不锈钢、有色金属等）的场合。随着高压水射流设备制造技术的不断发展，设备成本的不断降低，它的应用会越来越广泛。

1.3.7 钢板的边缘加工

板材的边缘加工是焊接前的一道准备工序，其目的在于除去切割时产生的边缘缺陷。根据焊接方法的要求，当切去边缘的多余金属并开出一定形状的坡口时，应保证焊缝焊透所需的填充金属是最少的。为了满足焊接工艺的要求，保证焊接的质量，钢板厚度较大时需要在焊缝处开坡口。

坡口形式的选用是由焊接工艺所确定的，而坡口的尺寸精度、表面粗糙度取决于加工方法。目前，焊缝的常用边缘加工方法有氧气切割及机械加工两种。

1.3.7.1 火焰切割坡口

切割坡口通常和钢板的下料结合起来，而且多半采用自动或半自动的方法进行，在缺乏这些设备或不适应时才采用手工切割。

（1）单面 V 形坡口的加工

手工切割：将割炬与工件表面垂直，割嘴沿着切割线匀速移动，完成切断钢板下料的工作。然后再将割炬向板内侧倾斜一定的角度，完成坡口的加工。切割后钝边就处于板的下部。

半自动切割：利用半自动切割机. 将两把割炬一前一后装在有导轨的移动气割机上，前一把割炬垂直切割坡口的钝边，后一把割炬向板内倾斜，可完成坡口的加工任务。如图 1-27 所示。

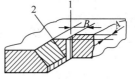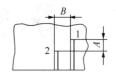

图 1-27　氧气切割 V 形坡口

1—垂直割嘴；2—倾斜割嘴；A—割嘴1、2之间的距离；B—割嘴2倾斜的距离

（2）双面 X 形坡口加工

图 1-28 所示为受压壳体纵向焊缝为不对称的 X 形坡口。X 形坡口多用于较厚的钢板，用两把或三把割炬同时进行切割。

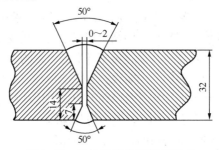

图 1-28　壳体纵缝 X 形坡口形式

（3）U 形坡口的加工

开 U 形坡口由碳弧气刨和氧气切割联合完成。首先由碳弧气刨在钢板边缘做出半圆形

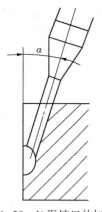

图 1-29 U 形坡口的加工

凹槽，如图 1-29 所示。凹槽的半径应与坡口底部的半径相等。然后用氧气切割按规定的角度切割坡口的斜边，切出的斜边应在凹槽的内表面相切的方向上。

（4）封头坡口的加工

封头坡口多采用立式自动火焰切割装置，图 1-30 所示为封头切割机。切割机架上固定气割割炬，可以用来对碳钢、低合金钢封头进行边缘加工（即齐边和开坡口），固定等离子割炬式可以加工不锈钢、铝制封头。

封头放在转盘上，切割机架固定不动。割炬可在机架导杆上上、下移动，并作一定角度的倾斜，以对准封头的切割线，完成切断和切割坡口工作。切割前先移动割炬切割嘴，使之高于封头切割线约 15mm，再打开并调整预热火焰。接着自上而下切割，直到割嘴与封头切割线相重合时，立即停止割嘴的向下移动，然后转动转盘，沿切割线切去余高。转盘的转动速度决定了切割速度，可根据封头直径和厚度调节转盘的转动速度。

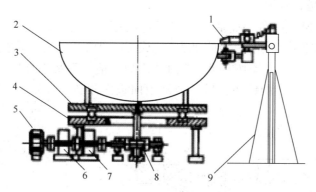

图 1-30 封头的坡口加工

1—割嘴；2—封头；3—转盘；4—平盘；5—电机；6—减速机；
7—机架；8—涡轮减速机；9—切割机架

1.3.7.2 刨边机（铣边机）加工坡口

在过程设备制造行业中，用刨边机加工坡口十分普遍。刨边机的工作行程一般为 15m 左右，加工厚度在 200mm 以内。刨边机切削具有加工尺寸精确、质量好、生产率高的优点。刨边机外形如图 1-31 所示，主要由床身、横梁、立柱、主传动箱、刀架、液压系统、润滑系统及电气控制系统等组成。机床的床身、横梁、立柱均采用钢板焊接结构，强度高、韧性好。主传动箱由交流电动机驱动，经蜗杆、蜗轮、齿轮变速，最后与床身上的齿条吻合，实现往复运动；行程速度的变化靠变速手柄实现；行程换向靠换向开关实现。主传动箱右下部是润滑油及油池，在箱底下还装有带滚轮的弹簧卸载装置；在上面装有进给箱和刀架。主传动箱还专为机床操作规程者设置了座椅。进给箱位于主传动箱上部左右两侧，控制按钮和操作手柄都集中在上面，操作方便。进给箱采用双向超越离合器结构，进给量是由固定掣子和活动掣子之间的角度来决定。刀架装在进给箱侧面，刀架的运动可手动或机动，刀架设有自动抬刀及丝杠螺母消除间隙的装置。

刨边机是用刨刀加工钢板边缘以形成焊接所需的各种坡口的专业机床，可以加工各种形式的坡口。它主要适应于容器壳体的纵缝和环缝，封头坯料的拼接缝，不锈钢、有色金属及复合板的纵、环缝。板料可以由气动、液压、螺旋压紧及电动压紧等方式夹持固定。若加工板料比较短，则可同时加工许多工件，刨边机的切削动作在前进与回程中均可进行。

图 1-31 刨边机外形

1.3.7.3 车床加工坡口

对于封头环缝坡口、封头顶部中心开孔的坡口。大型厚壁筒节的环缝坡口等，均可在立式车床上加工完成。其优点是对各类坡口形式都适宜，钝边及封头直径尺寸精度高。国内一些大型过程设备制造厂都配有 5m 左右的立式车床。

复习题

1-1 下料工艺过程包括哪几方面内容？

1-2 何谓钢材的预处理？对于过程设备制造来说，钢材的预处理包括哪几方面内容？

1-3 净化处理的作用有哪些？

1-4 净化方法有哪些？

1-5 矫正方法有哪些？

1-6 何谓划线？划线工序有哪些？

1-7 计算加工余量需要考虑几个方面的因素？

1-8 金属的切割方法有哪几种？

1-9 氧气切割工艺参数有哪些？

1-10 等离子切割有哪些特点？

1-11 碳弧气刨工艺参数有哪些？

1-12 碳弧气刨的常见缺陷有哪些？

1-13 给出高压水射流切割的优点。

1-14 板材边缘加工的目的是什么？边缘加工方法有哪些？

1-15 无折边锥形封头的展开计算，已知 $D_m = 2200mm$，$d_m = 1400m$，$\beta = 60°$。求展开后的圆心角 α，锥形封头小端半径 r 和大端半径 R。

1-16 已知折边锥形封头大端中性层直径 $D = 2000mm$，小端中性层直径 $d = 500mm$，折边中性层半径 $r = 100mm$，直边高度 $h = 50mm$，锥顶角 $\beta = 90°$。求展开后的圆心角 α、小端半径 R_1、大端半径 R_2。

1-17 已知：椭圆形封头中性层直径 $D_m = 2000mm$，中性层处曲面深度 $h_m = 555mm$，封头直边高度 $h = 50mm$。用等弧长法和经验法求展开圆直径。

1-18 弯管变形量计算：$\phi32 \times 3mm$ 的管子弯曲后弯管横截面上最大外径 $d_{max} = 34mm$，最小外径 $d_{min} = 30mm$；求管子进行自由弯曲时的椭圆率是多少？

2 过程设备成形工艺

过程设备成形工艺主要指筒节弯卷成形、封头的冲压成形、封头旋压成形、管材的弯曲成形、波纹膨胀节成形等工艺过程。这些成形加工都是通过外力作用使金属材料在室温下或在加热状态下，产生塑性变形而达到预先规定尺寸和形状的过程。

2.1 筒节的弯卷成形工艺

筒节的弯卷成形是用钢板在卷板机上弯卷而成形。根据钢板的材质、厚度、弯曲半径、卷板机的形式和卷板能力，实际生产中筒节的弯卷基本上可分为冷卷和热卷两种工艺过程。

2.1.1 钢板弯卷的变形率

2.1.1.1 变形率的概念

筒体卷制是过程设备制造的重要工序。它是将平直的板料在卷板机上弯曲成形的过程。在弯曲过程中沿板料厚度方向受到弯曲应力的作用，在板料内、外表面上的应力值最大，因而变形量也最大。除高压厚壁容器的圆筒外，大多数低、中压容器的直径比其壁厚大得多，因此可以认为中性层是在圆筒中径的位置，即中性层在卷制前后长度不变。如果将厚度为 δ 的钢板卷成内径为 D_i 的圆筒，按最外层的伸长量考虑(如按最内层的压缩量考虑，绝对值相同)，其实际变形率为：

$$\varepsilon_{\text{实}} = \frac{\pi(D_i + 2\delta) - \pi(D_i + \delta)}{\pi(D_i + \delta)} = \frac{\delta}{D_i + \delta} \times 100\% \tag{2-1}$$

对于单向拉伸(如钢板卷圆筒)：

$$\varepsilon = 50\delta(1 - R/R_0)/R \tag{2-2}$$

对于双向拉伸(如筒体折边、冷压封头等)：

$$\varepsilon = 75\delta(1 - R/R_0)/R \tag{2-3}$$

式中　　ε——钢板弯卷变形率，%；

　　　　δ——钢板名义厚度，mm；

　　　　R——成形后中性层(中间面)半径，mm；

　　　　R_0——成形前中面半径(对于平板为∞)，mm。

2.1.1.2 允许变形率

在金属板材的弯卷、封头的冲压或旋压、管子的弯曲及其他元件的压力加工中，成形工艺都是依靠材料的塑性变形来实现。如果塑性变形的过程是在冷态下进行，有可能会造成加工硬化现象。材料性能上的这种变化，对过程设备的安全可靠性和焊接结构的质量不利。变形率反映了材料加工硬化的程度，变形率的大小对金属再结晶后晶粒的大小影响很大。金属材料冷弯后产生粗大再结晶晶粒的变形率，称为金属的临界变形率(ε_0)。钢材的理论临界变形率范围为 5%~15%。

粗大的再结晶晶粒将会降低后续加工工序(如热切割、焊接等)的力学性能。为消除因冷加工而引起材料性能的变化,就要求冷加工的变形率要避开晶粒度处于峰值的临界变形率。即钢板的实际变形率应该小于理论临界变形率。各种钢材的冷成形允许变形率数值见表2-1。

表 2-1　各种钢材冷成形时的允许变形率

钢材牌号	允许变形率/%
碳钢、低合金钢及其他材料	5
奥氏体型不锈钢	15
	(当设计温度低于-100℃,或高于675℃时)10

对于钢板冷成形的受压元件,变形率超过表2-1的范围,且符合下列①~⑤条件之一时,应于成形后进行相应热处理恢复材料的性能。

① 盛装毒性为极度或高度危害介质的容器;
② 图样注明有应力腐蚀的容器;
③ 对碳钢、低合金钢,成形前厚度大于16mm者;
④ 对碳钢、低合金钢,成形后减薄量大于10%者;
⑤ 对碳钢、低合金钢,材料要求做冲击韧性试验者。

2.1.2　冷卷与热卷成形概念

2.1.2.1　冷卷成形

冷卷成形通常是指在室温下的弯卷成形,不需要加热设备,不产生氧化皮,操作工艺简单,方便操作,费用低。

根据钢板弯卷临界变形率概念,冷卷成形有个最小冷卷半径要求。实际冷卷筒节的半径不能小于最小冷卷半径,否则应考虑采用热卷成形或冷卷后热处理工艺。即冷卷的实际变形率应小于或等于该强度等级材料的允许变形率。根据表2-1所给出的允许变形率的数值和式(2-2)、式(2-3),可得筒节冷弯卷最小半径与厚度应满足如下关系:

碳钢、低合金钢及其他材料

$$R_{\min} = 10\delta(单向拉伸) \tag{2-4}$$

$$R_{\min} = 15\delta(双向拉伸) \tag{2-5}$$

奥氏体型不锈钢

$$R_{\min} = 3.33\delta(单向拉伸) \tag{2-6}$$

$$R_{\min} = 5\delta(双向拉伸) \tag{2-7}$$

式(2-4)~式(2-7)是钢板采用冷卷工艺和热卷工艺的界限,也是确定弯卷加工工艺的依据。

2.1.2.2　热卷成形

钢板在再结晶温度以上的弯卷称为热卷(热变形),在再结晶温度以下的弯卷称为冷卷(冷变形)。钢板加热到500~600℃进行的弯卷,由于是在钢材的再结晶温度以下,因此其实质仍属于冷卷,但它具备热卷的一些特点。

金属的再结晶温度 T_z 与金属熔点 T_u 之间的关系为

$$T_z = (0.35 - 0.4) T_u \quad (K) \tag{2-8}$$

热卷时应控制合适的加热温度。热卷筒节时温度高，塑性好、易于成形，变形的能量消耗少。但温度过高会使钢板产生过热或过烧，也会使钢板的氧化、脱碳等现象加重。过热是由于加热温度过高或保温时间较长，使钢中奥氏体晶粒显著长大，钢的力学性能变坏，尤其是塑性明显下降。过烧是由于晶界的低熔点杂质或共晶物开始有熔化现象，氧气沿晶界渗入，晶界发生氧化变脆，使钢的强度和塑性大大下降。过烧后的钢材不能再通过热处理恢复其性能。因此，加热温度应适当。钢板的加热温度一般取 $900 \sim 1100℃$，弯曲终止温度不应低于 $800℃$。对普通低合金钢还要注意缓冷。

热卷时应控制适当的加热速度。钢板在加热过程中，其表面与炉内氧化性气体 H_2O、CO_2、O_2 等进行化学反应，生成氧化皮。氧化皮不但损耗金属，而且坚硬的氧化皮被压入钢板表面，会产生麻点、压坑等缺陷。同时氧化皮的导热性差，延长了加热时间。钢在加热时，由于 H_2O、CO_2、O_2、H_2 等气体与钢中的碳化合生成 CO 和 CH_4 等气体，从而使钢板表面碳化物遭到破坏，这种现象称为脱碳。脱碳使钢的硬度和耐磨性、疲劳强度降低。

因此，钢材在具有氧化性气体的炉子中加热时，钢材既产生氧化，又产生脱碳。一般在 $1000℃$ 以上时，由于钢材强烈地产生氧化皮，脱碳相对微弱，在 $700 \sim 900℃$ 时，由于氧化作用减弱，脱碳相对严重。在保证钢材表里温差不太大，膨胀均匀的前提下，加热速度越快越好。实践证明，只有导热性较差的高碳钢和高合金钢或截面尺寸较大的工件，因其产生裂纹的可能性较大，此时需要低温预热或在 $600℃$ 以下缓慢加热。而对于一般低碳钢或合金钢板，在任何温度范围内都可以快速加热。

热卷可以防止冷加工硬化的产生，塑性和韧性大为提高，不产生内应力，减轻卷板机工作负担。但是，热卷需要加热设备，费用较大，在高温下加工，操作麻烦，钢板减薄严重。一般对于厚板或小直径筒节采用热卷；当卷板时变形率 ε 超过要求、卷板机功率不能满足要求时，需考虑采用热卷。

对于一台具体过程设备的壳体而言，究竟采用热卷还是冷卷，除了受变形率这个主要因素制约外，在实际工作中还要考虑到一些其他因素，如受到卷板机能力的限制不能采用冷卷，或者钢板在弯卷前已有电渣焊的拼接焊缝等。由于电渣焊的拼接焊缝具有铸造特征的组织结构，其冷塑性变形能力较低，虽然其变形率未超过许用范围，此时也应采用热卷。

2.1.3 卷板机工作原理与弯卷工艺

板料弯卷机简称卷板机，是过程设备制造的主要设备之一。过程设备制造企业都根据各自不同的生产规模和产品特点配置各种类型的卷板机。

卷板机类型较多，但其基本功能部件都是轧辊，按轧辊数分为两大类，即三辊卷板机和四辊卷板机。本节简要介绍三辊卷板机、四辊卷板机和立式卷板机三种卷板机的工作原理及卷板过程。

2.1.3.1 对称式三辊卷板机

三辊对称式卷板机的三个辊成"品"字形排列，轧辊中心线的连线是等腰三角形，具有对称性，故称对称三辊卷板机。对称式三辊卷板机的工作过程如图 2-1 所示。

图 2-1(a)中，上辊 1 是从动辊，可以上下移动，以适应各种弯曲半径和厚度的需要，并对钢板施加一定的弯曲压力。两个下辊 2 是主动辊，对称于上辊轴线排列，并由电动机经减速机带动，以同向同速转动。工作时将钢板置于上、下辊之间，然后上辊向下移动，使钢板被压弯到一定程度。接着启动两个下辊转动，借助于辊子与钢板之间的摩擦力带动钢板送进，上辊随之转动。通常一次弯卷很难达到所要求的变形程度，此时可将上辊再下压一定距离，两下辊同时反向转动，使钢板继续弯卷，这样经过几次反复，可将钢板弯卷成一定弯曲半径的筒节。这种卷板机操作简单，在生产上得到较普遍的应用。

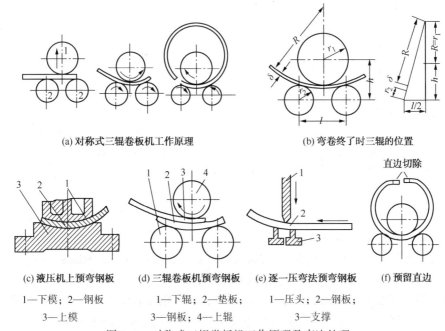

(a) 对称式三辊卷板机工作原理　　　　　　　(b) 弯卷终了时三辊的位置

(c) 液压机上预弯钢板　　　(d) 三辊卷板机预弯钢板　　　(e) 逐一压弯法预弯钢板　　　(f) 预留直边

1—下模；2—钢板　　　　1—下辊；2—垫板；　　　1—压头；2—钢板　

3—上模　　　　　　　3—钢板；4—上辊　　　　3—支撑

图 2-1　对称式三辊卷板机工作原理及直边处理

对称式三辊卷板机的特点：

① 与其他类型卷板机相比，其构造简单，价格便宜，应用很普遍。

② 被卷钢板两端各有一段无法弯卷的直边段[图 2-1(f)]，直边长度大约为两个下辊中心距的一半。直边的产生使筒节不能完成整圆，也不利于校圆、组对、焊接等工序的进行，因此在卷板之前通常将钢板两端进行预弯曲。

对称式三辊卷板机卷制圆筒工艺过程一般包括卷前准备和滚圆操作两个工序。

（1）卷前准备

首先要调准辊轴轴线位置，确保三辊轴线平行。否则会使两侧压下量不等，造成筒节两侧弯曲半径不等形成锥度。

第二步要解决直边问题。生产上常采用三种方法：

第一种预留直边法，钢板号料时长度方向预留 2 倍直边的余量，滚圆时再切除，如图 2-1(f)所示。该方法浪费直边部分钢材，且工艺较麻烦，适用于单台装备制造或筒节制造精度要求较高的情况，如热套式制造的筒体。

第二种模压直边法，如图 2-1(c)、(e)所示，当批量较大时制造一个专用预弯模，在压力机上预弯钢板两端。

第三种滚弯直边法，如图2-1(d)所示，用滚弯模垫在钢板边缘之下，在三辊机上预弯两侧直边。滚弯模是一段用厚板弯成的圆柱面，弯曲半径比预弯的工件滚圆半径小。

（2）滚圆操作

钢板放入卷板机时要保证放正，筒节的轴线与辊轴的轴线要平行，否则卷成的筒节端部边缘不是平面内的圆，而是一条螺线，称为错口。

实际操作时，一般用薄板制成的内圆弧样板检查已卷弯部分的实际半径 R 值，再确定下一步的压下量。一般总的压下量要分几次完成，尤其是厚板接近卷板机最大卷板厚度时。操作中要注意卷圆过度，因卷板机无法自身矫回。

2.1.3.2 其他形式的三辊卷板机

除对称式三辊卷板机外，还有些其他形式的三辊卷板机，主要有：

（1）下辊垂直移动三辊卷板机（图2-2）

这种卷板机的下辊可以上、下移动，可以实现无直边卷制圆筒。这种三辊卷板机结构比较简单，操作也不复杂，在生产中应用较为普遍。

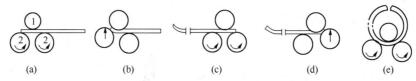

图2-2　下辊垂直移动三辊卷板机

（2）不对称式三辊卷板机（图2-3）

这种卷板机上辊与一个下辊在一条垂直线上，第三辊为旁辊，在下辊的一侧。下辊可在垂直方向进行调节，调节量的大小约等于卷板的最大厚度。旁辊可沿 A 向调节［图2-3(e)］。下辊与旁辊间的调节可用电动或手动操作。卷板时，先将钢板置于上、下辊之间，使其前端进入旁辊并摆正。然后升起下辊将钢板紧压在上、下辊之间，如图2-3(a)所示。再升起旁辊。预弯右板边，如图2-3(b)所示。旁辊回原位，启动上、下辊，使钢板移至图2-3(c)位置。再升起旁辊，预弯左板边，如图2-3(d)所示。最后启动电机带动上、下辊旋转，使钢板弯卷成形，如图2-3(e)所示。这种卷板机不仅可卷圆筒节，由于旁辊两端可分别调节，故也可弯卷锥形筒体。

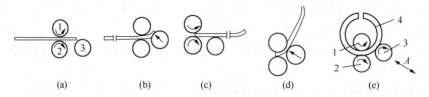

图2-3　不对称式三辊卷板机

（3）两下辊同时水平移动的三辊卷板机（图2-4）

卷板时将钢板置于上、下辊之间，如图2-4(a)所示。两下辊同时向右作水平移动至图2-4(b)位置。上辊向下移动，预弯左板边，如图2-4(c)所示。上辊旋转，钢板移至图2-4(d)位置，两下辊同时向左作水平移动至图2-4(e)位置，上辊向下移动，预弯右板边。最后上辊旋转，使钢板弯卷成形，如图2-4(f)所示。这种卷板机由于可以同时调节的辊子较多，故机械传动机构较复杂。

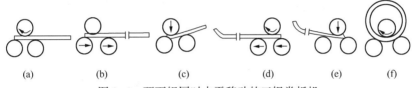

图 2-4　两下辊同时水平移动的三辊卷板机

（4）上辊作水平移动的三辊卷板机(图 2-5)

卷板时将钢板置于上、下辊之间，上辊向右水平移动，如图 2-5(a)所示。移至图 2-5(b)位置，上辊向下移动，预弯右板边。辊旋转，使钢板移至图 2-5(c)位置。上辊向左水平移动至图 2-5(d)位置。上辊向下移动，预弯左板边，如图 2-5(e)所示。最后下辊旋转，使钢板弯卷成形，如图 2-5(f)所示。这种卷板机的调节辊子虽少，但结构较复杂。

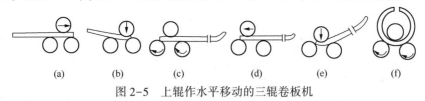

图 2-5　上辊作水平移动的三辊卷板机

2.1.3.3　对称式四辊卷板机

对称式四辊卷板机如图 2-6 所示。上辊 1 为主动辊，下辊 3 可垂直上、下移动调节，两侧辊 2 是辅助辊，其位置也可以调节。卷板时，将钢板端头置于 1、3 辊之间并找正，升起下辊 3 将钢板压紧，如图 2-6(a)所示。然后升起左侧辊对板边预弯，如图 2-6(b)所示。预弯后适当减小压力(防止钢板碾薄)，启动上辊旋转，此时构成一个不对称式三辊卷板机对钢板弯卷。随后升起右侧辊托住钢板，当钢板卷至另一端时，上辊停止转动，将下辊向上适当加大压力，同时将右侧辊上升一定距离，弯曲直边，再适当减小下辊压力，并启动上辊旋转，又形成一个不对称式的三辊卷板机，连续弯卷几次直到卷成需要的筒节为止，如图 2-6(c)所示。

这种卷板机的最大优点是一次安装卷完一个圆筒，而不留下直边，故加工性能较先进。但其结构复杂，辊轴多用贵重合金钢制造，加工要求严格，造价高。近年来，随着各种新型三辊卷板机的出现，四辊卷板机已有逐渐被取代的趋势。

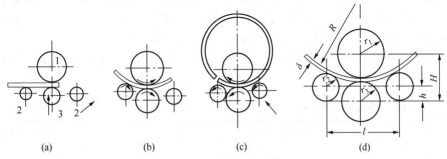

图 2-6　对称式四辊卷板机

2.1.3.4　立式卷板机

立式卷板机如图 2-7 所示。图 2-7(a)中轧辊 1 为主动辊，两个侧支柱 2 可沿机器中心线 O-O 平行移动，其间的距离还可调节，压紧轮 3 可前、后调节。弯卷时，钢板放入辊 1 和柱 2 之间，压紧轮 3 靠液压力始终将钢板紧压在辊 1 上，两侧支柱 2 朝辊 1 方向推进将钢板局部压弯。然后支柱 2 退回原位，驱动辊 1 使钢板移动一定距离，两侧支柱 2 再向前将钢板压弯。这样依次重复动作，将钢板压弯成圆形筒节。

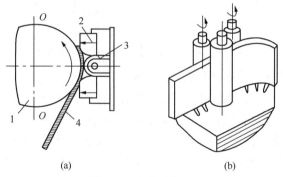

(a)　　　　　　　　　(b)

图 2-7　立式卷板机

立式卷板机不像卧式卷板机那样连续弯板，而是间歇地、分级地将钢板压弯成筒节；压弯力强，钢板一次通过便弯卷成形；热卷厚钢板时，氧化皮不会落入辊筒与钢板之间，因而可避免表面产生压坑等缺陷；卷大直径薄壁筒节时，不会因钢板的刚度不足而下塌；其缺点是弯卷过程中钢板与地面摩擦，薄壁大直径筒节有拉成上、下圆弧不一致的可能。

卷板机的类型很多，性能也日益完善。目前比较先进的卷板机为数控卷板机（与普通卷板机的主要区别在于附加的计算机数控系统）。随着过程工业生产装置规模的大型化发展，特大、特厚的特殊设备使用越来越多，为适应这些特殊设备的制造，国内已经制造出冷卷能力可达到厚度×宽度为 200mm×4000mm、热卷厚度×宽度为 280mm×4000mm 以上的重型卷板机。

2.2　封头的成形工艺

封头作为过程设备的主要受压元件之一，其成形制造是过程设备制造过程中的关键工序。封头的制造需要具备压力容器制造的相关资质，压力容器制造厂也可以自己制作封头。但目前我国封头制造已形成专业化生产的格局，专业生产厂家配备比较先进的设备，有先进的生产技术，有专业化的生产人员，相对地成本低、生产效率高、质量好。压力容器制造企业多数都不自己生产封头，而是直接向专业化生产厂家订购封头。

过程设备常用的凸形封头（以下简称封头）名称、断面形状、类型代号及形式参数示例见表 2-2。封头的公称直径见表 2-3。

表 2-2　半球形、椭圆形、碟形和球冠形封头的断面形状、类型及形式参数表

名　　称	断面形状	类型代号	形式参数关系
半球形封头		HHA	$D_i = 2R_i$ $DN = D_i$

名　　称		断面形状	类型代号	形式参数关系
椭圆形封头	以内径为基准		EHA	$D_i/[2(H-h)]=2$ $DN=D_i$
	以外径为基准		EHB	$D_o/[2(H_o-h)]=2$ $DN=D_o$
碟形封头	以内径为基准		THA	$R_i=1.0D_i$ $r_i=0.10D_i$ $DN=D_i$
	以外径为基准		THB	$R_o=1.0D_o$ $r_o=0.10D_o$ $DN=D_o$
球冠形封头			SDH	$R_i=1.0D_i$ $DN=D_o$

注：半球形封头三种形式：不带直边的半球($H=R_i$)，带直边的半球($H=R_i+h$)和准半球($H<R_i$)

表 2-3　封头的公称直径　　　　　　　　　　　　　　　　　　mm

300	1100	1900	2800	4200	700	1500	2300	3500	4800
400	1200	2000	3000	4400	800	1600	2400	3600	6000
500	1300	2100	3200	4500	900	1700	2500	3800	5200
600	1400	2200	3400	4600	1000	1800	2600	4000	

　　封头加工制造的完整工艺过程为：准备料坯、划线下料、切割、焊缝拼接、焊接、无损检测、打磨、成形、整形、检验、坡口加工等工序。本节主要介绍成形工序过程，其他工序按本书其他章节相关内容进行。封头的成形方法主要有冲压成形、旋压成形。

2.2.1 封头的冲压成形

（1）冷、热冲压条件

冲压成形按冲压前毛坯是否需要预先加热，分为冷冲压法和热冲压法，其选择的主要依据如下。

① 材料的性能。对于常温下塑性较好的材料，可采用冷冲压；对于热塑性较好的材料，可以采用热冲压。

② 依据毛坯的厚度 δ 与毛坯料直径 D_0 之比，即相对厚度 δ/D_0 来选择冷冲压还是热冲压，具体参见表2-4。

表2-4 封头冷、热冲压与相对厚度的关系

冲压状态	碳素钢、低合金钢	合金钢、不锈钢
冷冲压	$\delta/D_0 \times 100 < 0.5$	$\delta/D_0 \times 100 < 0.7$
热冲压	$\delta/D_0 \times 100 \geqslant 0.5$	$\delta/D_0 \times 100 \geqslant 0.7$

（2）热冲压的加热过程

① 加热规范。从降低冲压力和有利于钢板变形考虑，加热温度可高些。但温度过高会使钢材的晶粒显著长大，甚至形成过热组织，使钢材的塑性和韧性降低。严重时会产生过烧组织，毛坯冲压可能发生碎裂。为保证坯料有足够的塑性和较低的变形抗力，必须制订合理的加热温度范围、加热速度和加热时间等规范来保证封头的冲压质量。

② 加热注意要点：

（a）加热时防止过烧和过热　过烧是指工件加热到接近熔点温度时，晶粒处于半熔化状态，晶粒间的联系受到破坏，冷却后组织恶化，严重时会使坯料报废的现象。这种过烧现象不可恢复。

过热是指在稍低于过烧温度的高温下，金属长期保温时，使晶粒过分长大的现象。坯料出现过热使晶粒粗大，钢的力学性能降低，在冲压中会降低塑性和冲击韧性，影响封头的冲压质量。

（b）始锻温度和终锻温度的控制　始锻温度是指冲压开始的温度。始锻温度过低达不到加热的目的，使可锻性差，锻造时间减小。过高易产生过热和过烧现象。为了避免过热和过烧必须控制加热温度和保温时间。

终锻温度是指冲压终止的温度，应控制在再结晶温度以上。低于再结晶温度必然使钢硬化甚至产生裂纹。所以不允许低于再结晶温度进行冲压。终锻温度主要是保证在结束冲压前坯料还有足够的塑性，在冲压后获得良好的组织。

图2-8为封头热冲压的典型加热过程示意图。

（3）冲压过程

封头的冲压成形通常是在水压机或油压机上进行。图2-9所示为水压机冲压封头的过程。将封头毛坯4对中放在下模（冲环）5上，如

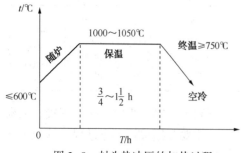

图2-8 封头热冲压的加热过程

图 2-9(a)所示。然后开动水压机使活动横梁 1 空程向下,当压边圈 2 与毛坯接触后,开动压边缸将毛坯的边缘压紧。接着上模(冲头)3 空程下降,当与毛坯接触时[图 2-9(b)中Ⅰ],开动主缸使上模向下冲压,对毛坯进行拉伸[图 2-9(b)中Ⅱ],至毛坯完全通过下模后,封头便冲压成形[图 2-9(b)中Ⅲ]。最后开动提升缸和回程缸,将上模和压边圈向上提起,与此同时用脱模装置 6(挡铁)将包在上模上的封头脱下[图 2-9(b)中Ⅳ],并将封头从下模支座下取出,冲压过程结束。

为了降低工件与模具间的摩擦力,减少皱折,在坯料上方设置压边圈,控制坯料的变形。在压边圈下表面和冲环圆角处涂以润滑剂,以较小冲压时的摩擦力。润滑剂一般用石墨粉加水或机油配制。

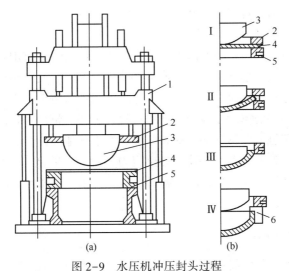

图 2-9 水压机冲压封头过程

1—活动横梁;2—压边圈;3—上模(冲头);4—毛坯;5—下模(冲环);6—脱模装置

(4) 冲压成形容易产生的缺陷

① 封头壁厚的减薄与增厚。封头的冲压属于拉伸和挤压的变形过程,坯料在不同的部位处于不同的应力状态,产生不同的变形。图 2-10 为椭圆形封头和球形封头冲压后各部分的壁厚变化情况。

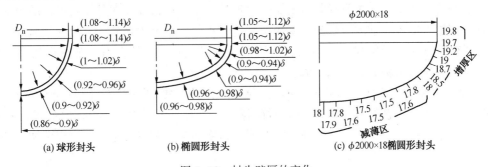

图 2-10 封头壁厚的变化

可见,通常在封头曲率大的部位,由于经向拉应力和变形占优势,所以壁厚减薄较大。碳钢椭圆形封头减薄量可达 8%~10%;球形封头减薄量可达 10%~14%。这种减薄是一个无法回避和改变的现实,从制造工艺上来说,只能通过合理的模具设计、选择适当的加热规范、严格执行操作规范和工艺规程等措施，最大限度地降低这个区域的减薄量。并在产品验收上，严格把好质量关，减薄量超限的封头不得用于压力容器的组装。

封头冲压过程是依靠模具强迫坯料进行变形。坯料的外边缘还存在一个直边部分。从变形度看，直边和靠近直边部分变形最大，有多余金属相互挤压，但由于受到上冲模和冲环的制约，材料将受到沿板坯切向挤压而产生压缩变形，而使得该部位壁厚增加，而且越接近边缘，增加壁厚越大(图 2-10)。

② 折皱。从宏观来看，坯料外缘周边的压缩量，封头越深，毛坯直径越大，压缩量越大。此压缩量可向三个方向流动：增加边缘厚度；拉伸时向中心流动，以补充经向拉薄；向外自由伸长。由于金属在经向向外流动的阻力小，所以向外伸长往往较大。如果工件较薄或模具不当、工艺不当，则坯料周边就会在切向应力作用下，丧失稳定而产生折皱。折皱是冲压封头中常见的缺陷。

影响折皱产生的主要因素是相对厚度(厚度与直径的比值)和切向应力的大小。相对厚度越大，坯料边缘的稳定性越好，切向应力可能使板边增厚。反之相对厚度小，板边对纵向弯曲的抗力小，容易丧失稳定而起皱。采用压边圈可以用来防止折皱的产生。

③ 鼓包。在毛坯拉伸过程中，由于某种原因会产生局部受力和变形不均现象，使成形后的封头产生鼓包。鼓包是金属局部纤维的变形量大于其他部位引起的。例如，毛坯边缘焊缝的余高太高，会因摩擦等原因产生较大的拉应力，使局部的金属产生较大的伸长而鼓包。又如，毛坯局部温度高于其他部位，此处金属变形抗力小，在相同拉应力作用下，金属纤维将产生较大的伸长而鼓包。

2.2.2 封头的旋压成形

随着过程设备的大型化发展，同时需要解决大型封头的制造问题。如果仍采用冲压成形法，则需要大吨位、大工作台面的水压机、大吨位冲压模具，成本将大大提高。目前旋压成形法已成为大型封头或薄壁封头主要制造方法，已经制造出 $\phi5000mm$、$\phi7000mm$、$\phi8000mm$，甚至 $\phi20000mm$ 的超大型封头。

(1) 封头旋压成形的特点

① 制造成本低。旋压加工封头时，同一模具可制造直径相近且壁厚不同的各种封头；而冲压法制造封头是，一种直径就得配制一套模具，不但造价高，而且需要很大的地面去堆放和保管相配置的模具冲环。另外，旋压法制造封头其变形过程是局部连续的，所以旋压机比水压机轻巧，制造相同尺寸的封头，旋压机比水压机轻 2.5 倍左右，旋压机功率大大降低。故旋压法制造封头的成本比较低。

② 生产效率高。旋压法与冲压法相比，制造相同尺寸的封头，旋压机的模具和工装设备的尺寸小，更换工艺装备和模具所需时间短，与冲压法相比约减少 80% 的时间。此外，旋压机的机架附设有刀架，可以对坯料的成形及边缘加工一次连续完成，故旋压加工的生产效率较高。

③ 加工质量好。旋压加工是由局部逐步扩展到整体的变形过程。旋压封头直径的尺寸精度高，不存在冲压加工的局部减薄现象和边缘折皱问题。一般情况下旋压法不需要加热，因而加工后的封头表面没有氧化皮。总体看旋压法制造封头的质量好。

对于冷旋压成形后的封头，对于某些钢材还需要进行消除冷加工硬化的热处理；对于厚壁小直径(小于等于φ1400mm)封头采用旋压成形时，需在旋压机上增加附件，比较麻烦，不如冲压成形简单。

(2) 旋压成形的方法

①单机旋压法。一步成形法就是在一台旋压机上，一次完成封头的旋压成形过程，也叫单机旋压法。根据模具使用情况，一步成形法可分为有模旋压法、无模旋压法和冲旋联合法，如图2-11所示。

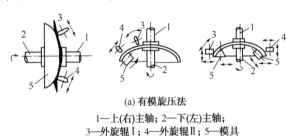

(a) 有模旋压法
1—上(右)主轴；2—下(左)主轴；
3—外旋辊Ⅰ；4—外旋辊Ⅱ；5—模具

(b) 无模旋压法
1—上(右)主轴；2—下(左)主轴；
3—外旋辊Ⅰ；5—内旋辊

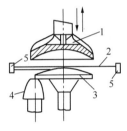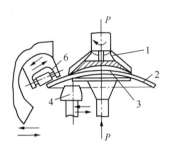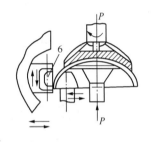

Ⅰ 冲旋开始 　　　Ⅱ 冲压中心部分 　　　Ⅲ 旋压翻边成形

(c) 立式冲旋联合法生产封头过程示意

1—上压模；2—坯料；3—下压模；4—内旋辊；5—定位装置；6—外旋辊

图2-11　封头单机旋压成形

(a) 有模旋压法　这类旋压机具有一个与封头内壁形状相同的模具，封头毛坯被辗压在模具上成形，如图2-11(a)所示。这类旋压机一般都是用液压传动，旋压所需动力由液压提供。因此效率较高、速度快，封头旋压可一次完成、时间短。同时具有液压靠模仿形旋压装置，旋压过程可以自动化。旋压的封头形状准确，尺寸精度高。在一台旋压机上可具有旋压、边缘加工等多种用途。但这类旋压机必须备有旋压不同尺寸封头所需的模具，因而成本相对较高。

(b) 无模旋压法　这类旋压机除用于夹紧毛坯的模外，不需要其他的成形模具，封头的旋压全靠外旋辊并由内旋辊配合完成，如图2-11(b)所示。这种旋压的工装设备比较简单，但旋压机构造与控制比较复杂，需要较大的旋压功率，适于批量生产。

冲旋联合法是冲压和旋压的结合成形方法。在一台成形机上先以冲压法将毛坯压鼓成碟形，再以旋压法进行翻边使封头成形。图2-11(c)所示是立式冲(3) 旋联合法　加工封头的过程示意。图2-11(a)加热的毛坯2放到旋压机下模紧装置的凸面3上，用专用的定中心装置5定位，接着有凹面的上模1从上向下将毛坯压紧，并继续进行模压，使毛坯变成碟形，如图2-11(b)所示。然后上下压紧装置夹住毛坯一起旋转，外旋辊6开始旋压并使封头边缘成形，内旋辊4起靠模支撑作用，内外辊相互配合，即将旋转的毛坯旋压成所需形状，如图2-11(c)所示。这种装置可旋压直径$\phi1600\sim4000mm$、厚度$18\sim120m$的封头。这类旋压机虽然不需要大型模具，但仍需要用比较大的压鼓模具来冲压碟形，功率消耗较大。这种方法大都采用热旋压，需配有加热装置和装料设备，较适宜于制造大型、单件的厚壁封头。

② 联机旋压法。用压鼓机和旋压翻边机先后对封头毛坯进行旋压成形的方法。首先用一台压鼓机将毛坯逐点压成凸鼓形，完成封头曲率半径较大的部分成形，如图2-12(a)所示，然后再用旋压翻边机将其边缘部分逐点旋压，完成曲率半径较小部分的成形，如图2-12(b)所示。

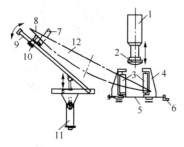

(a) 压鼓机工作原理图

1—油压机；2—上胎(下胎未画出)；
3—导辊；4—导辊架；5—丝杠；6—手轮；
7—导辊(可作垂直板面运动)；
8—驱动辊；9—电机；10—减速箱；
11—压力杆；12—毛坯

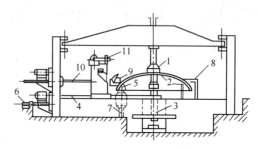

(b) 立式旋压翻边机

1—上转筒；2—下转筒；3—主轴；4—底座；
5—内旋辊；6—内辊水平轴；
7—内辊垂直轴；8—加热炉；9—外旋辊；
10—外辊水平轴；11—外辊垂直轴

图2-12 联机旋压法

由于采用两个步骤和两个设备联合工作，故称两步成形法或联机旋压法。

这种方法占地面积大，需有半成品堆放地，工序间的装夹、运输等辅助操作多。但机器结构简单，不需要大型胎具，而且还可以组成封头生产线，该方法适用于制造中小型薄壁的封头。

2.2.3 封头制造的质量要求

(1) 封头制造标准

封头的制作除应符合图样、技术条件要求外，还应符合有关法规、标准的规定。如：TSG R0004—2008《固定式压力容器安全技术监察规程》、GB 150—2011《压力容器》、GB/T 25198—2010《压力容器封头》等等。

(2) 封头下料拼焊要求

加工封头的材料须经检验合格，符合相应设备的压力容器类别要求的复验项目。坯料的制定位置上应有标记。封头板料应尽量用整块钢板制成，必须拼接时各板必须等厚度。封头的坯料厚度应考虑成形工艺减薄量，以确保封头成形后实测最小厚度符合设计要求。

封头板料切割后，应清除钢板毛刺，周边修磨圆滑，端面不得有裂纹、熔渣、夹杂和分层等缺陷。封头板料拼接焊接接头表面不得有裂纹、气孔、咬边等缺陷。在成形前应将拼接焊缝余高打磨至与母材表面平齐。

（3）成形

封头毛坯在成形前，应根据图样和工艺文件要求核对产品编号、件号、材料标记、形状、规格和尺寸等。封头成形工艺和方法由封头加工单位确定，成形过程中应避免板料表面的机械划伤。冲压成形后应去除内外表面的氧化皮，表面不允许有裂纹等缺陷。

（4）封头外观质量检验

（a）外圆周长检测：以外圆周长为（与筒体）对接基准的封头切边后，在直边部分端部用钢卷尺实测外圆周长，记录实测值，与理论周长的公差应符合国家标准要求（见 GB/T 25198—2010 表5）。

（b）内直径检测：以内直径为对接基准的封头切边后，在直边部分实测等距离分布的4个内直径，取其平均值为实测内直径。其公差应符合国家标准要求（见 GB/T 25198—2010 表5）。

（c）圆度检测：封头切边后，在直边部分实测等距离分布的4个内直径，以实测最大直径与最小直径之差作为圆度公差，其圆度公差不得大于 $0.5\%D_i$（D_i 为封头内径），且不大于25mm。当 δ/D_i 小于0.005且 δ 小于12mm时，圆度公差不得大于 $0.8\%D_i$，且不大于25mm。

（d）形状检测：封头成形后，用弦长相当于 $3D_i/4$ 的样板检查封头的间隙。样板与封头内表面的最大间隙，外凸不得大于 $1.25\%D_i$，内凹不得大于 $0.625\%D_i$。

（e）封头总深度检测：封头切边后，在封头端面任意两直径位置上分别放置直尺或拉紧的钢丝，在两直尺交叉处垂直测量封头总深度，其公差为 $(-0.2\sim0.6)\%D_i$。

（f）厚度检测：沿封头端面圆周0°、90°、180°、270°的四个方位，用超声波测厚仪、卡钳和千分尺在必测部位检测成形封头的厚度。

（5）热处理与无损检测

焊接后需要热处理的封头，一般由封头制造单位负责热处理。在封头验收时应要求封头供货方交付有关热处理的工艺资料和记录；如果封头带有试板，应同时向封头制造单位交付有识别标记的试板，同炉进行热处理。

成形后的封头的全部拼接焊接接头应根据图样或技术文件规定的方法，按照 JB/T 4730《承压设备无损检测》进行100%射线或超声检测，其合格级别符合要求。

2.3 U 形波纹膨胀节成形工艺

在第1章中已经介绍，固定管板换热器的壳体上常常设置膨胀节以降低管程和壳程的温差应力。用于过程设备外壳上的膨胀节统称为压力容器用膨胀节，由于压力容器用膨胀节多采用 U 形波纹管结构，故又称 U 形膨胀节。我国制定了相关国家标准 GB 16749《压力容器波形膨胀节》。

国标 GB 16749 中规定了两种类型四种 U 形膨胀节结构形式：

第一种类型为小波高膨胀节，包含一种结构形式，即整体成形小波高膨胀节，如图2-13所示，结构形式代号为 ZX。这种膨胀节有单层和多层之分，一般为多波结构，由于单层壁厚比较薄，所以又称薄壁膨胀节。这种膨胀节一般多用于压力管道上，而在压力容器壳体上应用较少。

第二种类型为大波高膨胀节，如图2-14所示。这种膨胀节只有单层，可以单波和多波，

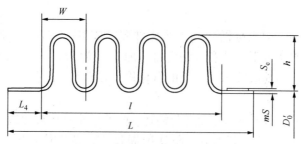

图 2-13　小波高膨胀节 U 形波纹管

一般单层壁厚较厚，故又称厚壁膨胀节。这种类型包含三种结构形式：第一种为整体成形大波高膨胀节，如图 2-14(a)，结构形式代号为 ZD；第二种为两半波焊接膨胀节，如图 2-14(b)，结构形式代号为 HF，其截面形状与 ZD 型相同，只是在波峰中间有一条环焊缝；第三种为带直边两半波焊接膨胀节，如图 2-14(c)，结构形式代号为 HZ，此结构的两个半波成盘装，所以也称波盘式膨胀节。过程设备壳体上应用的膨胀节大多为第二种类型的厚壁膨胀节。

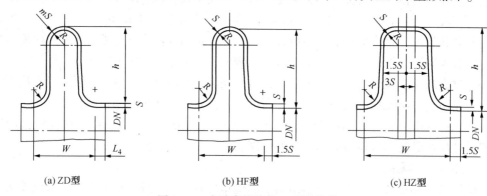

(a) ZD型　　　　　　　　(b) HF型　　　　　　　　(c) HZ型

图 2-14　大波高膨胀节 U 形波纹管

压力容器用膨胀节总体结构是由主件 U 形波纹管(以下简称波纹管)和端部接管(波纹管直接与设备壳体相连接时无此件)、导流筒等附件组成。在整个制造过程中，波纹管的成形工艺最为复杂，因此，正确的波纹管成形工艺设计和实施，是膨胀节制造至关重要的工序。由于膨胀节的结构形式不同，所以其波纹管成形工艺也不尽一致，下面简要介绍几种常用的波纹管成形方法。

2.3.1　整体成形膨胀节波纹管成形工艺

整体成形膨胀节即指波纹管整体成形，包括 ZX 型和 ZD 型两种结构形式[图 2-13 和图 2-14(a)]。尽管结构形式有所不同，但波纹管成形工艺基本一致。整体成形波纹管，无论单波还是多波，坯料均为圆筒，展开为矩形板料，下料计算见本书第 1 章。波纹管毛坯圆筒用钢板卷制，纵向焊接而成，不得有环向焊缝。U 形波纹管整体成形方法主要有液压成形、滚压成形、机械胀形等方法。

2.3.1.1　液压成形法

(1) 波纹管液压成形工艺过程

液压成形是金属波纹管应用最广泛、最常见的一种成形方法。成形原理是：先利用液压泵注入管坯中的介质压力，使管坯壁内应力超过材料屈服强度，迫使管坯在限制模块中鼓胀凸起；而后拆去模块间的定位撑，利用液压机或其他有关类似作用的设备，轴向压缩管坯至所需的最终长度，拆去模块，便得成形的波纹管。多波波纹管液压成形过程如图 2-15 所示，单波波纹管液压成形过程如图 2-16 所示。

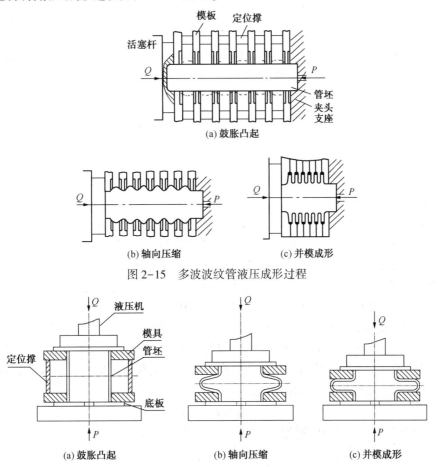

图 2-15　多波波纹管液压成形过程

图 2-16　单波波纹管液压成形过程

液压成形的特点是：成形过程中，管坯受压均匀，减薄量适中，管坯的纵缝在成形过程中始终受着成形压力考验。但是液压成形工艺对模具要求高，尤其是加工大直径的波纹管，模具成本骤升，劳动强度大，对液压机的吨位和立柱有很高的要求。所以，目前液压成形方法主要用于单波膨胀节(ZD 型)的成形，对于多波膨胀节，只有直径较小、总厚度较薄时采用此法。

成形过程中充入管坯的压力介质可以是油或是水。油的黏度大，易达到密封，但难免的泄漏会造成环境污染，成本也高；水介质的特点则相反。不论充油还一是充水，成形系统都应是独立的系统，与液压机的液压系统分开，其作用是确保管坯充压鼓胀凸起。

成形时，首先启动液泵将液体充入管坯，当达到一定压力后，模块间的管坯薄壳发生鼓胀[图 2-15(a)图 2-16(a)]，此时停泵保压，拆去模板之间的定位撑，起动油压机，轴向压缩管坯，同时开泵增压[图 2-15(b)、图 2-16(b)]，管坯的端盖和模块在油压机的轴向推压下继续移动，波形不断扩大，直至模板全部靠近，即为并模[图 2-15(c)、图 2-16(c)]，此间应检查模板的滑移情况，要确保相互间隙均匀，避免偏移。并模后，一般再升压 0.1MPa 左右，保压 10~15min，可卸压、拆模、取出波纹管，成形结束。

（2）液压成形主要工艺参数

波纹管成形质量的好坏关键在于波纹管液压成形工艺参数的确定，波纹管液压成形工艺参数的确定包括：管坯长度的计算、定位撑高度的确定及成形各阶段成形压力和成形力的控制，等等。单波展开管坯长度的计算在第 1 章已经介绍，下面介绍其他参数的确定方法。

① 定位撑高度的确定。定位撑在波纹管成形时，起固定成形模板、保证波高符合波纹管设计尺寸的作用。它的高度与单波展开长和模板厚度有直接关系，可以用式（2-9）确定。

$$H_d = L_1 - 2H_m \tag{2-9}$$

式中　H_d——定位器高度（长度），mm；

　　　L_1——单波展开长度，mm；

　　　H_m——模板厚度，mm。

定位撑高度（长度），直接影响波的高度。因此多波成形时，所有定位器高度必须一致。定位器的位置在成形过程中如有偏移，应立即纠正偏差，确保成形质量。

② 成形压力和成形力的计算。成形压力是指使得波纹管管坯发生塑性变形和维持波成形的管坯内部液体介质压力；成形力是指波纹管成形时压力机（液压机）压合模板所需的作用在管坯端部的轴向压力。由于波纹管成形过程是连续的冷成形过程，管坯材料的应变硬化（冷成形硬化）程度也是连续增加，即成形压力和成形力也是连续变化的。所以，用理论方法准确地计算任一时段的成形压力和成形力是很困难的，在实际生产中，多是根据半经验和经验公式来确定成形压力和成形力。这里仅就鼓胀点（初始成形点）和并模成形点（成形结束点）的成形压力（工作液体内压）q 和成形力（管坯端部压力 Q）的计算公式作以介绍。

根据圆筒承受内压时的应力分析，只考虑内压引起的周向膜应力，忽略较小的经向应力的影响，则使圆筒壁达到初始屈服的内压力为：

$$q = \delta\sigma_s / R \tag{2-10}$$

相应的轴向压力（成形力）则为：

$$Q = A_e q \tag{2-11}$$

式中　δ——波纹管管坯壁厚，mm；

　　　R——波纹管管坯圆筒中间面半径，mm；

　　　σ_s——波纹管材料屈服应力，MPa；

　　　A_e——波纹管有效面积，mm^2。

（a）成形初始点的成形压力和成形力计算：

波纹管成形过程中，管坯内部始终保持一定的成形压力，考虑材料加工硬化的影响，到达初始成形点时，成形内压应大于初始屈服压力，以形成初波。由式（2-10）可得初始成形点成形压力（半经验公式）为：

$$q_1 = 1.2\delta\sigma_s / R \tag{2-12}$$

此时波纹管有效面积为 $A_e = \pi R^2$，由式（2-11）和式（2-12）得相应的成形力约为：

$$Q_1 = 3.8\delta\sigma_s R \tag{2-13}$$

（b）成形结束点的成形压力和成形力计算：

波纹管成形结束阶段的成形压力在逐渐升高，波纹管变形不断增大，应变硬化程度也不断提高，并模结束点成形完毕，其成形压力和成形力均达到最高值。此时波纹管成形压力应根据经验确定，一般取 $(1.2\sim1.3)q_1$，这里取上限值得结束点的成形压力为：

$$q_2 = 1.56\delta\sigma_s/R \tag{2-14}$$

此时波纹管有效面积为 $A_e = \pi R_m^2$；$R_m = R+h/2$ 为波纹管有效半径；h 为波纹管波高。由式(2-11)和式(2-14)得结束点的成形力为：

$$Q_2 = 4.9\delta\sigma_s(R+h/2)^2/R \tag{2-15}$$

由式(2-14)确定的 q_2 和式(2-15)确定的 Q_2 值也是选择液压泵和液压机工作能力的依据。一般用于波纹管液压成形的液压泵的额定工作压力不得小于 $1.2q_2$；液压机的额定冲压力不得小于 $1.2Q_2$。

（3）波纹管液压成形工艺要点

① 模具设计原则。模具设计直接关系成形质量。波纹管的规格很多，当公称直径 DN 和波距 W 相同时，尽可能用同一副模具，即一模多用，减少模具数量，降低生产成本。

模板结构一般应设计成对开式，以便于拆开和拼合。

上、下模板又各有内、外模板(图 2-17)，内模板是专用模板，其尺寸系根据不同的波壳尺寸决定。图 2-17 所示模板波顶处为直角，这样压出的波峰可以是自然波形，也可将模板的波顶形状按成形波峰断面形状设计。

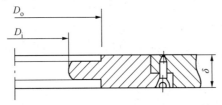

图 2-17 内模板及与外模板的固定结构

② 防止成形后的回弹。液压成形后，波形回弹很大。主要表现为波距加大，如不加控制，回弹率可达 10%以上，不但影响产品的几何精度，而且进一步影响到产品的力学性能。

控制回弹的措施有下列几种：一是在成形终了，保压 $10\sim15$min，然后先卸内压，再撤轴向压力；二是在撤轴向压力后波纹管回弹，多波各剖分模间出现缝隙，再次轴向加压，将各部分模板压靠；三是将"U"形波先加工成"Ω"形，任其回弹后接近"U"形。

③ 控制压机移动速度。液压机下压移动速度过快，影响成形质量，回弹量大，易产生废品；过慢则生产效率低，一般应视材料性质和波纹管结构，控制液压机移动速度。

④ 管坯内排液应与液压机移动同步。随着液压机的向下移动，管坯容积逐渐变小，多余液体必须随液压机下移相应排出。该同步控制常用装在泵液压系统中的溢流阀执行，仔细调整溢流阀的压力，以使整个成形过程液压保持恒定状态。

⑤ 注意管坯端部密封。管坯上、下端部的密封是保证波纹管成形过程起压、保压、加压的关键。由于管坯壁较薄，直径大、刚性小，成形压力高，密封有一定难度。常采用 Y 形橡胶封圈的密封结构(图 2-18)，这是一种自紧式密封结构。内压升起后，液体介质压迫 Y 形橡胶圈的内、外两瓣片，使它们分别紧贴挡块和薄壳，液体介质无法从壳壁和挡板缝隙中漏出。同时由于橡胶与管坯接触面产生了很大摩擦力，致使薄壳在成形过程中不会滑脱出去。这种结构属自紧式密封，压力越大，密封越好。但在刚起压时，由于压力较低，泄漏较大。在成形过程中，要时刻注意 Y 形密封圈是否破损。

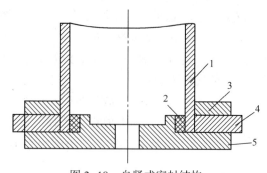

图 2-18 自紧式密封结构

1—管环；2—Y 形密封圈；3—箍圈 1；4—箍圈 2；5—底板

2.3.1.2 机械胀形法

波纹管的机械胀形成形是在管坯内预先装有圆形内模，该内模由若干分瓣的凸模块组合而成，内模中央有一个靠油缸液压推动上下运动的锥体。当锥体下行(或上行)时，对模块产生侧压力，分瓣凸模向外运动使管坯受胀压而成波形，锥体上行(或下行)后模块靠弹簧力收缩复位。

机械胀形原理如图 2-19 所示。机械胀形机构由锥形芯轴 1、多个扇形凸模 2、波距定位装置 3、凸模导向柱 4、芯轴和凸模复位弹簧 5、6 组成。机构可以设计成正压(锥顶尖向下)和反推(锥顶尖向上)两种形式。正压式结构的胀形模具比较简单，如图 2-19 所示，需要放在压力机上工作。反推式结构的胀形模具，设计成模具本身和受力拉杆、推力油缸活塞构成的封闭系统，工作时不需要压力机。

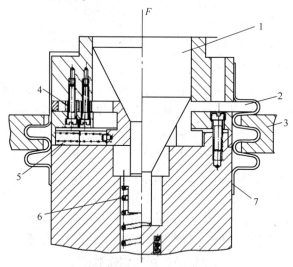

图 2-19 机械胀形示意图

1—锥形芯轴；2—扇形凸模；3—波距定位器；4—导向柱；5、6—弹簧；7—管坯

正压式结构胀形过程如图 2-19 所示。波纹管胀形时，芯轴受集中力 F 的作用进给，凸模在斜面水平分力的作用下被推出，克服管坯变形力和摩擦力使管坯成形，靠模具限位器控制胀形波高和波宽。成形后的波形被定位装置卡住，去除力 F，芯轴和凸模靠弹簧复位，定位装置带动管坯下移一个单波展开长，完成一个工作循环。

机械胀形法成形的波纹管波高受材料极限延伸率的限制，通常用表示胀形变形程度的波深系数 K 表示。

$$K=d_{max}/d \tag{2-16}$$

式中 d_{max}——胀形后的最大直径，mm；

d——管坯直径，mm；

K——波深系数。

某些材料的波深系数实验值见表2-5。

表 2-5　波深系数

材　　料	单层厚度/mm	材料延伸率/%	波深系数
0Cr19Ni9	0.5	26~32	1.26~1.32
00Cr17Ni14Mo2	1.0	28~34	1.28~1.34
低碳钢	0.5	20	1.2
	1.0	24	1.24

机械胀形法是近年发展起来的较先进的成形方法，与液压成形相比：成形简便速度快，生产效率可提高10倍以上（对通径较大的波纹膨胀节）；劳动强度也大为降低；在成形大通径的多层波纹管时，端口不用密封，也能保证波纹膨胀节内的清洁；设备简单，投资小，通径100mm以上的波纹膨胀节均能采用机械胀形法。尤其适合于多波膨胀节（ZX型）的波纹管成形制造。

2.3.1.3　机械滚压法

滚压成形是波纹管管坯在主动轮和一对从动轮带动旋转下，靠主动轮和从动轮的径向进给，使管坯成形的一种工艺方法。

滚压成形原理如图2-20所示。主动轮1由机械或液压马达驱动，一对从动轮2由液压缸推动上下进给，并能在支承轴上水平移动。成形时，从动轮初始间距调整到波展开长度，主动轮和从动轮把管坯压紧。管坯由主动轮带动，在主动轮、管坯和从动轮之间的摩擦力作用下，随主动轮同步旋转。一对从动轮在逐渐上升加力的同时，逐渐相对向主动轮并靠。管坯在主动轮和从动轮的滚压下塑性变形而形成波纹。

滚压成形工艺适用于制造大直径、大壁厚、波数少的环形波纹管。由于受材料允许变形程度的限制，一般滚压成形波纹管和胀形波纹管一样，波深系数K较小，不锈钢波纹管通常$K<1.3$，碳钢波纹管$K<1.2$。

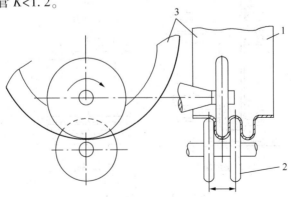

图 2-20　机械滚压成形

1—主动轮；2—从动轮；3—管坯

2.3.2 两半波焊接膨胀节波纹管成形工艺

国标 GB 16749 中的 HF 型和 HZ 型膨胀节均为两半波波纹管焊接膨胀节,区别在于 HZ 型在波峰处有个直边而 HF 型没有。就单波而言,制造过程都是从波峰处分成两个半波先成形,再用一条环焊缝组焊成一个整体。半波成形方法与封头成形相似,主要采用冲压方法成形。即采用半波环形平板料(展开下料见本书第 1 章),用一套盒模在液压机上成形。图 2-21 为 U 形波纹管半波冲压成形原理图。

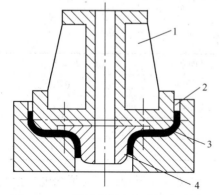

图 2-21 U 形波纹管半波冲压成形原理
1—上模;2—下模;3—工件;4—冲头

冲压工艺过程为:将环形板料放置在下模 2 的止口定位面上(图 2-21)。先用上模 1 冲压波峰处 R,然后将冲头(凸模)4 用螺栓连接在上模 1 上,冲压波谷处 R 及直边部分,半波波纹管成形完毕。一般半波成形多为热冲压成形。半波成形后,两半波进行组焊成形即可。

2.3.3 波纹管的整形工艺

波纹管成形后,由于弹性回弹使波纹管波距、波型都与设计要求有差异,必须进行整形。波纹管整形主要有手工和机械整形两种方法。

(1)波纹管的手工整形

手工整形是将波纹管套在整形芯轴上,在波与波之间加厚度比波纹管波谷宽稍小的两半垫片,然后压缩波纹管,使波距、波厚达到设计要求(图 2-22)。

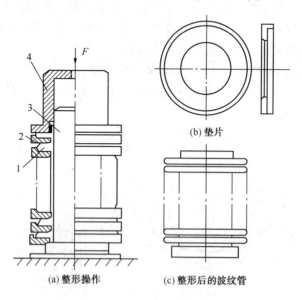

(a) 整形操作   (c) 整形后的波纹管

(b) 垫片

图 2-22 手工整形示意图
1—波纹管;2—垫片;3—芯轴;4—盖

（2）波纹管的机械整形

对于直径较小（200mm 以下）的波纹管，特别是多层波纹管，手工整形困难，一般采用机械整形。机械整形的原理与波纹管滚压成形相似，是在波纹管内、外用一对厚度等于波谷宽度，间距等于波厚的滚轮，在相对旋转时带动波纹管转动，波纹管在滚动挤压下得到整形，如图 2-23 所示。

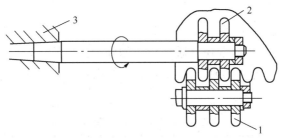

图 2-23　机械整形示意图
1—外滚轮；2—内滚轮；3—车头

2.3.4　波纹管的稳定处理工艺

波纹管在加工过程中，会产生内应力，使其弹性和几何尺寸不稳定。波纹管的稳定处理目的就在于消除应力，稳定性能，稳定几何尺寸。

波纹管的稳定处理包括热稳定处理工艺和机械稳定处理工艺。一般情况下只作热稳定处理，有特殊要求时才须作机械稳定处理。

（1）热稳定处理工艺

具有加工硬化特性的材料制造的波纹管，在波纹管整形后，需在烘箱或真空炉内加热到一定温度并保温一段时间进行热稳定处理。几种材料制波纹管的热稳定处理工艺参数见表 2-6。

表 2-6　热稳定处理工艺参数

材料	加热温度/℃	保温时间/h
黄铜 H80	80±5	8
锡磷青铜 QSn6.5-0.1	180±5	6
不锈钢	250~300	3~4

（2）机械稳定处理工艺

机械稳定处理，是将波纹管固定在专用夹具上，在波纹管疲劳试验机上进行。波纹管机械稳定处理工艺参数（参照有关标准）为：频率 14~40 次/min；幅度 $0 \sim \omega_{max}$（最大允许位移）；稳定次数 200 次。其中幅度指波纹管原始长度至最大允许位移。

2.4　管子弯曲成形工艺

在过程设备上的管类零部件（简称管件），除直接管、管壳式换热器中的直管换热管外，很多管件都属于弯曲管件，如 U 形管式换热器的 U 形换热管、平面盘管、圆柱面盘管和弯曲连接管等。这些弯管件都需要弯曲加工成形。

生产中弯管的方法很多，有冷弯和热弯、有芯弯管和无芯弯管、手工弯管和机动弯管，按外力作用方式又有压(顶)弯、滚压弯、拉弯和冲弯等。其主要目的是在保证弯管的形状、尺寸的同时，要尽量减少和防止弯管时产生的不同缺陷。

2.4.1 冷弯与热弯方法的选择

选择冷弯或热弯方法主要考虑如下内容：

① 管子的尺寸规格和弯曲半径。通常管子的外径大、管壁较厚、弯曲半径较小时，多采用热弯，相反则采用冷弯。同时，注意表 2-7 的内容，并且注意管子冷弯，热弯方法的特点及有关工艺要求。

表 2-7 冷弯和热弯的适用范围

	$d_w < 108mm$（或 $d_g < 100mm$）	无 芯				有 芯	
冷弯		弯管机回弯	挤弯	简单弯管	滚弯		
	$R > 4d_g$	$\delta_x \approx 0.1$	$\delta_x \geq 0.06$	$\delta_x \geq 0.06$	$\delta_x \geq 0.06$	$\delta_x \geq 0.05$	$\delta_x \geq 0.035$
		$R_x \geq 1.5$	$R_x \geq 1$	$R_x > 10$	$R_x \geq 10$	$R_x \geq 2$	$R_x \geq 2$
热弯	$d_g < 400mm$	充砂	热挤			热挤	
	中低压管路 $R \geq 3.5d_g$	$\delta_x \geq 0.06$	$\delta_x \geq 0.06$			$\delta_x \geq 0.06$	
	高压管路 $R \geq 5d_g$	$R_x \geq 4$	$R_x \geq 1$			$R_x \geq 1$	

注：表中 $\delta_x = \delta/d_w$ 为管子相对弯曲壁厚；$R_x = R/d_w$ 为相对弯曲半径；d_g 为管子公称直径；d_w 为管子外径；δ 为管子壁厚；R 为管子弯曲半径。

② 管子材质低碳钢、低合金钢可以冷弯或热弯，合金钢、高合金钢应选择热弯。
③ 弯管形状较复杂，无法冷弯，可采用热弯。
④ 不具备冷弯设备，采用热弯。

2.4.2 管子冷弯方法

冷弯成形不需要加热，效率较高，操作方便，所以直径在 108mm 以下的管子大多采用冷弯，直径在 60mm 以下的厚壁管也可以采用适当工艺措施冷弯。冷弯方法又分为手动弯管法和机动弯管法。

2.4.2.1 手动弯管法

手动弯管法常使用手动弯管器(图 2-24)来完成弯管。弯管前管内常填充干燥砂，管端塞堵或焊堵。弯管时将管子插入固定扇轮 1 与活动滚轮 2 之间，使其一端放入夹子 6 中，推动手柄 4 带动滚轮朝管子弯曲方向转动，一直达到所需要的弯曲角度为止。这种弯管器是利用一对不能调换的固定扇轮和活动滚轮滚压弯管，故只能弯曲一种规格(外径在 32mm 以下)与一种弯曲半径(由固定扇轮的半径来决定)的管子。从保证弯管质量合格考虑，凭经验一般取最小弯曲半径为管径的四倍。手动弯管法劳动量大，生产率较低，但设备简单，并且能弯曲各种弯曲半径和各种弯曲角度的管子，所以应用仍较普遍。一些中小型压力容器制造厂常用此法弯制 U 形换热管。

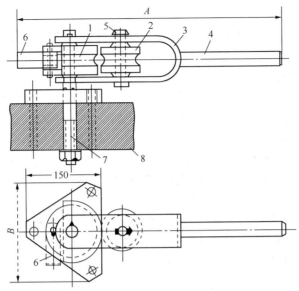

图 2-24 手动弯管器

1—工作扇轮；2—活动滚轮；3—夹叉；4—手柄；5—销轴；6—夹子；7—螺栓；8—工作台

2.4.2.2 机动弯管法

机动弯管法中拉拔式弯管法应用较广泛。拉拔式弯管法常用的弯管机有辊轮式和导槽式两种，可以采用无芯弯管和有芯弯管等方法。

（1）辊轮式弯管机无芯弯管法

辊轮式弯管机无芯弯管如图 2-25 所示。辊轮式弯管机由电机驱动，通过涡轮减速器带动扇形轮 1 转动。弯管时，将管子安置在扇形轮与压紧辊 3、导向辊 4 中间，并用夹头 2 将管子固定在扇形轮的周边上。当扇形轮顺时针转动时，管子随同一起旋转，被压紧辊和导向辊阻挡而弯曲成形。扇形轮的半径即为弯管的弯曲半径(弯管机配有不同半径的扇形轮)。

（2）导槽式弯管机有芯弯管法

导槽式弯管机有芯弯管如图 2-26 所示，它与辊轮式弯管机的区别是用导槽代替辊轮。由于导槽与管子接触面大，在控制管子截面变形上比辊轮优越。另外，还可以在管子内放置一根芯棒，预防管子的变形。

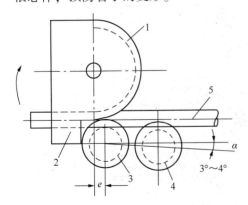

图 2-25 辊轮式弯管机无芯弯管

1—扇形轮；2—夹头；3—压紧辊；4—导向辊；5—管子

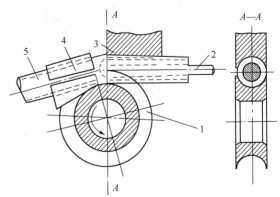

图 2-26 导槽式弯管机有芯弯管

1—扇形轮；2—芯棒；3—导槽；4—夹头；5—管子

（3）辊轮式弯管机有芯弯管法

为弯制大直径的管子，减少弯管变形，可在管内设置一根芯棒，芯棒另一端固定在弯管机支架上，弯管时芯棒不动，芯棒的形状、尺寸及在管内的位置是保证有芯弯管质量的关键。辊轮式弯管机有芯弯管及五种芯棒形状如图 2-27 所示。

图 2-27ⓐ所示为圆柱式芯棒，形状简单，制造方便，在生产上得到广泛的应用。但是，由于芯棒与管壁弯管时的接触面积小，因而其防止椭圆变形的效果较差。这种芯棒适用于相对弯曲壁厚 $\delta_x \geqslant 0.5$，相对弯曲半径 $R_x \geqslant 2$ 或 $\delta_x = 0.035$，$R_x \geqslant 3$ 的情况。

图 2-27ⓑ所示为勺式芯棒，芯棒可向前伸进，与管子外侧内壁的支撑面积较大，防止椭圆变形的效果较好，且有一定的防皱作用，但制作稍嫌复杂。这种芯棒的适用范围与圆柱式芯棒相同。

图 2-27ⓒ所示为链节式芯棒，是一种柔性芯棒，由支撑球和链节组成，能在管子的弯曲平面内挠曲，以适应管子的弯曲变形。因为它可以深入管子内部与管子一起弯曲，故防止椭圆变形的效果很好。但这种芯棒制造复杂、成本高，一般不宜采用。

图 2-27ⓓ所示为软轴式芯棒，也是一种柔性芯棒，是利用一根软轴将几个碗状小球串接而成。它也能深入管中与管子一起弯曲，防止椭圆效果好。

图 2-27ⓔ所示为万向球节式芯棒，是一种可以多方向挠曲的柔性芯棒。芯棒各支撑球之间采用球面铰接，因而可以很方便地适应各种变形。支撑球可以自由转动，其磨损均匀，使用寿命长。

上述图 2-27ⓒ、ⓓ、ⓔ三种柔性芯棒如与防皱板、顶镦机构配合使用，可用于相对弯曲半径 $R_x \geqslant 1.2$ 的情况。

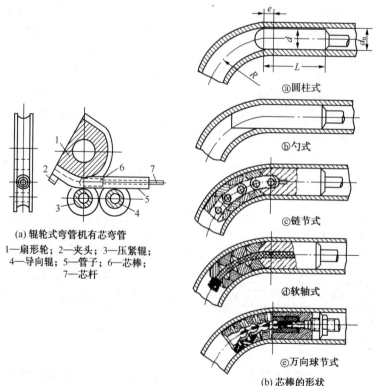

(a) 辊轮式弯管机有芯弯管
1—扇形轮；2—夹头；3—压紧辊；
4—导向辊；5—管子；6—芯棒；
7—芯杆

ⓐ圆柱式

ⓑ勺式

ⓒ链节式

ⓓ软轴式

ⓔ万向球节式

(b) 芯棒的形状

图 2-27　辊轮式弯管机有芯弯管及芯棒的形状

芯棒的尺寸及其伸入管内的位置，对弯管质量影响很大。芯棒的直径 d 一般取为管子内径 d_n 的 90%以上。通常比管内径小 0.5~1.5mm。芯棒长度 L 一般取为$(3~5)d$；d 大时系数取小值，d 小时系数取大值。芯棒伸入弯管区的距离 e 可按式(2-17)选取。

$$e = \sqrt{2\left(R + \frac{d_n}{2}\right)Z - Z^2} \tag{2-17}$$

式中　Z——管子内径与芯棒间的间隙，$Z = d_n - d$，mm。

有芯弯管虽可预防管子椭圆变形，但因芯棒与管内壁摩擦，会使内壁粗糙度增大，弯管功率也增大，为了减少芯棒与管内壁的摩擦，管内应涂润滑油或采用喷油芯棒。目前，小直径的管子采用有芯弯管还存在很多困难。

2.4.3　管子热弯方法

当将碳钢管加热到 950~1000℃，低合金钢管加热到 1050℃左右，奥氏体不锈钢管加热到 1100~1200℃时，进行弯曲加工，通常称为管子的热弯加工。生产中常用的热弯管方法有手工热弯管法、中频感应加热弯管法等。

(1)手工热弯管法

手工热弯管前，在管内装实烘干纯净的砂子，并将管口封堵好。管子被弯曲部位加热要均匀，达到加热温度后立即送至弯曲平台，夹在插销之间，如图 2-28 所示为应用样杆弯管。

为不使管子夹坏，可以放保护垫(钢板或木板)。弯管时施力要均匀，并按样杆形状[图 2-28(a)]或按预先划出的弯曲半径线进行弯曲。对已达到弯曲半径的部位，可用水冷却，但对合金钢管弯曲时禁用水冷，以防淬硬、出现微裂纹。弯管终止温度控制在 800℃左右，即当管壁颜色由樱红色变黑时，立即停止弯曲。

若是批量弯曲相同的管子和弯曲半径时，可以应用样板弯管如图 2-28(b)所示。将样板用插销固定在弯管平台上。这种方法弯曲的半径、弯曲角度较准确，效率较高。管径较大时，可利用卷扬机代替手工弯管。

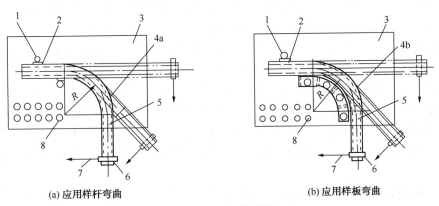

(a) 应用样杆弯曲　　　　　　　　　　(b) 应用样板弯曲

图 2-28　手工热弯管

1—插销；2—垫片；3—弯管平台；4a—样杆；4b—样板(胎模)；
5—管子；6—夹箍；7—钢丝绳；8—插销孔

(2)中频加热弯管法

中频加热弯管是将特制的中频感应线圈套在管子适当位置上，依靠中频电流产生的热效应，将管子局部迅速加热到需要的高温，采用机械或液压传动方式，使管子边加热边拉弯或推弯成形。图2-29所示为中频感应加热弯管和中频感应线圈结构。

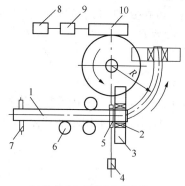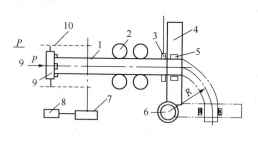

(a)拉弯式中频感应加热弯管
1—管子；2—夹头；3—转臂；4—变压器；
5—中频感应圈；6—导向辊；7—支撑辊；
8—电动机；9—减速器；10—蜗轮副

(b)推弯式中频感应加热弯管
1—管子；2—导向辊；3—转臂；4—感应圈；
5—夹头；6—立轴；7—变速箱；8—调速电动机；
9—推力挡板；10—链条

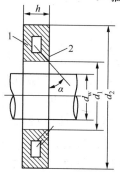

(c)中频感应圈结构
1—感应线圈；2—喷水孔

图2-29 中频加热弯管

图2-29(a)所示为拉弯式中频感应加热弯管法。先按管子外径配置好感应圈5，套在待弯管子1上，靠导向辊6保持管子与感应圈同轴，管子一端通过夹头2固定在转臂3上，另一端自由地托在支撑辊7或机床面上，管子仅在感应圈宽度范围内(一般为5~20mm)被加热到900~950℃，然后转臂回转将管子拉弯，紧接着被从感应圈侧面喷水孔[图2-29(c)]喷出的水冷却。因此，加热管段的前后均处于冷态，只有加热段被弯曲。这样，管子局部被加热—弯曲—冷却，连续进行下去，就完成了整个管子的成形。拉弯式可弯制180°弯头。

图2-29(b)所示为推弯式中频感应加热弯管法。推弯式的动力在管子末端，管子只能沿转臂作图弧弯曲。推弯式外壁减薄量小，弯曲半径调整方便，但弯曲角度一般不超过90°角。

中频感应加热弯管方法的优点是：弯管机结构简单，不需模具，消耗功率小；转臂长度可调以弯曲不同的半径，可弯制相对弯曲半径$R_x = 1.5 \sim 2$的管件；加热速度快，热效率高，弯管表面不生氧化皮；弯管质量好，椭圆变形和壁厚减薄小，不易产生折皱。其缺点是：投资较大，耗电量大；拉弯式易产生弯头外侧壁厚减薄，弯曲半径受转臂长度影响。

中频感应圈是保证中频加热弯管质量的关键，其结构如图2-29(c)所示。感应圈大都用紫铜管制成，其内径d_1比管子外径d_w大20~100mm，宽度h为5~20mm，外径d_2按允许通过的最大电流密度($20\sim40\mathrm{A/mm^2}$)确定。管内通水冷却，并沿着感应圈侧面圆周具有一圈斜向喷水孔，喷水压力以 0.05MPa 表压为宜，喷水温度低于 75℃。

2.4.4 弯管缺陷及质量要求

管子在弯曲过程中由于弯曲部分的外侧和内侧受力不同，使得管子弯曲的截面变形（图 2-30），并常出现一些缺陷，如管子断面产生椭圆，外侧管壁减薄，内侧管壁产生波浪形折皱，弯曲角度和弯曲半径偏差，管壁产生裂纹等缺陷。这些缺陷的存在对弯管的安全使用有很大影响，所以涉及弯管的相关标准和规范中，对弯管缺陷的允许程度都有要求和规定。

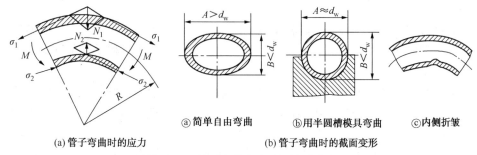

(a) 管子弯曲时的应力   (b) 管子弯曲时的截面变形

ⓐ简单自由弯曲 ⓑ用半圆槽模具弯曲 ⓒ内侧折皱

图 2-30 管子弯曲的应力和变形分析

（1）弯管外侧减薄量及其限制

管子弯曲时，弯管部位的外侧壁受拉应力作用，随着变形率的增大，管壁可能发生减薄。减薄率 b 为：

$$b = \frac{\delta - \delta_{\min}}{\delta} \times 100\% \qquad (2-18)$$

式中 δ——弯管前管子壁厚，mm；

   $\delta_{\min}$——弯管后外侧实测最小壁厚，mm。

一般规定管壁减薄率 b 值不超过 10%~15%。

（2）弯管椭圆度及其限制

管子进行自由弯曲时，外侧受拉伸，内侧受压缩，两侧应力的合力都有将弯曲段管子压扁的趋势，因而使管子横截面变成为近似的椭圆形。衡量产生椭圆的程度用椭圆率 α 表示，其计算式为：

$$\alpha = \frac{d_{\max} - d_{\min}}{d_{\mathrm{w}}} \times 100\% \qquad (2-19)$$

式中 $d_{\max}$——弯管截面上的最大直径，mm；

   $d_{\min}$——弯管截面上的最小直径，mm；

   d_{w}——管子公称外径，mm。

一般规定弯管的椭圆率不得大于 8%。弯管截面的椭圆率也可以用通球率来限制，即用钢球放入管内进行通过检查。

（3）弯管内侧壁折皱及其限制

管子在弯曲过程中，弯管处内侧壁受压缩应力作用，使得内侧管壁有增加厚度的趋势。当内侧壁在压应力作用下丧失稳定时，将产生折皱（起包）。一般规定内侧壁起包高度不得超过管子外径的4%。

在实际弯管过程中对于弯管缺陷要加以控制，前面介绍弯管方法时，管内填装砂子、加芯棒、放置在横槽中弯管等措施都是为了限制弯管变形，控制缺陷尺寸。除上述几项弯管缺陷外，有些设备如锅炉的弯管件制造，还有管子端面倾斜度、对接后的弯折度、管子弯曲角度偏差、弯曲管子的平面度等要求。对于管子弯曲质量要根据现行的相应的标准和规范进行评价和验收，且如果弯管产生裂纹缺陷，则为不合格产品。

2.5　型钢的弯曲

在过程设备中有许多构件选用各种型钢制成，如塔内的塔板支承圈、容器的加强圈和保温支承圈等经常使用型钢弯制加工而成。因此，型钢的弯曲也是过程设备制造中必不可少的工序之一。

型钢的弯曲指将各种型钢，如扁钢、角钢、槽钢和工字钢等，按需要弯制成形的一种加工方法。型钢的弯曲也可分为冷弯和热弯两种。冷弯型钢可直接用弯卷机，而热弯型钢一般在平台上用胎具进行。

型钢弯卷机与卷板机工作原理大致相同，只不过由于型钢弯卷时容易丧失稳定性，所以弯卷辊轴应有对应的形状，以阻止型钢发生扭曲和折皱。又因型钢宽度较小，故辊轴长度也相应短些。为了更换辊轴和型钢弯卷装卸方便，弯卷机可以设计成开式直立悬臂结构。

（1）三辊角钢弯卷机

图2-31所示为三辊角钢弯卷机。上辊是从动辊，可以上下移动，以调节适应工件弯曲半径。下辊均为主动辊。为控制角钢扭曲和皱摺的发生，可在上辊或下辊上开出环槽。图2-31（a）为弯卷法兰外边的情形，此时，将角钢外边缘嵌在下辊环槽中。相反，当弯卷法兰内边时，是在上辊开环槽，如图2-31（b）所示。由于弯卷角钢边缘是嵌在辊轴环槽中进行，故完全控制了角钢弯卷中可能发生的扭转与皱褶问题。

与用对称式三辊卷板机卷圆筒一样，弯卷角钢时，角钢两头各有一段100~300mm的直边，解决办法可以加长角钢下料尺寸，待卷制完成后割去两头直边；或者将角钢两端先在压弯机上使用胎具（模）压弯，以解决直边处的成形问题。

（2）转胎式型钢弯卷机

转胎式型钢弯卷机使用比较简单灵活。工作时被弯型钢的一端固定在转胎上，当转胎按一定方向转动时，型钢便绕在卷胎上而成型。图2-32所示为转胎弯卷原理，通过压轮施加的压力使型钢得以弯曲。

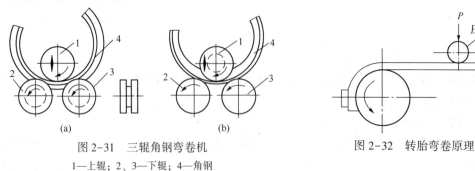

(a)	(b)	
图2-31　三辊角钢弯卷机		图2-32　转胎弯卷原理

1—上辊；2、3—下辊；4—角钢

转胎式型钢弯卷机的转轴是直立的，转胎表面形状与被弯型钢相适应，为了弯卷型钢不起褶皱，除了转胎压轮外还采用辅助轮将型钢压紧到转胎上。图 2-33 所示为转胎式型钢弯卷机的工作简图。同样，弯卷不同型钢需要更换形状不同的转胎、压轮和辅助轮。

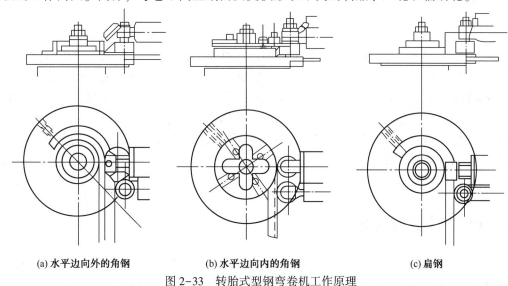

(a) 水平边向外的角钢　　　　　(b) 水平边向内的角钢　　　　　(c) 扁钢

图 2-33　转胎式型钢弯卷机工作原理

复习题

2-1 给出碳钢、不锈钢筒节冷弯卷最小半径与厚度的关系。

2-2 热卷筒节成形的特点。

2-3 常用卷板机有哪几种类型？

2-4 对称式三辊卷板机的特点有哪些？

2-5 利用对称式三辊卷板机卷制筒节时，直边产生的原因及其处理方法。

2-6 立式卷板机的特点有哪些？

2-7 筒节卷圆圈前为什么要预弯？预弯的方法有哪些？

2-8 封头加工制造的完整工艺过程包括哪些内容？

2-9 选择冷、热冲压条件需要考虑哪些因素？

2-10 热冲压的加热过程应注意哪些？

2-11 冲压成形容易产生的缺陷有哪些？

2-12 封头制造的质量要求包含哪几方面的内容？

2-13 U 形波纹管整体成形方法主要有哪几种方法？

2-14 整体成型膨胀节液压成形工艺的要点有哪些？

2-15 简述两半波焊接膨胀节波纹管成形工艺过程。

2-16 选择管子冷弯或热弯方法主要考虑的内容有哪些？

2-17 生产中常用的热弯管方法有哪些？

2-18 简述管子弯曲时易产生的缺陷及控制方法。

2-19 型钢弯卷机类型有哪些？

2-20 何为筒节的冷卷成形？

3 过程设备焊接工艺

焊接是过程设备制造质量的重要控制环节。在过程设备的焊接中，焊条电弧焊的比例正在降低，埋弧自动焊、二氧化碳气体保护焊、氩弧焊的比例正在加大。自动焊接技术和焊接机器人的使用使大型容器的焊接实现了自动化。等离子堆焊、多丝、大宽度带极堆焊、电渣焊、窄间隙焊等焊接方法，已在过程设备制造上得到广泛应用。

过程设备使用的材料种类多，有碳素钢、低合金钢、耐热钢、不锈钢、低温钢、抗氢钢和特殊合金钢等材料。对于不同材料的焊接，要求焊接过程采用的相应工艺措施更加严格，如焊前预热，焊接保温、焊后热处理等。

3.1 过程设备焊接接头

金属制压力容器(过程设备的外壳)是典型的焊接结构，焊接接头是压力容器整体结构中重要的连接部位，焊接接头的性能将直接影响压力容器的质量和安全。

焊接接头是指两个或两个以上零件或一个零件的两端用焊接组合或已经焊合的接点。焊接接头包括焊缝区、熔合区和热影响区 3 部分。焊缝是指经焊接后所形成的结合部分；焊缝区是焊缝及其邻近区域的总称。熔合区是指焊缝与母材交接的过渡区，即熔合线处微观显示的母材半熔化区。热影响区是指焊接过程中，材料因受热的影响(但未熔化)而发生金相组织和机械性能变化的区域。在焊接过程或使用中，焊接接头要发生许多有别于母材的变化。除组织和性能变化外，还存在焊接缺陷，焊接残余应力等不利因素。因此，为保证压力容器的安全运行，正确地设计焊接接头、合理地制定焊接工艺规程非常必要。

3.1.1 焊接接头的基本形式和特点

焊接是将被焊金属局部迅速加热熔化形成熔池，熔池金属由于热源的快速向前移动，随即冷却凝固形成焊缝而使被焊金属联结起来的一种加工方法。

用焊接方法联接的接头叫焊接接头，一个焊接结构总是由若干个焊接接头所组成。焊接接头可分为对接接头、T 形接头、十字接头、角接接头、搭接接头、端接接头、套管接头、斜对接接头、卷边接头和锁底对接接头等共 10 种，其中以对接、T 形、角接、搭接等 4 种接头使用较为广泛。

(1) 对接接头

对接接头是指两件表面构成大于或等于 135°，小于或等于 180°夹角的接头。这种接头从力学角度看是较理想的接头形式，受力状况较好，应力集中较小，能承受较大的静载荷或动载荷，是焊接结构中采用最多的一种接头形式，如图 3-1 所示。焊接接头的应力分布情况如图 3-2 所示。

对接接头的特点如下：

① 焊接后会产生余高 e，如图 3-1 所示。焊接接头不允许有"未填满"，不许有低于母

材表面连线的"凹坑"，所以产生余高是必然的。余高有其正面的作用：焊接的最后一层焊道金属，对整条焊缝起到保温和缓冷的作用，对细化晶粒、减少焊接应力起很大作用，同时也是气孔等杂物的收集区。但余高也有坏处：余高造成接头表面形状变化而产生局部应力集中，通常出现在焊缝与母材的交界焊趾处，应力集中的程度用应力集中系数 $K_r = \sigma_{max}/\sigma_m$ 表示。图 3-2 说明有焊缝余高使得焊接接头中实际工作应力的分布不均匀。

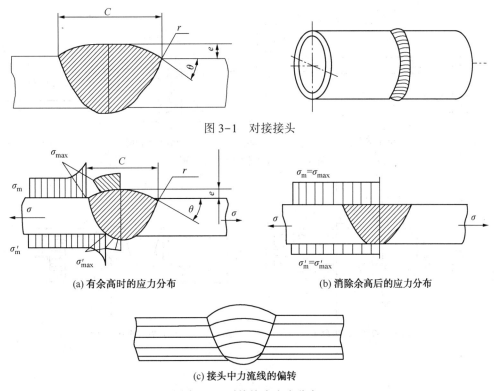

图 3-1　对接接头

(a) 有余高时的应力分布　(b) 消除余高后的应力分布

(c) 接头中力流线的偏转

图 3-2　对接接头应力分布

应力集中系数 K_r 的大小取决于焊缝宽度 C、余高 e、焊趾处焊缝曲线与工件表面的夹角 θ 和转角半径 r，如图 3-2 所示。θ 角增加，转角半径 r 减小，余高 e 增加，都将使应力集中系数 K_r 增大，即工作应力分布更加不均匀，造成焊接接头的强度下降。可以看出，焊缝余高 e 越高越不利，所以，在相关标准和规范中对焊缝余高 e 值都作出了相应的规定(见本书第 4 章)。

如果焊接后将余高磨平(对重要焊接结构，有时要求磨平)，则可以消除或减小应力集中，如图 3-2(b)所示。一般情况下，遵守焊接工艺规程要求，对接接头的应力集中系数不大于 2。

② 当对接接头的母材厚度大于 8mm 时，为保证焊接接头的强度，常要求焊接接头要熔透，为此需要在焊接之前在钢板端面开设焊接坡口。

③ 在几种焊接接头的连接形式中，从接头的受力状态、接头的焊接工艺性能等多方面比较，对接接头是比较理想的焊接接头形式，应尽量选用。在压力容器制造中，主要受压零部件、承压壳体的主焊缝(如壳体的纵、环焊缝等)应采用全焊透的对接接头。

（2）T形(十字形)接头

一焊件之端面与另一焊件表面构成直角或近似直角的接头叫 T 形接头，T 形(十字形)

接头的形式如图 3-3 所示,其中,由于十字形(三个件装配成"十字"形)接头受力状态不同,又有工作焊缝和联系焊缝之分,工作焊缝又有未开坡口和开坡口的情况,其应力分布情况如图 3-4 所示。这是一种用途仅次于对接接头的焊接接头,特别是造船厂船体结构中约 70% 的接头都采用这种形式。根据垂直板厚度的不同,T 形接头的垂直板可开 I 形坡口或开成单边 V 形、K 形、J 形或双 J 形等坡口。

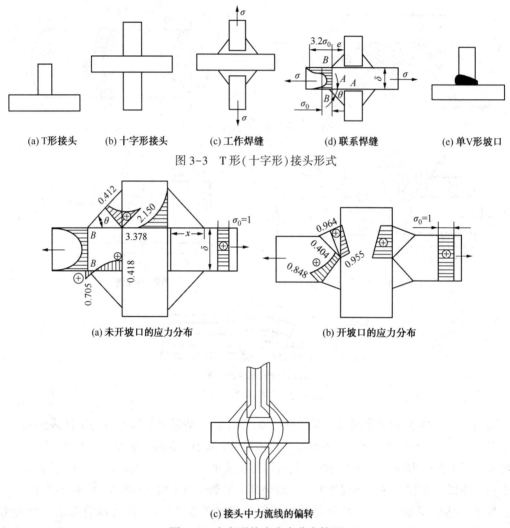

(a) T形接头   (b) 十字形接头   (c) 工作焊缝   (d) 联系悍缝   (e) 单V形坡口

图 3-3   T 形(十字形)接头形式

(a) 未开坡口的应力分布   (b) 开坡口的应力分布

(c) 接头中力流线的偏转

图 3-4   十字形接头应力分布情况

T 形(十字形)接头的特点如下:

① T 形接头焊缝向母材过渡部分形状变化大、过渡急,在应力作用下力流线扭曲很大,如图 3-4(c)所示,应力分布很不均匀,在角焊缝的根部(e 为焊脚高度)和过渡处都有很大的应力集中,如图 3-4(a)、(b)所示。

② 图 3-4(a)为未开坡口的应力分布状况,不开坡口的 T 形(十字形)焊接接头,通常都是不焊透的,焊缝承载强度较低,焊缝根部的应力集中较大。

③ 图 3-4(b)为开坡口的应力分布状况,开坡口后再焊接通常是保证焊透,焊缝承载强度大大提高,可以按对接接头强度来计算。

④ 在焊趾处截面 B-B 上应力分布不均匀，B 点处的应力集中系数随角焊缝形状变化而变化。θ 角减小，应力集中系数减小；焊脚高度 e 增大，应力集中系数减小。

⑤ 如图 3-3 所示的焊缝，焊缝不承受工作应力。此时在角焊缝根部的 A 点处和焊趾 B 点处有应力集中，当 $\theta = 45°$，$e = 0.8\delta$ 时，B 点处的应力集中系数达 3.2 左右。T 形接头由于偏心(不对称)的影响，A 点和 B 点的应力集中系数随角焊缝形状的改变而变化。在外形、尺寸相同的情况下，工作焊缝的应力集中系数大于联系焊缝的应力集中系数，应力集中系数 K，随角焊缝 θ 角的增大而增大。

⑥ 对 T 形(十字形)焊接接头，应避免采用单面角焊缝，因为这种接头形式的焊缝根部往往有很深的缺口，承载能力较低。

⑦ 对要求完全焊透的 T 形接头，实践正明采用半 V 形坡口从一面焊比采用 K 形坡口施焊可靠，如图 3-4(e)中的单 V 形坡口。

⑧ 角焊缝尺寸经验计算公式如下：

按等强度设计 $K = 3/4\delta$

按刚度设计 $K = (1/4 \sim 3/8)\delta$

式中，K 为角焊缝焊角尺寸，δ 为板厚。

（3）角接接头

两件端面间构成大于 30°、小于 135° 夹角的接头叫做角接接头。常用角接焊接接头的形式如图 3-5 所示。这种接头受力状况不太好，常用于不重要的结构中。根据焊件厚度不同，接头形式也可分为开 I 形和开 V 坡口的两种。

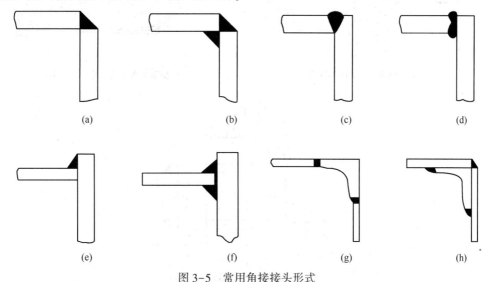

| (a) | (b) | (c) | (d) |

| (e) | (f) | (g) | (h) |

图 3-5 常用角接接头形式

各种角接接头的比较如下：

① 图 3-5(a)所示为最简单的角接接头，但承载能力差。

② 图 3-5(b)所示为采用双面焊接、从内部加强的角接接头，承载能力较大。

③ 图 3-5(c)和(d)所示为开坡口焊接的角接接头，易焊透，有较高的强度，而且在外观上具有良好的棱角，但要注意层状撕裂问题。

④ 图 3-5(e)和(f)所示的角接头易装配、省工时，是最经济的角接头形式。

⑤ 图 3-5(g)所示的角接接头，利用角钢作 90°角过渡，有准确的直角，并且刚性大，但要注意钢厚度应大于板厚。

⑥ 图 3-5(h)所示为不合理的角接接头，焊缝多且不易施焊。

（4）搭接接头

两焊件部分重叠构成的接头叫搭接接头，搭接接头的形式如图 3-6 所示，搭接接头的应力分布如图 3-7。根据结构形式和对强度的要求不同，搭接接头可分为开 I 形坡口、圆孔内塞焊以及长孔内角焊三种形式。开 I 形坡口的搭接接头采用双面焊接，这种接头强度较差，很少采用。当重叠钢板的面积较大时，为保证结构强度，根据需要可分别选用圆孔内塞焊和长孔内角焊的形式，这种接头形式特别适用于被焊结构狭小处以及密闭的焊接结构。

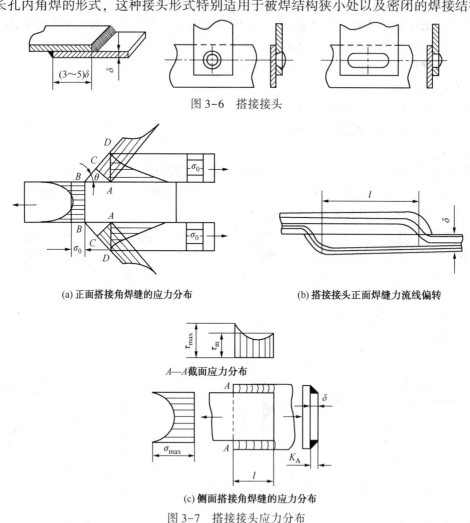

图 3-6　搭接接头

(a) 正面搭接角焊缝的应力分布

(b) 搭接接头正面焊缝力流线偏转

A—A 截面应力分布

(c) 侧面搭接角焊缝的应力分布

图 3-7　搭接接头应力分布

搭接接头的特点：

① 搭接接头形状变化较大，应力集中比对接接头的情况复杂得多。根据焊缝的受力方向，可分为正面焊缝(受力方向与焊缝垂直)、侧面焊缝(受力方向与焊缝平行)和介于两者之间的斜向角焊缝。

② 在搭接接头的正面焊缝中，应力的分布是很不均匀的，在角焊缝的根部 A 点和焊趾

B 点都有较大的应力集中。

③ 由于搭接接头的正面焊缝与作用力偏心，承受拉应力时，作用力不在一个作用点上，产生了附加的弯曲应力。为了减少弯曲应力，两条正面焊缝的距离应不小于其板厚的4倍。

④ 搭接接头中侧面焊缝的应力集中、应力分布更为复杂，如图3-7(c)所示。在侧面焊缝中既有正应力又有切应力，而且切应力沿侧面焊缝长度上的分布是不平均的，在侧面焊缝的两端存在最大应力，中部应力较小，且侧面焊缝越长应力分布越不均匀，一般规定 $l \leqslant 50e$（e 为焊脚高度）。

⑤ 正面焊缝强度高于侧面焊缝，斜向焊缝介于两者之间，随着倾角 a 的增大，斜向焊缝强度也增大。

3.1.2 过程设备焊接接头的分类

根据 GB 150.1—2011《压力容器第1部分：通用要求》(第4.5条)对压力容器主要部分的焊接接头分为 A、B、C、D、E 五类，如图3-8所示。

（1）A 类焊接接头

圆筒部分(包括接管)和锥壳部分的纵向接头(多层包扎容器层板层纵向接头除外)，球形封头与圆筒连接的环向接头，各类凸形封头和平板封头中的所有拼焊接头以及嵌入式的接管或凸缘与壳体对接连接的接头，均属 A 类焊接接头。

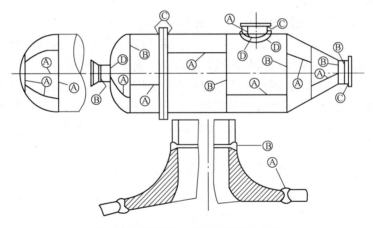

图 3-8　过程设备壳体焊接接头分类

（2）B 类焊接接头

壳体部分的环向接头，锥形封头小端与接管连接的接头，长颈法兰与壳体或接管连接的接头，平盖或管板与圆筒对接连接的接头以及接管间的对接环向接头，均属 B 类焊接接头，但已规定为 A 类的焊接接头除外。

（3）C 类焊接接头

球冠形封头、平盖、管板与圆筒非对接连接的接头，法兰与壳体或接管连接的接头，内封头与圆筒的搭接接头以及多层包扎容器层板层纵向接头，均属 C 类焊接接头，但规定为 A、B 类的焊接接头除外。

（4）D 类焊接接头

接管(包括人孔圆筒)、凸缘、补强圈等与壳体连接的接头，均属 D 类焊接接头，但已规定为 A、B、C 类的焊接接头除外。

(5) E 类焊接接头

非受压元件与受压元件的连接接头为 E 类焊接接头。例如：支座垫板与筒体连接的角焊缝。

焊接接头的分类及分类顺序，对于压力容器的设计、制造、维修、管理等工作都有着很重要的指导作用。

3.1.3 焊接接头的组织与性能

焊接接头在焊接过程中，在焊接热源(如电弧)作用下，其各部位相当于经历了一次不同规范的特殊热处理，因而使接头的各部分组织和性能都有差异。焊接接头上各点所得到的能量是不同的，用线能量 q_v(单位焊缝长度上所接受的能量)来表示。

$$q_v = \frac{q}{v} = \frac{\eta IU}{v}(\text{J/cm}) \tag{3-1}$$

式中　q ——电弧热功率，J/s；

　　　v ——焊接速度，cm/s；

　　　I ——焊接电流，A；

　　　U ——电弧电压，V；

　　　η ——系数，手工电弧焊为 0.7；埋弧自动焊为 0.85。

焊接热源的高温作用不仅使被焊金属熔化，而且使与熔池接邻的母材也受到热作用的影响，这个受到焊接热作用影响的母材区域就称为热影响区，又称近缝区。

随着热源沿焊件的移动，焊件上某点的温度就经历着一个随时间由低而高，达到最大值后又由高而低的变化过程。焊接时这种温度随时间的变化关系称为"焊接热循环"。为了描述这种关系，可以用焊接接头上某点温度随时间变化的曲线来表示，此曲线称为热循环曲线。

焊接接头上各点热循环的曲线如图 3-9 所示。

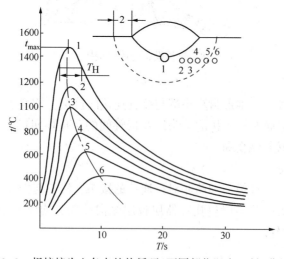

图 3-9　焊接接头上各点的热循环(不同部位温度-时间曲线)

焊缝两侧的母材由于距焊缝远近不同，经历的热循环也不一样，故图中出现了一组曲线。从这组曲线中看到，焊接接头在焊接过程中是经历了一次不同规范的特殊热处理，因而使其组织和机械性能不一样。

（1）反映焊接热循环曲线的特征参数

① 加热速度：焊接加热速度比热处理条件下快得多，因此焊接过程中的奥氏体均匀化、碳化物的溶解都很不充分，必然影响接头的组织和性能。

② 加热的最高温度 t_{max}：接头上某点的最高加热温度不同，组织和性能显然不同，如接近熔化区的母材晶粒严重增大。

③ 高温(或相变温度以上)停留时间 T_H：T_H 越大越有利于均匀化过程，但时间过长也可能造成晶粒长大。同时 T_H 增大，热影响区宽度将增加，这是不利的。

④ 冷却速度 v_c 或冷却时间 T_c：过大的冷却速度不但对接头组织性能不利，甚至会加重冷裂倾向。

（2）焊接接头的组织与性能

焊接接头的组织形成及其性能是由焊缝区和热影响区所决定的，焊缝区金属由熔池的液态金属凝固而成，热影响区的金属受焊接热源影响而造成与母材有较大的变化。

① 焊缝区金属(焊缝金属)　焊缝金属由熔化的母材和填充材料组成。焊接时，焊缝金属由高温液态冷却到常温固态要经过两次组织变化：一是从液态转化为固态(奥氏体)的"一次结晶"过程；二是从固相线冷却到常温组织的"二次结晶"过程。

一次结晶　液态金属沿着垂直熔合面的方向熔池中心不断形成层状树枝柱状晶并长大，晶粒内部存在成分不均匀现象，称做微观偏析或枝晶偏析。整个焊缝区也存在成分不均匀现象，称作宏观偏析或区域偏析。区域偏析除与成分、部位等因素有关外，还与焊缝形状系数的大小有关。

$$\varphi = \frac{c}{h} \tag{3-2}$$

式中　c——熔宽；

　　　h——熔深。

$\varphi \leqslant 1$ 时，杂质易集中在焊缝中间，如图 3-10(a)所示，易形成热裂纹；$\varphi > 1.3 \sim 2.0$ 时，杂质易集聚在焊缝上部，如图 3-10(b)所示，不会造成薄弱截面。

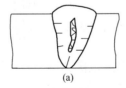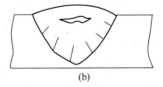

图 3-10　不同焊缝形状的区域偏析

二次结晶　即由奥氏体冷却至室温组织的转变，与热影响区的金属组织转变很相似。

焊缝金属经过上述两次组织变化后，具有如下特点：

(a) 存在铸造缺陷：焊缝的冶金过程与铸造相似，因此它也存在一般铸造中常产生的缺陷，如气孔、夹渣、偏析和晶粒粗大等缺陷。

(b) 焊缝中的夹杂：焊缝中的夹杂主要指熔池冶金反应中生成的氧化物和硫化物等颗

粒。如低碳钢中的夹杂物一般为硅酸盐，主要是 SiO_2，呈弥散状态分布，对焊缝的危害很大。

（c）焊缝中的偏析：熔池的结晶过程是一种不平衡过程，由于冷却速度快，焊缝金属中的元素来不及扩散而造成化学成分分布不均匀，这种溶质元素偏离其平均浓度的不均匀分布称为偏析。

（d）焊缝中的杂质元素硫和磷。

（e）焊缝金属的力学性能与母材有较大变化。

② 热影响区金属　对于低碳钢或强度级别较低的普低钢，其热影响区可近似看作是在 t_{max} 温度下的正火热处理组织，如图 3-11 所示。从图中可以看出，根据其组织特征低碳钢的热影响区可以分为以下六个温度区域。

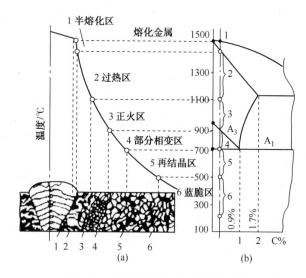

图 3-11　低碳钢热影响区的温度分布

半熔化区（熔合区）　此区在焊缝与母材的交界处，处于半熔化状态，是过热组织，冷却后晶粒粗大，化学成分和组织都不均匀，异种金属焊接时，这种情况更为严重，因此塑性较低。此区虽较窄，但是与母材相连，所以对焊接接头的影响很大。

过热区　金属处于过热状态（1100℃以上）。奥氏体晶粒产生严重增大现象，冷却后得到过热组织。冲击韧性明显降低，约下降 25%～30% 左右，焊接刚性较大的结构时，常在此区发生裂纹。过热程度与高温停留时间 T_H 有关。如气焊比电弧焊过热严重。对同一种焊接方法，线能量越大，过热现象越严重。

正火区（又称细晶区或完全重结晶区）　加热温度范围如图 3-11 所示，金属在 A_3 线与 1100℃之间的温度范围内将发生重结晶，使晶粒细化，室温组织相当于正火热处理的组织。该区强度高，塑性和韧性也好。

部分相变区（不完全重结晶区）　焊接时加热温度稍高于 A_{c1} 线时，母材中的珠光体和部分铁素体转变为细小的奥氏体，但有部分铁素体不发生转变，随着温度升高其晶粒粗大。冷却时，残余的奥氏体转变为细珠光体，晶粒也很细，而始终未溶入奥氏体的部分铁素体不断长大，变成粗大的铁素体组织。所以，此区金属组织是不均匀的，晶粒大小不同，力学性能不好。此区越窄，焊接接头性能越好。

再结晶区 此区温度范围为 450～500℃ 到 A_{c1} 线之间，没有奥氏体的转变。只有焊前经过冷变形加工而产生加工硬化的焊接件才有此区。加热到此区后产生再结晶，加工硬化现象得到消除，性能有所改善。

蓝脆区 此区温度范围在 200～500℃。由于加热、冷却速度都较快，强度稍有增加，塑性下降，可能会出现裂纹。此区的显微组织与母材相同。

上述六个区总称为热影响区，在显微镜下一般只能见到过热区、正火区和部分相变区。总的来说，热影响区的性能比母材焊前性能差，是焊接接头较薄弱的部位。一般情况下，热影响区越窄越好。

综上所述，焊接接头较为薄弱的部位在热影响区，而热影响区中的过热区又是焊接接头中最薄弱的区域。影响过热组织的主要因素除化学成分外，就是焊接热循环。调节焊接热循环的主要措施为：改变焊接线能量的大小，可以改变焊接热循环的曲线形状；改善材料焊接前的初始温度，如预热等，可使冷却速度降低；采用后热等措施可使冷却速度改善等。

3.1.4 焊接接头坡口形式、符号及设计

对于过程设备中的焊接接头，当厚度较大时均应开设坡口。其目的是为了使焊缝全部熔透，减少和避免产生焊接缺陷，保证焊接质量。

（1）常用对接接头坡口形式

图 3-12 所示为对接接头中常用的几种坡口形式，其主要结构参数有坡口角度 α，钝边高度 p 和根部间隙 b 等。其中 α 的作用是使焊条或焊丝便于伸到坡口底部并作必要的摆动或偏移，以便获得良好的熔合，便于脱渣和清理；钝边 p 的作用是防止烧穿和熔化金属流失；间隙 b 是为了保证焊透。坡口的形状和尺寸与焊接方法、焊接位置、焊件厚度、焊透要求、焊接变形的大小以及生产效率和经济等因素有关。设计者应全面考虑这些因素，设计或选择适宜的坡口形状和尺寸。

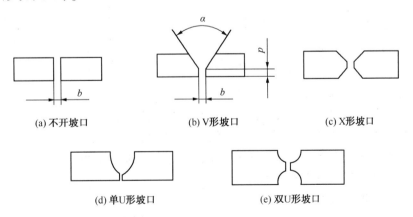

(a) 不开坡口　　　　　(b) V形坡口　　　　　(c) X形坡口

(d) 单U形坡口　　　　　(e) 双U形坡口

图 3-12　常用对接接头坡口

（2）焊接接头坡口的尺寸符号

关于焊接坡口的尺寸符号，我国已经颁布有国家标准 GB/T 324—2008《焊缝符号表示法》，坡口尺寸符号见表 3-1。

表 3-1　坡口尺寸符号

名称	坡口角度	坡口面角度	根部间隙	钝边	根部半径	坡口深度
符号	α	β	b	p	R	H
示意图						

（3）坡口表面的加工要求

① 坡口表面不得有裂纹、分层、夹杂等缺陷；

② 标准抗拉强度下限值 $\sigma_b>540\mathrm{MPa}$ 的钢材及 Cr-Mo 低合金钢材，宜采用冷加工方法加工坡口；若经火焰切割的坡口表面，应进行磁粉或渗透检测。当无法进行磁粉或渗透检测时，应由切割工艺保证坡口质量；

③ 施焊前应清除坡口及母材两侧表面 20mm 范围内（以离坡口边缘的距离计）的氧化物、油污、熔渣及其他有害杂质；

④ 奥氏体高合金钢坡口两侧各 100mm 范围内应刷涂料，以防止粘附焊接飞溅；

⑤ 不同厚度钢板的对接接头，两板厚度差（$\delta-\delta_1$）不超过表 3-2 规定的数值，焊缝坡口的基本形式与尺寸按薄板的尺寸数据来选取；当两板厚度差超过表 3-2 规定的数值时，应在厚板上做出如图 3-13 所示的单面或双面削薄，其削薄长度 $l\geqslant3(\delta-\delta_1)$，或按同样的要求用堆焊的方法将薄板边缘焊成斜面。钝边和坡口面应去毛刺。

表 3-2　不同厚度钢板对接接头两板厚度差

较薄板厚度 δ_1/mm	$\geqslant2\sim5$	$>5\sim9$	$>9\sim12$	>12
允许厚度差（$\delta-\delta_1$）/mm	1	2	3	4

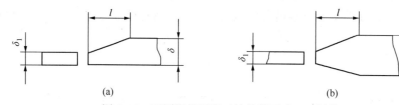

图 3-13　不同钢板厚度对接的单面或双面削薄

（4）焊接坡口的选择和设计

正确地选择焊接坡口形式、尺寸，是一项重要的焊接工艺内容，是保证焊接接头质量的重要工艺措施。焊接接头坡口的设计和选择，主要考虑的原则是：保证焊透；坡口易于加工；尽可能地节省填充金属，提高焊接生产率；焊件产生的变形和残余应力尽可能地小。

设计和选择焊接坡口时主要技术要求如下：

① I 形坡口，即不开坡口，留有 1~2mm 间隙，如图 3-12（a）所示。手工电弧单面焊板厚 6mm 以下和双面焊 12mm 以下均可采用 I 形坡口，而埋弧自动焊的单面焊和双面焊不开坡口时的板度分别为 12mm 和 24mm。但对于要求全焊透的重要结构，手工电弧焊在板厚 3mm 时就要开坡口。

② 单面 V 形坡口，如图 3-12（b）所示，用于单面焊或背面清根的双面焊。其特点是加工简单，但易产生角变形，且在板厚较大时耗用焊接材料较多。V 形坡口适用于板厚 7~30mm。

③ X 形坡口，如图 3-12(c)所示，有对称和非对称两种结构。与单面 V 形坡口相比，在板厚相同时，X 形坡口可减少填充金属量约 1/2，且焊后产生的角变形和残余应力也较小。所以 X 形坡口适用于 12~60mm 的较大板厚或焊接变形要求限制严格的构件。在压力容器等设备中，对称 X 形坡口多用于双面手工电弧焊或埋弧自动焊的壳体纵、环焊缝，而非对称 X 形坡口则使用与手工电弧焊封底的单面埋弧焊或双面埋弧自动焊。

在低、中压容器设备中，V 形和非对称 X 形坡口应用较多。对于小直径圆筒形壳体，内侧不能使用埋弧自动焊时，常采用 V 形坡口，内侧用手工电弧焊封底。对于通风不良的容器，应尽量减少内部施焊的工作量，为此可采用内小外大的非对称 X 形坡口。

④ U 形坡口，有单面和双面 U 形坡口两种结构，如图 3-12(d)、(e)所示。这种坡口的突出优点是焊接材料消耗少，焊件变形小，焊缝金属中母材金属所占比例小，但加工费用高。故 U 形坡口主要用于板厚大的重要构件，如高压厚壁容器与高压锅炉等的焊接接头。手工电弧焊时，板厚 20~60mm 可采用单面 U 形坡口，埋弧自动焊时，板厚 40~160mm 可视情况采用单面或双面 U 形坡口。

3.1.5 焊缝符号

我国国家标准 GB/T 324—2008《焊缝符号表示法》规定，图纸上的焊缝一般应采用焊缝符号表示，但也可以采用技术制图方法表示。焊缝符号一般由基本符号与指引线组成，必要时可以加上辅助符号、补充符号和焊缝尺寸符号。基本符号是表示焊缝横截面形状的符号，如表 3-3 所示。

表 3-3 基本符号

序号	名称	示意图	符号
1	卷边焊缝 （卷边完全熔化钎焊）	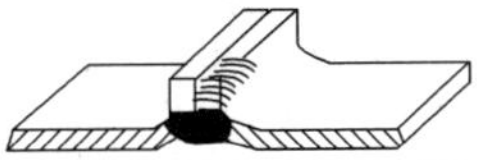	 八
2	I 形焊缝		‖
3	V 形焊缝		 ∨
4	单边 V 形焊缝		 ∨
5	带钝边 V 形焊缝	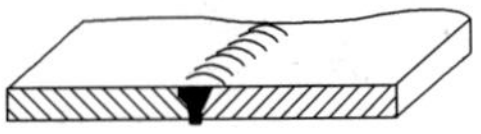	 Y
6	带钝边单边 V 形焊缝	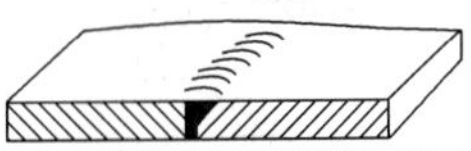	 Y
7	带钝边 U 形焊缝		 Y
8	带钝边单边 J 形焊缝		 Y

序号	名称	示意图	符号
9	封底焊缝		⌣
10	角焊缝		◺
11	塞焊缝或槽焊缝		⊔
12	点焊缝		○
13	缝焊缝		⊖
14	陡边 V 形焊缝		⋁
15	陡边单 V 形焊缝		ⱴ
16	端焊缝		‖‖
17	堆焊缝		⌣⌣
18	平面连接 (钎焊)		⇇
19	斜面连接 (钎焊)		⫽
20	折叠连接 (钎焊)		⊋

辅助符号是表示焊缝表面形状特征的符号。GB/T 324—2008 中规定了 3 种辅助符号，如表 3-4 所示。辅助符号往往与基本符号配合使用，在对焊缝表示形状有明确要求时采用，不需要确切地说明焊缝的表示形状时，可以不用辅助符号。

表 3-4 辅助符号

序号	名称	示意图	符号	说明
1	平面符号	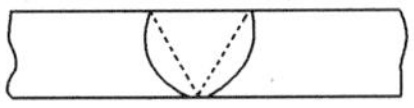	―	焊缝表面齐平(一般通过加工)
2	凹面符号	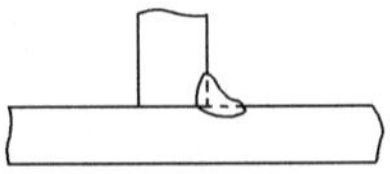	⌣	焊缝表面凹陷
3	凸面符号	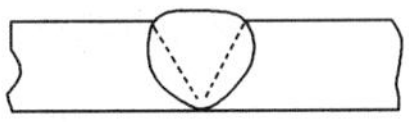	⌢	焊缝表面凸起

补充符号是为了补充说明焊缝的某些特征面采用的符号，如表 3-5 所示。补充符号的应用示例见表 3-6。

表 3-5 补充符号

序号	名称	示意图	说　明
1	平面	―	焊缝表面通常经过加工后平整
2	凹面	⌣	焊缝表面凹陷
3	凸面	⌢	焊缝表面凸起
4	圆滑过渡		焊趾处过渡圆滑
5	永久衬垫	M	衬垫永久保留
6	临时衬垫	MR	衬垫在焊接完成后拆除
7	三面焊缝	⊏	三面带有焊缝
8	周围焊缝	○	沿着工件周围施焊的焊缝标注位置为基准线与箭头线的交点处
9	现场焊缝		在现场焊接的焊缝
10	尾部	＜	可以表示所需的信息

表 3-6　补充符号应用示例

示意图	标注示例	说　明
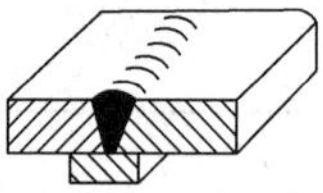	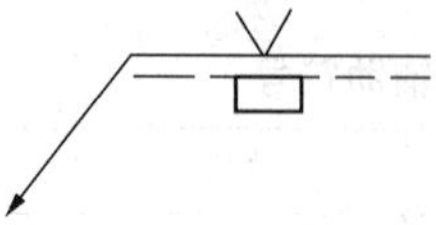	表示 V 形焊缝的背面底部有垫板
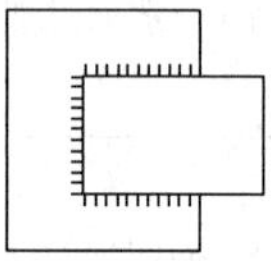	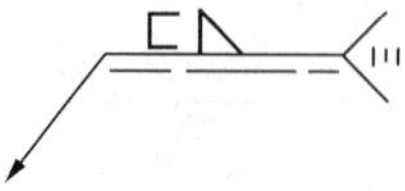	工件三面带角焊缝
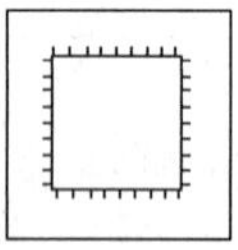	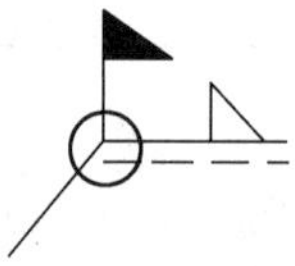	表示在现场沿工件周围施焊

3.1.6　焊接接头常见焊接缺陷及预防措施

焊接缺陷是指产品对技术要求的偏离，造成产品不能满足使用要求。主要有焊缝及其热影响区的不均匀性，不连续性及接头的组织性能不符合要求。

焊接过程中焊接缺陷的类型是多种多样的，按其在焊接接头中所处的位置和表现形式的不同，可以将焊接缺陷分为两类：一类是外观缺陷，指的是用肉眼或简单的方法便可以从外部检查出来的缺陷，主要包括焊缝尺寸不符合要求、咬边、弧坑、焊穿、焊瘤、严重飞溅、电弧擦伤、塌腰、表面裂纹、表面气孔、电弧擦伤等；另一类是内部缺陷，内部缺陷只能通过破坏性检查或无损探伤的方法来发现，如内部裂纹、内部气孔、夹渣、未焊透、未熔合、偏析、白点，以及接头的组织和性能不符合要求等。

（1）外部焊接缺陷

外部缺陷位于焊缝外表面，用肉眼或低倍(5~10 倍)的放大镜或表面无损检测(渗透、磁粉)的方法可以检测出来。

① 焊缝尺寸不符合要求　焊缝形状高低不平，焊坡厚度不均，尺寸过大或过小均属焊缝尺寸不符合要求。图 3-14 所示为角焊缝，焊角高度 K 彼此相等，图 3-14(c)具有圆滑过渡形式，应力集中系数最小。造成尺寸不合适的原因大多是因为运条速度不均匀；焊件坡口角度不当或装配间隙不均匀；焊口清理不干净；焊接电流过大或过小；焊接中运条(枪)速度过快或过慢；焊条(枪)摆动幅度过大或过小；焊条(枪)施焊角度选择不当等。

预防措施：

（a）焊件的坡口角度和装配间隙必须符合图纸设计或所执行标准的要求；

（b）焊件坡口打磨清理干净，无锈、无垢、无脂等污物杂质，露出金属光泽；

（c）提高焊接操作水平，熟悉焊接施工环境；

（d）根据不同的焊接位置、焊接方法、不同的对口间隙等，按照焊接工艺卡和操作技术要求，选择合理的焊接电流参数、施焊速度和焊条(枪)的角度。

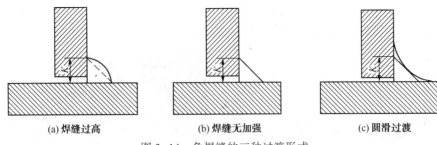

(a) 焊缝过高   (b) 焊缝无加强   (c) 圆滑过渡

图 3-14　角焊缝的三种过渡形式

② 咬边　是在母材与熔敷金属的交界处产生的凹陷，如图 3-15 所示。造成咬边的原因是由于运条速度过快，焊接线能量大，电弧过长，焊条(枪)角度不当，焊条(丝)送进速度不合适等所引起的缺陷。咬边在对接平焊时出现较少，在立焊和横焊或角焊的两侧较易产生。焊条偏斜使一边金属熔化过多造成单边的咬边。咬边的存在减弱了接头的工作截面，并在咬边处造成应力集中。

预防措施：

（a）根据焊接项目、位置，焊接规范的要求，选择合适的电流参数；

（b）控制电弧长度，尽量使用短弧焊接；

（c）掌握必要的运条(枪)方法和技巧；

（d）焊条(丝)送进速度与所选焊接电流参数协调；

（e）注意焊缝边缘与母材熔化结合时的焊条(枪)角度。

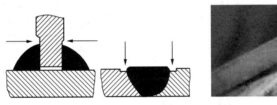

图 3-15　咬边

③ 焊瘤　焊缝边缘上未与母材金属熔合而堆积的金属叫做焊瘤，如图 3-16 所示。焊瘤下面常以未焊透现象存在。焊瘤常伴有未熔合、夹渣缺陷，易导致裂纹。同时，焊瘤改变了焊缝的实际尺寸，会带来应力集中。焊条熔化过快、焊条质量欠佳(如偏芯)，焊接电源特性不稳定及操作姿势不当等都容易带来焊瘤。在横、立、仰位置更易形成焊瘤。

防止焊瘤的措施：使焊缝处于平焊位置；正确选用焊接规范；选用无偏芯焊条；合理操作。

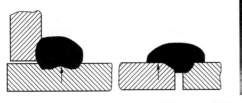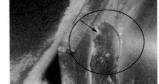

图 3-16　焊瘤

④ 弧坑未填满　在焊缝尾部或焊缝接头处有低于母材金属表面的凹坑为弧坑，如图 3-17 所示。弧坑减小了焊缝的截面，使焊缝强度降低。在弧坑形成凹陷表面，其内常有

气孔、夹渣和裂纹，因此必须填满弧坑。

预防措施：延长收弧时间；采取正确的收弧方法。

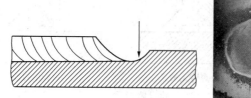

图 3-17　弧坑

（2）内部缺陷

缺陷位于焊缝内部，可用无损检测方法或破坏性检验来检查发现，主要包括：裂纹、气孔、夹渣、未熔合、未焊透。

① 裂纹　裂纹是焊接结构中比较普遍而又十分严重的一种缺陷。焊接裂纹可以大致分为在焊缝金属部分和热影响区发生的两种裂纹，如图 3-18 所示。产生裂纹的原因是焊缝金属的韧性不良、焊接规范不当、以及因焊口处理不良等因素导致的焊缝金属的含氢量过多等。裂纹是诸多缺陷中最为危险的缺陷，通常在焊接接头中是不允许有裂纹存在的。当发现裂纹后，应铲除裂纹后补焊。

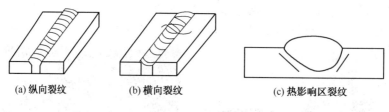

(a)纵向裂纹　　　　(b)横向裂纹　　　　(c)热影响区裂纹

图 3-18　裂纹

预防措施：

（a）严格按照规程和作业指导书的要求准备各种焊接条件；

（b）提高焊接操作技能，熟练掌握使用焊接方法；

（c）采取合理的焊接顺序等措施，减少焊接应力等。

② 气孔　在焊缝中出现的单个、条状或群体气孔，是焊缝内部最常见的缺陷，如图 3-19 所示。气孔是由于焊条不干燥、坡口面生锈、油垢和涂料未清除干净、焊条不合适或熔融中的熔敷金属与外面空气没有完全隔绝等原因所引起的缺陷。是焊接过程中，焊接本身产生的气体或外部气体进入熔池，在熔池凝固前没有来得及溢出熔池而残留在焊缝中。

预防气孔产生应从减少焊缝中气体的数量和加强气体从熔池中的溢出两方面考虑，主要有以下措施：

（a）焊条要进行烘培，装在保温筒内，随用随取；

（b）焊丝清理干净，无油污等杂质；

（c）焊件周围 10~15mm 范围内清理干净，直至发出金属光泽；

（d）注意周围焊接施工环境，搭设防风设施，管子焊接无穿堂风；

(e) 氩弧焊时，氩气纯度不低于 99.95%，氩气流量合适；

(f) 尽量采用短弧焊接，减少气体进入熔池的机会；

(g) 焊工操作手法合理，焊条、焊枪角度合适；

(h) 焊接线能量合适，焊接速度不能过快；

(i) 按照工艺要求进行焊件预热。

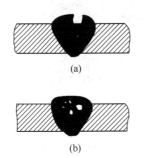 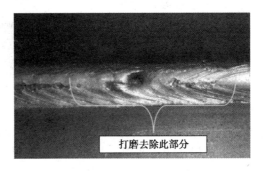

打磨去除此部分

图 3-19　气孔

③ 夹渣　焊接过程中药皮等杂质夹杂在熔池中，熔池凝固后形成焊缝中的夹杂物，如图 3-20 所示。夹渣的产生原因主要有两个：首先，焊件清理不干净、多层多道焊层间药皮清理不干净、焊接过程中药皮脱落在熔池中等；其次，电弧过长、焊接角度不对、焊层过厚、焊接线能量小、焊速快等，导致熔池中熔化的杂质未浮出而熔池凝固。夹渣和气孔同样会降低焊缝强度。某些焊接结构在保证焊缝强度和致密性的条件下，也允许有一定尺寸和数量的夹渣。

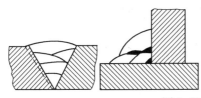

图 3-20　夹渣

预防措施：

(a) 焊件焊缝破口周围 10~15mm 表面范围内打磨清理干净，直至发出金属光泽；

(b) 多层多道焊时，层间药皮清理干净；

(c) 焊条按照要求烘培，不使用偏芯、受潮等不合格焊条；

(d) 尽量使用短弧焊接，选择合适的电流参数；

(e) 焊接速度合适，不能过快。

④ 未熔合　未熔合主要分为根部未熔合和层间未熔合两种，如图 3-21 所示。根部未熔合主要是打底过程中焊缝金属与母材金属以及焊接接头未熔合，层间未熔合主要是多层多道焊接过程中层与层间的焊缝金属未熔合。造成未熔合的主要原因是焊接线能量小，焊接速度快或操作手法不恰当。

预防措施：

(a) 适当加大焊接电流，提高焊接线能量；

（b）焊接速度适当，不能过快；

（c）熟练操作技能，焊条（枪）角度正确。

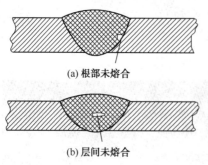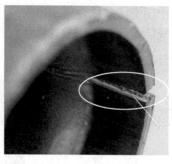

图 3-21　未熔合

⑤ 未焊透　未焊透是指母材金属和焊缝之间，或焊缝金属中的局部未熔合现象，如图 3-22所示。造成未焊透的主要原因是：对口间隙过小、坡口角度偏小、钝边厚、焊接线能量小、焊接速度快、焊接操作手法不当。

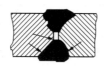

图 3-22　未焊透

预防措施：

（a）对口间隙严格执行标准要求，最好间隙不小于2mm；

（b）对口坡口角度，严格按照图纸的设计要求。

（c）钝边厚度一般在1mm左右，如果钝边过厚，采用机械打磨的方式修整，对于单V型坡口，可不留钝边；

（d）使用短弧焊接，以增加熔透能力。

3.1.7　焊接残余应力和变形

在焊接过程中，由于局部高温加热而造成焊件上温度分布不均匀，从而使结构产生不均匀的膨胀，而高温区的膨胀受到低温区的限制，最终导致焊件在焊后产生了残余应力与变形，对结构的制造质量和使用性能有直接影响。

3.1.7.1　焊接残余应力

焊接过程中，随着焊接区温度的变化可以产生3种内应力，即温度应力、组织应力和构件自身受到约束时的拘束应力。若温度应力较小，且低于材料的屈服极限时，则焊后可以消失。但若其值大于屈服极限时，则焊接接头局部区域发生塑性变形。在冷却过程中，处于弹性状态部分的收缩将受到塑性变形部分的阻碍，因而使焊接区产生新的内应力。在温度降至室温后，这种内应力就会保留于接头中，称为焊接残余应力。以下主要以低碳钢和低合金钢等材料制成的结构中的焊接残余应力为例，讨论焊接残余应力的分布、大小、影响极其控制措施。

在焊件厚度不大于 20mm 的常规焊接结构中，残余应力基本是纵、横双向的，厚度方向的残余应力很小，可以忽略。只有在大厚度的焊接结构中，厚度方向的残余应力才有较高的数值。

（1）纵向残余应力

所谓纵向残余应力，即残余应力的作用方向平行于焊缝的轴线方向，用 σ_x 表示。

在焊缝及其附近的纵向残余应力为拉应力。在低碳钢焊接结构中，焊缝区的拉应力一般可达到材料的屈服点，稍离开焊缝区，拉应力迅速下降，继而出现残余压应力。如圆筒环缝的纵向残余应力（也称环向应力）分布如图 3-23 所示，应力分布规律不同于平直焊缝，其数值大小取决于圆筒直径、壁厚及塑性变形区的宽度。

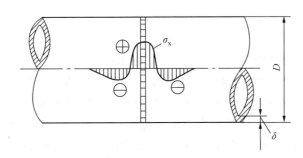

图 3-23　圆筒环缝的纵向残余应力分布

（2）横向残余应力

垂直于焊缝方向的残余应力称为横向残余应力，用 σ_y 表示。横向残余应力的产生原因比较复杂，一般认为，它由焊缝及其附近塑性变形区的纵向收缩引起的横向应力合成而得。其大小和方向与施焊顺序和焊接方法等因素有关。一般情况下 σ_y 均为拉应力，且焊缝中心处有最大值，随着与焊缝距离的增大，其值很快下降。

（3）封闭焊缝中的残余应力

在大的壳体上进行局部挖补镶块焊接以及板壳结构上焊接接管都属于这种情况。由于是封闭焊缝，拘束度大，常产生大的焊接残余应力。挖补镶块焊接应力的大小与焊件刚度和镶入体本身的刚度有关，刚度越大，内应力越大。图 3-24 为挖补圆盘镶块焊接后的残余应力分布。切向应力 $\sigma_t(\sigma_x)$ 在焊缝附近为拉应力，最高可达屈服限，镶块外离焊缝较远处切向应力为压应力。而径向应力 $\sigma_r(\sigma_y)$ 在此均为拉应力。镶块心部 σ_t 与 σ_r 相等，有一个均匀的双轴拉应力场。焊件刚度越大，镶块直径越小，这个均匀双轴拉应力值也越高。

板壳结构上焊接接管的焊后残余应力与此相似，接管与壳体间的圆周焊缝的切向应力 $\sigma_t(\sigma_x)$，在焊缝及其附近区是拉应力，远离焊缝是逐渐缩小的压应力。焊缝径向应力 σ_r (σ_y) 都是拉应力，如图 3-25 所示。由于接管刚性较镶块小，故其残余应力一般比镶块的小。

过程设备中，有时发现垂直于接管圆周角焊缝并向壳体扩展的裂纹，严重时，甚至引发设备断裂。显然这与沿该焊缝切线方向具有最大纵向焊接残余拉应力有关。

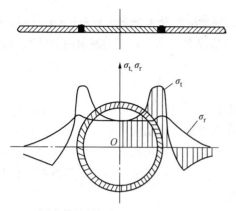

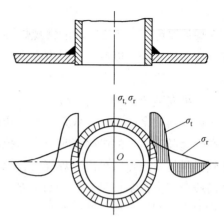

图 3-24　圆盘镶块封闭焊缝所引起的焊接残余应力　　　　图 3-25　接管处的焊接应力

（4）厚板中的残余应力

厚板焊接结构中除了存在着纵向应力 σ_z 和横向应力 σ_y 外，还存在着较大的厚度方向的应力 σ_x。近年来的试验研究结果表明，这三个方向的内应力在厚度上的分布极不均匀。其分布规律，对于不同焊接工艺有较大差别。例如在厚度为 240mm 的低碳钢电渣焊缝中，内应力分布如图 3-26 所示。从图中可以看出，σ_z 是拉应力，在厚度中心部位，其数值可达 180N/mm²，数值向表面逐渐下降到零。σ_x、σ_y 的数值亦以厚度中心为最大，向两表面逐渐降低。在表面 σ_y 为压应力。

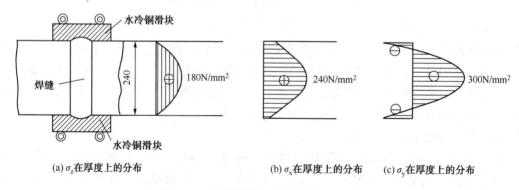

(a) σ_z 在厚度上的分布　　　　　(b) σ_x 在厚度上的分布　　　　(c) σ_y 在厚度上的分布

图 3-26　电渣焊接头中的残余应力分布

与电渣焊相反，在低碳钢多层焊接时，在厚度上的内应力 σ_x、σ_y 的分布，表面为较高的拉应力。σ_z 的数值较小，有可能为压应力，亦有可能为拉应力。图 3-27 为 80mm 厚、V 形坡口对接接头多层焊在厚度上的内应力分布情况。

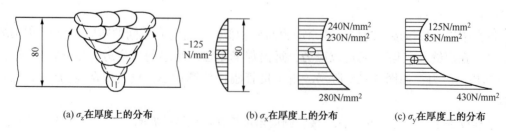

(a) σ_z 在厚度上的分布　　　　(b) σ_x 在厚度上的分布　　　　(c) σ_y 在厚度上的分布

图 3-27　厚板多层焊缝中的残余应力分布

值得注意的是横向应力 σ_y 的分布，在对接焊缝的根部 σ_y 的数值极高，大大超过材料的屈服极限 σ_s。造成这个现象的原因是多层焊时，每焊一层都使焊接接头产生一次角变形，在根部引起一次拉伸塑性变形。多次塑性变形的积累，使这部分金属产生应变硬化，应力不断上升，在严重的情况下，甚至可达金属的强度极限 σ_b，导致焊缝根部开裂。如果焊接接头的角变形受到阻碍，则有可能在根部产生压应力。

（5）防止焊接残余应力的措施

最主要的措施是正确设计结构。工艺方面的措施与防止变形的措施关系密切，产生变形和残余应力有共同处也有不同之处，选择合理的装焊顺序和焊接顺序不仅能防止和减少焊后变形，也能减少一部分应力，但是若单纯从防止变形的角度出发，那么焊后必然出现残余应力。特别是用刚性固定法和散热法等防止变形的方法，不仅会有很大的温度应力，同时还有较大的组织应力，这些应力最后都以残余应力的形式留在焊接结构内。

常用消除和减少残余应力的方法有如下几种：

① 选择合理的焊接顺序　为防止和减少焊接结构的应力，在安排焊接顺序时应遵循以下几个原则：

（a）尽可能考虑焊缝能自由收缩　对于大型焊接结构来说，焊接应从中间向四周推进，如图 3-28 所示。只有这样才能使焊缝由中间向外依次收缩，减小焊接应力。

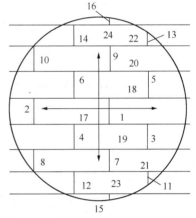

图 3-28　大容器底部的拼板焊接顺序

（b）收缩最大的焊缝应当先焊　对于焊接结构来说，先焊的焊缝受阻较小，故焊后应力较小。而收缩量大的焊缝，容易产生较大的焊接应力，因此构件上收缩最大的焊缝先焊，就可以减小焊接应力。如焊件上既有对接焊缝，又有角接焊缝时，应尽量先焊对接焊缝，因为对接焊缝的收缩量较大。

（c）焊接平面交叉焊缝时应先焊横向焊缝　在焊缝的交叉点会产生较大的焊接应力。如在设计上不可避免的话，就应采取合理的焊接顺序。如图 3-29 所示，为 T 形焊缝和十字焊缝的合理焊接顺序。要注意的是焊缝的起弧和收尾应避免在焊缝的交点上，并保证横向焊缝先焊，让其有自由收缩的可能，以减小应力。

② 选择合理的焊接规范　焊接时，根据焊接结构的具体情况，应尽可能采用较小的焊接规范，即采用小直径的焊条和偏低电流，以减小焊件受热变形，从而减小焊接应力。

③ 预热法　预热法是指焊前对焊件整体进行加热，一般加热到 150~350℃。其目的是减小焊接区和结构整体的温度差。温差越小，越能使焊缝区与结构整体尽可能均匀地冷却，从而减少内应力。

④ 焊后热处理法　焊后热处理是将焊接完成的工件或设备整体（或局部）加热到适当温度，来降低或消除内应力的方法。具体内容见本章 3.4.3 节。

⑤ 振动法　振动法消除焊接残余应力的方法，具有时间短、操作方便、经济性好等优点，在世界各国的许多工业领域得到了快速的推广应用。振动法原理是：利用振动设备，令振动频率接近工件或设备的固有频率进行振动，监测振幅即振荡器的功率变化；出现共振波峰向低频方向移动，即表明工件的残余应力已开始消除。具体振动操作原理可参见相关振动设备说明书。

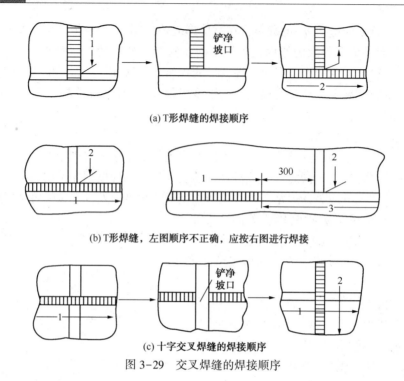

(a) T形焊缝的焊接顺序

(b) T形焊缝，左图顺序不正确，应按右图进行焊接

(c) 十字交叉焊缝的焊接顺序

图 3-29　交叉焊缝的焊接顺序

3.1.7.2　焊接残余变形

（1）变形的种类、生成原因及其危害

焊接变形和残余应力在一个焊接结构中是焊缝局部收缩的两种表现。如果在焊接过程中，工件能够自由收缩，则焊后工件变形较大，而焊接残余应力较小。如果在焊接过程中，由于外力限制或工件自身刚性较大而不能自由收缩，则焊后工件变形较小，但内部却存在着较大的残余应力。

焊接变形是较为复杂的，主要表现为收缩、转角、弯曲、扭曲和波浪等，基本形式如图 3-30所示。

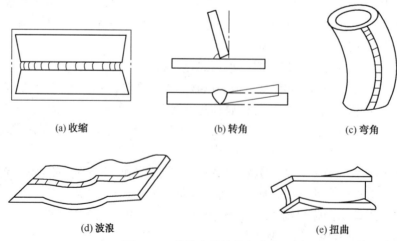

(a) 收缩　　　　　　(b) 转角　　　　　　(c) 弯角

(d) 波浪　　　　　　　　(e) 扭曲

图 3-30　焊接变形的基本形式

造成变形的原因是焊缝金属的收缩。因为焊缝金属是焊条在熔化状态下敷焊到工件上

的，冷却后它的收缩量较其余区域大得多，长度、宽度都要缩短，甚至高度也要缩小。这样，无论哪种接头形式，焊缝的长度和宽度焊后都会缩小一点，分别称为纵向和横向收缩，如图 3-30(a) 所示。严格地说，焊后要缩短的不仅是熔化了的焊缝金属，那些在焊缝两旁升温膨胀时受到较冷区工件限制，实际上产生了塑性压缩的区域，冷却后都比原来长度小。对于纵向或横向收缩，只要工件在下料时事先留长点、宽点就可以得到补偿。至于数值的大小，要看材料、结构、板厚、焊接方法等因素，一般要通过焊接工艺评定来确定。

图 3-30(b) 是转角变形，这是焊缝断面近似为三角形造成的。焊缝根部为三角形的顶，表面为底，可以认为顶的线收缩为零，底的线收缩量与底的长度(焊缝宽度)成正比，这样焊缝表面的宽度冷后缩短，根部并不会缩短那么多，所以对接焊后会翘起一定角度。T 形接头焊后总是倒向焊接的一侧。T 形角接，焊脚高等于板厚时变形为 2°~3°，角接时随结构不同刚度变化较大，变形值也会有变化。

图 3-30(c) 是弯曲变形，是由于焊缝在结构上分布不对称造成的。显然，焊缝数量愈多，焊缝愈不对称，则弯曲得愈厉害。带有大量筋板的工字梁就属这种情况。图 3-30(d) 为波浪变形，是薄板上焊缝收缩量大于丧失稳定的临界压缩变形量造成的。另外，如果平板上的筋板过多，筋板处的角变形也会造成波浪式变形。图 3-30(e) 是扭曲变形，其产生的原因是比较复杂的，它是由若干种变形综合作用的结果。

(2) 控制残余变形的措施

焊接变形不仅影响构件形状和尺寸精度，而且也降低构件的可靠性。为此，对焊接变形必须控制在有关标准限制范围以内。其控制途径一般是从防止、减小和消除三方面入手。对于大型或复杂结构，焊接变形不易校正，故应立足于防止和减小。与焊接残余应力的控制一样，焊接变形也必须由结构设计和焊接工艺两方面进行控制。

① 合理设计焊接结构　焊接结构设计恰当合理，将比在工艺上采取措施更为有利。

(a) 焊缝尺寸大，不但焊接工作量大，且焊接变形变大。故应在保证承载条件下尽量采用小的焊缝尺寸，尽可能减少焊制零部件和焊缝数量。

(b) 不少整体纵向弯曲焊接变形是由焊缝布置不对称引起的，故应尽可能采用对称设计原则配置焊接附件和焊缝，使其变形互相抵消和减小。在板厚较大时，采用 X 形等对称坡口较 V 形非对称坡口有利于减小焊接变形。

② 采取适当的工艺措施

(a) 正确地选择焊接方法和焊接规范　线能量较低的焊接方法有利于减小焊接变形，如 CO_2 气保焊较手工电弧焊变形小，手工电弧焊比气焊变形小。薄壁件焊接易变形，各种气体保护焊均有利于减小焊接变形。

(b) 反变形法　这是生产中最常用的方法，焊前估计好构件变形的大小和方向，焊前使其反向变形，焊接时产生的变形与反向变形相抵消。如图 3-31 所示的壳体上接管处的角变形，为采用反变形法焊接的例子。

(c) 刚性固定法　构件刚性大时，焊接变形就小。为此可以用专门的夹持装配工艺或构件本身的刚性相互制约来减小变形。如焊制法兰的角变形，可以采用图 3-32 所示的方法，防止法兰环产生角变形。但必须注意，此法仅适用于低碳钢之类焊接性良好的材料。因为构件刚性增加，焊接应力也会增加，这对易淬钢和裂纹敏感性大的材料是不利的，故此类材料一般不宜采用刚性固定法。

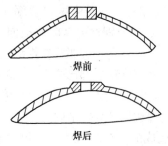

焊前

焊后

图 3-31　反变形法焊接接管

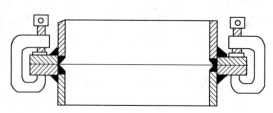

图 3-32　刚性固定法焊接法兰

还有一种半软刚性约束法。该方法是在焊缝长度装置间隙片和夹具，然后填充一定直径的圆钢进行点固焊，如图 3-33 所示。通常，在焊接无圆钢一侧底焊缝后，或连焊两层后，再拆除圆钢并清根，然后分别焊两侧焊缝。用该法控制角变形较为理想，焊后残余应力小，耗用辅助材料适中，辅助焊道也少，适用于各种容器的焊接。

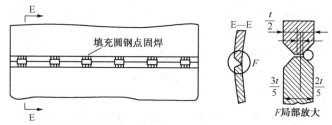

图 3-33　半软刚性约束法防止角变形

（d）正确地确定装配焊接次序　装配焊接次序不当，可能产生很大的焊接变形，甚至无法校正而报废。如图 3-34 所示，是一个直径 1.6m 的固定管板式换热器壳体，在靠近管板端部焊有一个直径接近壳体半径的大直径接管。最初是先将圆筒壳与一端管板焊接后，再在壳体上开孔并焊接接管。结果焊后圆筒壳发生了显著变形，圆筒与管板严重不垂直，且无法校正而导致大返工。后改为将接管先与圆筒壳焊完并校正好后再将圆筒壳与管板焊接，从而避免了上述大变形的发生。当然这并非是防止其大变形的惟一方法，采取其他适当措施也会收到同样防止变形的效果。

关于施焊顺序，有同一条焊缝的焊接和不同焊缝间的焊接两种情况。对于同一条焊缝，要注意后焊时刚度增大的不对称性。如图 3-35 所示，对称坡口焊缝，若先焊完一面后再焊另一面，则另一面角变形小于先焊面，因为焊另一面时先焊面已焊成，其刚度大大增加，后焊面的角变形就小了。合理的次序应是先在一面焊一层或几层后，反面焊另一面，且焊层数

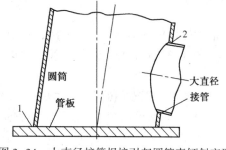

图 3-34　大直径接管焊接引起圆筒壳倾斜变形
（焊接顺序：焊缝 1→2）

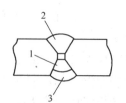

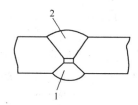

图 3-35　焊接顺序

应较先焊面多，依此交替两面完成整个焊缝焊接。同理，在焊接非对称坡口时，应先焊小的坡口，后焊大的坡口。

对于不同焊缝的焊接次序，若各焊缝对称于构件形心轴侧布置，应对称地交替焊接，以减小可能的弯曲变形；若各焊缝非对称于构件形心轴侧布置，应先焊焊缝少或焊角小和距形心轴近的焊缝，而对变形影响最大的焊缝要放到最后焊。

③ 焊接变形的矫正　如果采取了各种措施后仍然存在超标焊接变形，就必须进行矫正。常用的方法是机械压力矫正和火焰加热矫正法。例如，圆筒纵向焊缝的变形，焊后通常是用卷板机进行校圆(如本书第 2 章介绍方法)；细长件的弯曲变形可以由压力机施加反向压力来矫直(如本书第 1 章介绍方法)。火焰矫正法必须有丰富的实践经验，否则会使变形更加严重。

3.2　过程设备制造常用焊接方法

金属的焊接分为熔化焊和加压焊两大类，过程设备制造主要采用熔化焊，常用的焊接方法主要有焊条电弧焊、埋弧焊、气体保护焊、电渣焊、等离子弧焊等，其基本原理与应用对比见表3-7。大多数熔化焊都是以电弧为热源进行焊接的，因此电弧和电源的特性是焊接过程稳定进行的关键因素。

表 3-7　过程设备用熔化焊的焊接方法基本原理与应用

焊接方法	原理及特点	用　法
焊条电弧焊	利用电弧热量熔化焊透和母材，形成焊缝的一种焊接方法	应用范围广泛，可焊接各种位置
电渣焊	利用电流通过熔渣产生的电阻热来熔化金属，它的加热范围大，对厚的焊件能一次焊成	适于焊接大型和厚的工件
气体保护焊	采用氩气、氮气、二氧化碳、氢气等保护焊接熔池，使之与空气隔绝的焊件方法	用于合金钢、铜、铝、钛等有色金属的焊接
埋弧焊	电弧焊在焊剂层下燃烧，焊缝成型美观，质量好	适用于长焊缝、深厚焊缝的焊接，生产率高
等离子弧焊	气体在电弧内电离后，再经热收缩效应和磁收缩效应产生能量密度大的高温热源	可焊接不锈钢、耐热钢、高强钢及有色金属

3.2.1　焊条电弧焊

焊条电弧焊是指用涂药焊条的手工操作的焊接，通常称为手工电弧焊。是利用焊条和焊件两极间电弧的热量来实现焊接的一种工艺方法。它的设备简单、操作方便、适合全位焊接，使用灵活方便，可以在室内、室外和高空等各种位置施焊，是过程设备制造广泛应用的一种焊接方法。

在锅炉和压力容器等设备制造中，手工电弧焊多用于设备内部附件的焊接和支座、接管与开孔补强等部位的焊接。对于单件生产的设备，其他焊缝也采用手工电弧焊。对于某些特殊类型的设备，如绕带容器，或空间位置焊缝较多，或短焊缝多等也主要采用手工电弧焊。有些压力容器的打底焊，也采用手工电弧焊。图 3-36 所示为手工电弧焊示意图。

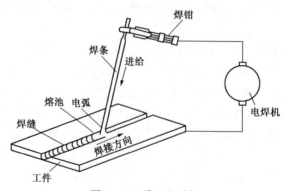

图 3-36　手工电弧焊

（1）装备

① 手工电弧焊设备　目前国内手工电弧焊的设备有三类，分别为弧焊变压器(交流电焊机)、弧焊发电机(直流电焊机)和弧焊整流器(直流电焊机)，三类手工电弧焊设备的比较见表 3-8。

表 3-8　三类手工电弧焊设备比较

项　　目	弧焊变压器	弧焊发电机	弧焊整流器
稳弧性	较差	好	较好
电网电压波动的影响	较小	小	较大
噪声	小	大	小
硅钢片与铜导线的需要量	少	多	较少
结构与维修	简单	复杂	较复杂
功率因数	较低	较高	较高
空载消耗	较小	较大	较小
成本	低	高	较高
质量	小	大	较小

选择弧焊设备首先要考虑的是焊条涂层(药皮)类型和被焊接头、装备的重要性。例如，对于低氢钠型(碱性)焊条、重要的焊接接头、压力容器等装备的焊接，尽管其成本高、结构较复杂，但必须选用直流电焊机或弧焊整流器(即直流电源)，因其电弧稳定性好，较易保证焊接质量。对于酸性焊条，一般的焊接结构，虽然交、直流焊机都可以用，但通常都选择价格低、结构简单的交流电焊机。

另外，还要考虑焊接产品所需要的焊接电流大小、负载持续率等要求，以选择焊机的容量和额定电流。

② 焊钳、焊接电缆　选择焊钳和焊接电缆主要考虑的是允许通过的电流密度。焊钳要绝缘好、轻便(表 3-9)；焊接电缆应采用多股细铜线电缆(有 YHH 型电焊橡皮套电缆或 YHHR 型电焊橡皮套特软电缆)，电缆截面可根据焊机额定焊接电流(表 3-10)选择，电缆长度一般不超过 30m。

③ 面罩　面罩是为防止焊接时的飞溅、弧光及其辐射对焊工的保护工具，有手持式或头盔式两种。面罩上的护目遮光镜片可按表 3-11 选择，镜片号越大，镜片越暗。

表 3-9　焊钳技术参数

型号	额定电流/A	焊接电缆孔径/mm	适用焊条直径/mm	质量/kg	外形尺寸/mm
G325	300	14	2~5	0.5	250×80×40
G582	500	18	4~8	0.7	290×100×45

表 3-10　额定电流与相应铜芯电缆最大截面积关系

额定电流/A	100	125	160	200	250	315	400	500	630
电缆截面积/mm^2	16	16	25	35	50	70	95	120	150

表 3-11　焊工护目遮光镜片选用表

工　　种	焊接电流/A			
	≤30	>30~75	>75~200	>200~400
	遮光镜片号			
电弧焊	5~6	7~8	8~10	11~12
碳弧气刨	—	—	10~11	12~14
焊接辅助工	3~4			

（2）焊条

① 型号分类　焊条型号根据熔敷金属的力学性能、药皮类型、焊接位置和焊接电流种类划分。

焊条型号编制方法如下：字母"E"表示焊条；前两位数字表示熔敷金属抗拉强度的最小值；第三位数字表示焊条的焊接位置，"0"及"1"表示焊条适用于全位置焊接（平、立、仰、横），"2"表示焊条适用于平焊及平角焊，"4"表示焊条适用于向下立焊；第三位和第四位数字组合时表示焊接电流种类及药皮类型。

在第四位数字后附加"R"表示耐吸潮焊条；附加"M"表示耐吸潮和力学性能有特殊规定的焊条；附加"-1"表示冲击性能有特殊规定的焊条。

② 焊条标准　我国现行焊条标准主要有：GB/T 5117—2012《非合金钢及细晶粒钢焊条》；GB/T 5118—2012《热强钢焊条》；GB/T 983—2012《不锈钢焊条》。

3.2.2　埋弧焊

埋弧焊是利用在焊剂层下光焊丝和焊件之间燃烧的电弧产生的热量，来熔化焊丝、焊剂和母材金属而形成焊缝的焊接方法。在焊接过程中，颗粒状的焊剂及其熔渣保护了电弧和焊接区，光焊丝提供填充金属。

埋弧焊是压力容器等焊接结构的重要焊接方法之一，埋弧焊过程的原理如图 3-37 所示。在埋弧焊过程中，焊丝连续地送入覆盖焊接区的焊剂层，电弧引燃后，焊剂焊丝和母材立即熔化并形成熔池。熔化的熔渣覆盖住熔池及高温焊接区，产生良好的保护作用。现对埋弧焊的设备、焊接材料（焊丝、焊剂）和有关焊接规范介绍如下。

（1）设备

埋弧焊的设备可分为两部分：埋弧焊电源和埋弧焊焊机。

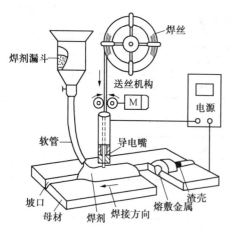

图 3-37　埋弧焊过程

① 埋弧焊电源　可采用直流(弧焊发电机或弧焊整流器)、交流(弧焊变压器)或交直流并用。

直流电源电弧稳定，常用于焊接工艺参数稳定性要求较高的场合。小电流范围、快速引弧、短焊缝、高速焊接。采用直流正接(焊丝接负极)时，焊丝的熔敷率高；采用直流反接(焊丝接正极)时，焊缝熔深大。

交流电源焊丝的熔敷率和焊缝熔深介于直流正接和直流反接之间，而且电弧的磁偏吹小。交流电源多用于大电流埋弧焊和采用直流时磁偏吹严重的场合。交流的空载电压一般要求在65V以下。

在实际焊接生产中为进一步加大熔深、提高生产率，多丝埋弧自动焊得到了越来越多的应用。目前应用较多的是双丝和三丝埋弧自动焊，这时电源也可以采用直流、交流或交、直流并用，电源的选用及连接有多种组合方式。

② 埋弧焊焊机　分为半自动焊机和自动焊机两类。

(a) 半自动焊机的主要功能是：将焊丝通过软管连续不断地送入焊接区；传输焊接电流；控制焊接的启动和停止。

半自动焊机的焊接速度是由操作者(焊工)来控制完成的，因此有"半"之称。

(b) 自动焊机的主要功能是：连续不断地向焊接区送进焊丝；传输焊接电流；使电弧沿接缝移动，自动控制焊接速度；控制电弧的主要参数；控制焊接的启动和停止；向焊接区铺施焊剂；焊接前调节焊丝位置。

自动焊机既完成了送丝速度的调节又完成了焊接速度的调节，这两项为其主要动作。

常见的自动埋弧焊机形式如图3-38所示(不带焊接电源)。

③ 辅助设备　埋弧自动焊机工作时，为了调整焊接机头与工件的相对位置，使接头处在最佳施焊位置，或为了达到预期的工艺目的，一般都需要有相应的辅助设备与焊机相配合。埋弧自动焊的辅助设备大致有以下几种：

(a) 焊接夹具　使用焊接夹具的主要目的是使被焊工件能准确定位并夹紧，以便焊接。这样可以减少或免除定位焊缝，也可以减少焊接变形，并达到其他工艺目的。

(b) 工件变位设备　埋弧自动焊中常用的工件变位设备有滚轮架、翻转机、万能变位装置等。这种设备的主要功能是使工件旋转、倾斜，使其在三维空间中处于最佳施焊位置、装

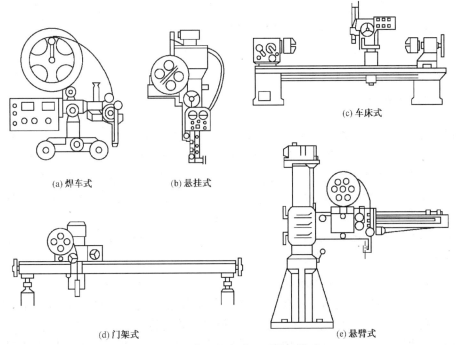

(a) 焊车式　　(b) 悬挂式　　(c) 车床式

(d) 门架式　　(e) 悬臂式

图 3-38　常见的自动埋弧焊机形式

配位置等，以保证焊接质量、提高生产效率、减轻劳动强度。

（c）焊机变位设备　这种设备的主要功能是将焊接机头准确地送到待焊位置，也称做焊接操作机。它们大多与工件变位机、焊接滚轮架等配合工作，完成各种形状复杂工件的焊接。其基本形式有平台式、悬臂式、伸缩式、龙门式等。

（d）焊缝成形设备　埋弧焊的功率较大，焊接时为防止熔化金属流失、烧穿，并使焊缝背面成形，经常在焊缝背面加衬垫。常用的焊缝成形设备除铜垫板外，还有焊剂垫。焊剂垫有用于纵缝的和环缝的两种基本形式。

（e）焊剂回收输送设备　用来自动回收并输送焊接过程中的焊剂。

（2）焊丝与焊剂

焊丝与焊剂是埋弧焊、电渣焊的焊接材料。作用与焊条的焊芯和药皮作用相似。焊剂和熔合金属之间的各种冶金反应对焊缝金属的化学成分、性能和纯度产生重大的影响。因此，为了获得性能符合技术要求的焊缝金属，必须正确地选配焊剂和焊丝。焊丝与焊剂是各自独立的焊接材料，但在焊接时要配合使用，这也是埋弧焊、电渣焊的一项重要焊接工艺内容。

① 焊丝的种类、特点及应用：

焊丝按结构形状分类有：实芯焊丝、药芯焊丝、活性焊丝；

按焊接方法分类有：埋弧焊焊丝、电渣焊焊丝、CO_2 焊焊丝、氩弧焊焊丝等；

按化学成分分类有：低碳钢焊丝、普低钢焊丝、高合金钢焊丝、各种有色金属焊丝、堆焊用特殊合金焊丝等。其中实芯焊丝应用最广泛。

② 焊剂的种类、特点及应用　埋弧焊使用的焊剂是颗粒状可熔化的物质。焊剂的分类方法有按制造方法分类、按化学成分分类、按化学性质分类、按颗粒结构分类等。

按制造方法分类有：熔炼焊剂、烧结焊剂、陶质焊剂。国内目前用量较大的是熔炼焊剂和烧结焊剂。

③ 焊丝和焊剂标准 我国现行焊丝和焊剂标准主要有：GB/T 5293—1999《埋弧焊用碳钢焊丝和焊剂》；GB/T 12470—2003《埋弧焊用低合金钢焊丝和焊剂》；GB/T 17854—1999《埋弧焊用不锈钢焊焊丝和焊剂》。

3.2.3 气体保护焊

利用气体来保护金属熔滴、焊接熔池和焊接区高温金属不受空气作用的电弧焊方法称为气体保护电弧焊简称气体保护焊。常用的保护气体有惰性气体如氩气、氦气，还原性气体如氢气、氮气，氧化性气体如二氧化碳等。气体保护焊焊接时从焊枪喷嘴连续喷出保护气体排除焊接区的空气，保护电弧及焊接熔池不受大气污染，防止有害气体对熔滴和熔池的侵害，保证焊接过程的稳定，从而获得高质量的焊接接头。

根据焊接过程中电极是否熔化，气体保护焊分为不熔化极(钨极)气体保护焊和熔化极气体保护焊。

(1) 不熔化极(钨极)气体保护焊

不熔化极气体保护焊是指钨极惰性气体保护电弧焊，英文简称 TIG(Tungsten Inert Gas Welding)。我国用氩气作为保护气体，故称钨极氩弧焊简称氩弧焊。

钨极氩弧焊是用钨棒作为电极加上氩气进行保护的焊接方法，其方法构成如图 3-39 所示。焊接时氩气从焊枪的喷嘴中连续喷出，在电弧周围形成保护层隔绝空气，以防止其对钨极、熔池及邻近热影响区的影响，从而获得优质的焊缝。焊接过程中根据工件的具体要求可以加或者不加填充焊丝。

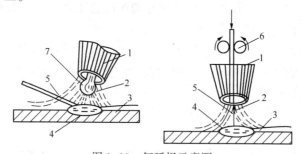

图 3-39 氩弧焊示意图

1—喷嘴；2—氩气；3—焊缝；4—熔池；5—焊丝；6—送丝滚轮；7—钨极

钨极氩弧焊是厚壁容器等结构打底焊的较好的焊接方法，几乎可以焊接所有的金属及合金。在压力容器制造中，钨极氩弧焊主要用于要求全焊透的焊接、厚壁管和接管封底焊缝、不锈钢管件及薄板成型件的焊接。换热器管与管板焊接和容器封底焊也采用钨极氩弧焊。容器和管道的环缝封底焊采用钨极氩弧焊代替手工电弧焊，可以单面焊双面成形，质量好，工作效率高。

① 焊接电源与极性 钨极氩弧焊可采用3种形式的电流，即直流正接、直流反接和交流电。

采用直流正接时，焊件接正极，钨极接负极。电子从钨极向焊件高速冲击，结果使70%的热量集中在焊件上，焊件温度较高，而钨极的温度则较低。这样，不仅增加熔深，而且也提高钨极可承受的电流值。因此，直流正接是应用最广的电流种类。除铝、镁之外，碳钢、低合金钢和不锈钢等均采用直流正接。

采用直流反接时，电子从焊件冲向钨极，使钨极温度急剧增高，加大钨极损耗且电弧不易稳定，焊接熔池温度较低，熔池较浅。故直流反接一般不推荐采用。

交流电可视为直流正接和反接的交替变换，故交流电弧的特性介于这两者之间。但每次交变中，电压通过 0 点，电弧就会熄灭。为了在每半周中重新引燃电弧，必须在交流电上叠加高频电流。这样就使交流电源的结构变得复杂，提高了设备投资。但交流有利于去除金属表面的氧化膜，故表面易被氧化的铝、镁及其合金的焊接，以采用交流钨极氩弧焊最好。

钨极氩弧焊要求具有陡降或垂直陡降外特性的电源，且后者优于前者，这保证了电流不随电弧电压波动。钨极氩弧焊直流电源可以是弧焊发电机、硅整流焊接电源，可控硅焊接电源和晶体管焊接电源。目前，硅整流电源应用最普遍。后两种电源在精密焊接中已得到实际应用。

② 钨极和保护气体　钨极：钨的熔点（3410℃）及沸点（5900℃）都很高，适合作不熔化电极，常用的有纯钨极、钍钨极和铈钨极三种，其牌号、化学成分和特点见表 3-12。不同直径钨极的许用电流范围见表 3-13。

表 3-12　常用钨极的牌号、化学成分和特点

钨极牌号		化学成分/%							特　点
		W	ThO_2	CeO	SiO	$Fe_2O_3+Al_2O_3$	MgO	CaO	
纯钨极	W_1	>99.92	—	—	0.03	0.03	0.01	0.01	熔点和沸点都很高，缺点是要求空载电压较高，承载电流能力较小
	W_2	>99.85	—		（总含量不大于 0.15）				
钍钨极	WTh-10	余量	1.0~1.49	—	0.06	0.02	0.01	0.01	加入了氧化钍，可降低空载电压，改善引弧稳弧性能，增大许用电流范围。但有微量发射性
	WTh-15	余量	1.5~2.0	—	0.06	0.02	0.01	0.01	
铈钨极	WCe-20	余量	—	—	0.06	0.02	0.01	0.01	比钍钨极更易引弧，更小的钨极损耗，放射性剂量也低得多，推荐使用

表 3-13　钨极许用电流范围

电极直径/mm	直流/A				交流/A	
	正接（电极-）		反接（电极+）			
	纯钨	钍钨、铈钨	纯钨	钍钨、铈钨	纯钨	钍钨、铈钨
0.5	2~20	2~20	—	—	2~15	2~15
1.0	10~75	10~75	—	—	15~55	15~70
1.6	40~130	60~150	10~20	10~20	45~90	60~125
2.0	75~180	100~200	15~25	15~25	65~125	85~160
2.5	130~230	160~250	17~30	17~30	80~140	120~210
3.2	160~310	225~330	20~35	20~35	150~190	150~250
4.0	275~450	350~480	35~50	35~50	180~260	240~350
5.0	400~625	500~675	50~70	50~70	240~350	330~460
6.3	550~675	650~950	65~100	65~100	300~450	430~575
8.0	—	—	—	—	—	650~830

保护气体：用于 TIG 焊的保护气体主要有氩、氦、氩-氦混合气体和氦、氩-氢混合气体。

（2）熔化极气体保护焊

熔化极气体保护焊英文简称 GMAW，是采用可熔化的焊丝作为电极，与工件（另一电极）之间产生电弧作热源，熔化焊丝和母材金属，并利用气体作保护介质，以形成焊缝的焊接。

根据保护气体的种类，熔化极气体保护电弧焊包括熔化极惰性气体保护电弧焊（英文简称 MIG）、熔化极氧化性混合气体保护电弧焊（英文简称 MAG）和二氧化碳气体保护电弧焊（简称 CO_2 焊）等。这些方法的基本原理、熔滴的过渡形式和电源要求等具有共同性。

熔化极气体保护电弧焊的热源是在可熔化的焊丝与被焊工件之间并在保护气氛中产生的电弧。它利用电弧热效应产生的热来加热和熔化焊丝和工件金属，形成焊缝，达到连接工件的目的。

在熔化极气体保护焊中，焊接过程的稳定性和焊缝成形主要取决于焊丝熔化后金属熔滴的过渡形式。金属过渡形式是气体保护焊工艺拟订时首先要考虑的因素。熔化极气体保护焊的金属过渡形式如图 3-40 所示，共有 3 种形式，即喷射过渡、滴状过渡和短路过渡。

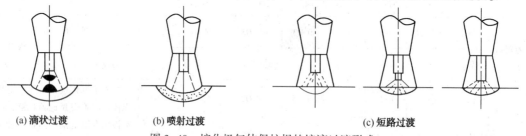

(a) 滴状过渡　　　(b) 喷射过渡　　　(c) 短路过渡

图 3-40　熔化极气体保护焊的熔滴过渡形式

在喷射过渡中，熔化金属从锥形的焊丝端部以细小的熔滴向熔池直线快速过渡。喷射过渡通常是在富氩保护气体中以高的电流密度焊接时出现的。喷射过渡时，电弧最稳定，飞溅最少，熔深最大，焊缝表面光滑。

在滴状过渡中，熔化金属在焊丝末端形成直径大于焊丝直径的熔滴，熔滴靠自身的重力克服熔化金属的表面张力后缓慢地落到熔池上。这种过渡形式是在较低的电流密度下出现的，电弧随着熔滴漂移，显得不很稳定且飞溅较大，焊缝波纹较粗。

短路过渡是在低电压和低电流下产生的。焊丝末端熔化后形成球状熔滴。由于电弧很短，熔滴向熔池过渡时形成短路，此时，电弧熄灭，电流剧增，产生磁收缩效应而将熔化金属过桥挤断，电弧重新引燃。熔滴的过渡频率可依所选择的电流在 20～200 次/s 范围内变动。短路过渡较难掌握，必须严格控制低的电弧电压。当电弧电压升高时，熔化金属会立即转变为滴状过渡。短路过渡的热输入量较低，特别适用于薄板的焊接。

（3）二氧化碳气体保护电弧焊

① 二氧化碳气体保护电弧焊属于熔化极气体保护焊，具有如下特点：

（a）CO_2 气体价廉，焊接成本低，抗氢能力强，目前广泛应用于碳钢和低合金钢的焊接。

（b）具有飞溅与合金元素的氧化烧损。CO_2 气体在高温下会分解为 CO 和 O_2。CO 不溶于钢液，但能在钢液中形成气泡。气泡在高温下因急剧膨胀而发生剧烈爆炸，从而导致飞溅严重，使电弧燃烧不稳。O_2 在高温下会使合金元素发生氧化烧损，故 CO_2 气体保护焊不适用有色金属与高合金钢的焊接。

（c）既可焊厚板也可焊薄板。

② 二氧化碳气体保护电弧焊接工艺要点　CO_2 气体保护电弧焊，其熔滴若为滴状过渡，则飞溅大，工艺过程不稳定，故生产中很少采用。喷射过渡焊接过程较稳定，母材熔深大，生产中有时被用于中厚和大厚板材焊接。短路过渡电弧燃烧、熄灭和熔滴过渡过程均很稳定，飞溅小，在要求线能量较小的薄件焊接中广为采用。通常提到的 CO_2 气体保护电弧焊均指的是短路过渡。实际生产中约 85% 的 CO_2 气体保护焊属于短路过渡焊。短路过渡焊应注意以下要点。

（a）焊丝直径　短路过渡焊接主要采用细焊丝，特别是 $\phi 0.6 \sim 1.2\text{mm}$ 范围内的焊丝。随着焊丝直径增大，飞溅颗粒和飞溅数量均相应增大。实际应用中，焊丝直径最大用到 1.6mm。直径大于 1.6mm 时，如采用短路过越焊接，飞溅相当严重，所以生产上很少使用。

（b）电弧电压及焊接电流　电弧电压是焊接规范中关键的一个参数。它的大小决定了电弧的长短，决定了熔滴的过渡形式。它对焊缝成形、飞溅、焊接缺陷以及焊缝的机械性能有很大影响。实现短路过渡的条件之一是保持较短的电弧长度。所以短路过渡的一个重要特征是低电压。

（c）焊接回路电感　进行短路焊接时，焊接回路中一般要串接附加电感。串接电感的作用主要有以下两方面：一是调节短路电流增长速度。电流增长速度过小，会发生大颗粒飞溅，甚至焊丝大段焊断而使电弧熄灭；电流增长速度过大，则产生大量小颗粒的金属飞溅。二是调节电弧燃烧时间，控制母材熔深，以适应不同厚度焊件需要。短路频率高的电弧，其燃烧时间短，因此熔深小。适当增大电感，虽然频率降低，但电弧燃烧时间增加，从而增大了母材熔深。所以，调整焊接回路的电感，可以调节电弧燃烧时间，从而控制母材的熔深。在实际焊接中，由于焊接电缆较长，常常将其中一部分电缆盘绕起来，这实际上是在焊接回路中串入了一个附加电感，使得焊接回路电感值改变，导致飞溅情况、母材熔深都将发生改变。因此，焊接过程正常后，电缆盘绕的圈数就不宜变动。

在没有仪表指示的条件下，焊接时调节电感主要通过观察飞溅大小和焊缝成形，以及从电弧的声音情况去判断。以柔和、清晰、连续而不夹杂暴躁的炸裂声为好。

（d）电源极性　二氧化碳气体保护焊一般采用直流反极性。因为反极性时飞溅小，电弧稳定，成形较好，且直流反极性时焊缝金属含氢量低、焊缝熔深大。

3.2.4　电渣焊

电渣焊是利用电流通过液态熔渣产生的电阻热熔化焊丝与母材形成焊接熔池的一种焊接方法，如图 3-41 所示。它能在垂直位置一次行程完成全厚度焊缝的焊接，因此特别适合厚件焊接，且一次焊成。但由于焊接接头的焊缝区、热影响区都较大，高温停留时间长，易产生粗大晶粒和过热组织，接头冲击韧性较低，一般焊后必须进行正火和回火处理。

按电渣焊所用电极形式的不同，电渣焊可分为丝极电渣焊、板极电渣焊和熔嘴电渣焊。其中丝极电渣焊应用较为广泛。现仅介绍丝极电渣焊。

通用的丝极电渣焊机(如 HS-1000 型焊机)由焊接电源、焊接机头、控制系统及包括滑块在内的水冷却系统等部分所组成，其主要机构与功能如下。

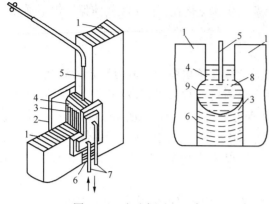

图 3-41 电渣焊过程示意图

1—焊件；2—冷却滑块；3—金属熔池；4—渣池；5—电极；6—焊缝；7—冷却水管；8—熔滴；9—焊件熔化金属

（1）电源

电渣焊电源可分直流和交流两种，一般多采用交流电源。因每根焊丝均需配一台电源设备，故电渣焊用电源是一台三相降压变压器。电源的空载电压应大于 60V，在 100% 的负载持续率下，额定电流不应小于 750A。焊接电源还应配备可调节输出电压的机构。

电渣焊机通常配等速送丝机构，因此要求电源具有平的外特性。电渣焊时，只需在开始时引弧熔化焊剂，因此电渣焊用的焊接电源不需很高的空载电压，也无需严格要求它保持电弧稳定燃烧。所以国内都通用 BP1-3×1000 型交流变压器(P 表示平特性)，由三相供电，供三根焊丝焊接使用。

（2）焊机头

焊机头装在导轨上。导电嘴和冷却滑块均为机头的组成部分，可以随焊接的不断进行均匀上升。冷却滑块用纯铜制成，内部有冷却水不断流过，因此可使电渣焊焊缝金属强迫冷却成形。在电渣焊中，对导电嘴提出了一系列特殊的要求。首先，导电嘴必须具有良好的、耐久的接触导电性能；第二，导电嘴应有校直焊丝弯度的机构，应使焊丝的给进方向垂直于熔池表面；第三，导电嘴应有一定的刚度，在长时间连续焊接后不致受熔池辐射热的作用而变形；第四，导电嘴的形状应成扁平型，使其在接缝间隙中能自由地摆动。除了起导电作用外，焊丝的摆动也是由整个导电嘴的摆动来完成的，摆动机构是利用可反转的交流电机驱动丝杆，通过螺母带动导电嘴。摆动机构必须能调节摆幅、摇动速度以及在两端停留的时间。图 3-42 为三丝电渣焊机头部分结构。

3.2.5 特殊焊接方法

（1）窄间隙焊接

随着厚壁压力容器等装备的发展，对厚壁的焊接质量和生产效率提出了新的要求。以往厚壁的焊接一般采用电渣焊和埋弧自动焊，而电渣焊晶粒粗大、热影响区宽，焊后必须进行热处理，周期长，成本高，质量不十分稳定；埋弧自动焊随着壁厚的增加热影响区增大，特别是对高强度钢，会严重影响接头的断裂韧性，降低抗脆断的能力等。20 世纪 60 年代后期出现了窄间隙焊，由于其焊接坡口的截面积比其他类型有很大的缩小，故称之为"窄间隙焊"（至今仍没有准确定义）。目前采用的窄间隙焊接多属于熔化极气电焊(也有埋弧窄间隙焊)。其主要特点如下。

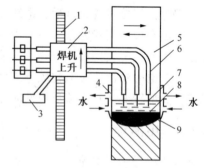

图 3-42 丝极电渣焊过程示意图

1—导轨；2—焊机机头；3—控制台；4—冷却滑块；5—焊件；6—导电嘴；7—焊丝；8—渣池；9—金属熔池

① 坡口狭小，大大减小了焊缝截面而积，提高了焊接速度，一般常用 I 形坡口，宽度约为 8~12mm，如图 3-43 所示，焊接材料的消耗比其他方法低。

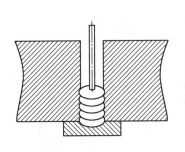

图 3-43 窄间隙焊示意图

② 主要适于焊接厚壁工件，焊接热输入量小，热影响区狭小(两侧壁的熔池仅为 0.5~1mm)，接头冲击韧性高。

③ 由于坡口狭窄，采用惰性气体保护，电弧作热源，焊后残余应力低，焊缝中含氢量少，产生冷裂纹和热裂纹的敏感性也随之降低。

④ 对于低合金高强度钢及可焊性较差的钢的焊接，可以简化焊接工艺。

⑤ 可以进行全位置焊接。

⑥ 与电渣焊和埋弧自动焊相比，同样一台设备的总成本可降低 30%~40%左右。

随着窄间隙焊的自动焊丝摆动、跟踪系统、气体保护系统等及焊接工艺的进一步完善，窄间隙焊接方法将会显示出更大的优越性。

（2）带极堆焊

在过程设备的材料选择中，有时要求既能承受压力，同时又不能被内部接触的介质腐蚀。选择不锈钢或有色金属可以满足以上要求，但制作整个容器显然成本太高。所以，选择价格便宜的低合金钢(基层金属)用来承受容器内部的压力，同时较薄的一层耐腐蚀(复层)金属用来抵抗内部介质的腐蚀，即选择复合钢板是一种合适的选择。

加工复合钢板的方法之一就是带极堆焊，如图 3-44 所示。将焊带(典型 60mm 带宽)堆焊到母材上。通过这种方式，焊带与母材一块熔融。两种材料混合凝固在一起，最终获得了一个性能均匀的与母材有良好结合的堆焊层。到目前为止，带极堆焊有两种焊接方法可以进行：埋弧焊（SAW）和电渣焊（ESW）。

① 带极堆焊的特点 带极堆焊的原理与丝极堆焊基本相同。最主要的区别在于使用宽带极取代了丝极。同时，增加一套带极堆焊机头，机头通过拓宽导电嘴宽度来保证连续的焊带进给并提供有效的工作电流。

带极相对丝极的主要的优势可以归纳为：非常均匀的焊道熔深；更低的母材稀释率水平，允许以更少的堆焊层达到化学成分及性能要求；更高的熔敷效率，意味着更高的生产率；均匀的熔敷金属的化学成分；因为堆焊层没有集中的凝固线，所以堆焊层具有更小的裂纹敏感性；非常平滑的堆焊层表面，可减少堆焊焊道数量及搭接数量；高的可重复生产力；当准备将丝极转换成带极时，其他的关键点也必须考虑进去；将丝极转换成带极所需要的低的投资成本；采用带极也可以堆焊非常广泛的合金金属类型；将丝极的焊工转换为带极堆焊焊工所需的培训非常少。

② 带极堆焊的工艺参数：

（a）焊接电流和电流密度 为获取最佳的操作工艺性能，埋弧带极堆焊及电渣带极堆焊

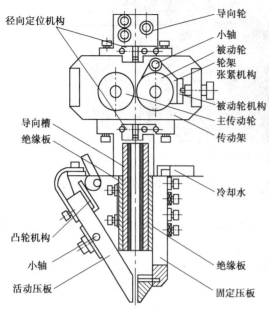

径向定位机构
导向轮
小轴
被动轮
轮架
张紧机构
被动轮机构
主传动轮
传动架
导向槽
绝缘板
冷却水
凸轮机构
小轴
绝缘板
活动压板
固定压板

图 3-44　带极堆焊示意图

均采用直流反接(DCEP)的电流极性。如采用直流正接，将导致更浅的熔深及更厚的堆焊层，则提升在焊道搭接处出现焊接缺陷的风险。同时，直流正接极性将导致更高的飞溅从而影响熔合。

对于埋弧带极堆焊，标准的电流密度(每个焊带单位上的电流通量)应为 $20 \sim 25A/mm^2$，同时对于电渣带极堆焊，标准的电流密度应该为 $40 \sim 45A/mm^2$。对于埋弧带极堆焊及电渣带极堆焊时采用 60mm 带宽焊带情况下，标准的工作电流分别为 750A 及 1250A。

必须指出的是电流密度和焊接电流是两个相对独立的参数。如其他工艺参数保持不变，为保证连续的焊道，采用大电流时必须采用高速焊。显然这个高速也不是没有极限，因为太高的电流和焊接速度会增加稀释率和飞溅水平。同时也会影响焊道的成型。对于 60mm 带宽焊带，极限电流为 2000A，极限电流密度为 $67A/mm^2$。

(b)工作电压　对于埋弧带极堆焊和电渣带极堆焊来说，很重要的一点是要保证尽可能连续的电压，一般来说：允许最大的电压波动为 $\pm 1V$。电压的合理选择取决于带极堆焊中所采用的焊剂。过高的电压将导致突然的飞溅及不稳定的熔合。同时过低的电压将增加短路的风险，而短路的话焊带将连在母材上。非常关键的一点是工作电压应为在机头导电嘴与工件间的实测值，因为伏特表上所显示的数值可能没有考虑到电缆线上的电压损失。

(c)堆焊速度　堆焊速度和焊接电流同时发生作用，这个参数对堆焊层的尺寸，熔深，稀释率及焊接热输入都有相当关键的影响。对于电渣带极堆焊，焊接速度介于 $15 \sim 25cm/min$ 之间，同时采用普通的电流密度($40A/mm^2$)，不采用更进一步的特定的焊接工艺来矫正，这个焊接参数可以堆出 $3 \sim 5.5mm$ 厚的焊道，因此可以运用到电渣带极堆焊工业应用中。当堆焊层低于 3mm 时，稀释率的水平将显著增加，同时焊道成形将变差，还可能出现咬边并增加飞溅。而当堆焊层厚度高于 5.5mm 时，将很难在搭接处保证良好的熔合并更难脱渣。

(d)干伸长度　干伸长度表示导电嘴与焊带端部之间的长度。埋弧带极堆焊的干伸长度一般介于 20~35mm 之间，同时电渣带极堆焊的干伸长度介于 25~40mm 之间。一般这个因素的影响比较小，即增加干伸长度时，稀释率会轻微下降，同时熔敷效率会轻微增加。

③ 内孔焊接　内孔焊接是针对管壳式热交换器，实现换热管与管板形成对接接头，并位于管板的壳程侧的一种新型焊接工艺。是内孔加丝后进行的全位置氩弧焊接。核心是焊接设备的创新，目前，内孔焊接机已经国产化。这种焊接结构主要用于立式管壳式换热器，且管程介质严重腐蚀换热管与上部管板连接焊缝的工况。

3.3　过程设备焊接工艺分析

对于焊制过程设备(压力容器)，为确保焊接质量，应有一套严格和完善的焊接生产程序。一般过程如下：

焊接性试验→焊接工艺评定→焊接工艺细则(工艺卡)→产品焊接试板(焊缝见证件)→焊接工艺实施与记录→焊接检验与缺陷返修。

其中焊接性试验和焊接工艺评定为正式产品焊接前进行的试验，目的是为正确编制焊接工艺提供依据；焊接试板和焊缝见证件都是采用与产品相同的焊接工艺，且与产品同时焊接，起实际见证产品焊接质量的作用；焊接工艺卡是指导焊接生产的技术文件，对影响焊接质量的各种因素做出具体的规定和限制。

3.3.1　金属材料的焊接性及其评定

(1) 金属材料的焊接性概念

金属材料的焊接性，也称可焊性，是指金属材料在一定的焊接工艺条件(如焊接方法、焊接材料、焊接规范、热处理、预热和缓冷、坡口形式、施焊环境等)下，能否获得优质焊接接头的难易程度和该焊接接头在使用条件下能否可靠运行。

金属材料的焊接性分为工艺焊接性和使用焊接性。

① 工艺焊接性　是指在一定焊接工艺条件下，能否获得组织、性能均匀一致，无缺陷的焊接接头的能力。即复杂的焊缝冶金反应对焊缝性能和产生缺陷的影响程度，以及焊接热源对热影响区组织性能及产生缺陷的影响程度。即工艺焊接性主要考虑的是在焊接过程中如何避免产生缺陷(如前所述的焊接裂纹、夹渣、气孔、未焊透等)，以获得优质的焊缝。

② 使用焊接性　是指焊接接头或整体结构满足技术条件所规定的各种使用性能的程度。包括常规的力学性能及特定条件下的性能，如抗脆性断裂性能，蠕变、疲劳性能，持久强度，耐腐蚀性能等。即使用焊接性主要考虑钢材焊接后性能的变化是否会影响使用的可靠性。

使用条件下的性能较为复杂、严格，焊接接头在必须具有良好的工艺焊接性同时，也必须具有使用条件下的使用性能。

总之，金属材料只具备良好的工艺焊接性，而使用焊接性不理想，不能满足实际生产需要；同时，没有良好的工艺焊接性而有可靠的使用焊接性也很难想象。因此，评定金属材料焊接性要从这两个方面同时考虑。

（2）金属材料工艺焊接性的评定方法

全面、正确地评定金属材料的焊接性，需要通过一系列的试验和理论分析、计算，来进行综合判断。无论是工艺焊接性还是使用焊接性，其评定判断方法有三种：实际焊接法、模拟焊接法和理论估算法。前两种为试验法，理论估算法多作为试验法之前的初步估算或选择试验方法的参考，最后工艺评定必须以试验结果为依据。

前面已经介绍，焊接总会存在焊接缺陷，而焊接缺陷中最危险、最严重的缺陷就是裂纹。所以，工艺焊接性评定几乎全部是针对焊接生产中出现的裂纹问题进行设计。因此，这里仅介绍裂纹的工艺焊接性评定方法。

① 裂纹敏感性估算法：

（a）碳当量法　这是一种根据化学成分对钢材焊接热影响区淬硬性的影响程度，粗略评价钢材产生冷裂纹的倾向或脆化倾向的方法。由于钢中含碳量增加，塑性降低，淬硬倾向增大，容易产生裂纹，即碳含量对产生冷裂纹的影响最大，因此把其他合金元素对裂纹的影响折算成相当的碳含量，也就是用碳当量来估算钢材的焊接性。碳当量法就是把钢材化学成分中的碳和其他合金元素的含量多少对焊后淬硬、冷裂及脆化等的影响折合成碳的相当含量，并据此含量的多少来判断材料的工艺焊接性和裂纹的敏感性。

世界各国和各研究单位的试验方法和钢材合金体系不同，各自建立了许多碳当量公式。

ⅰ 国际焊接学会（ⅡW）20世纪50年代推荐的碳当量 $CE_{(ⅡW)}$ 计算式：

$$CE_{(ⅡW)} = C + \frac{Mn}{6} + \frac{Cr+Mo+V}{5} + \frac{Cu+Ni}{15} \quad （\%） \tag{3-3}$$

式中，化学成分中的元素含量均取上限，表示在钢中的质量分数。适用于中、高强度的非调质低合金高强钢（$\sigma_b = 500 \sim 900MPa$）。

$CE_{(ⅡW)}$ 值越大，被焊材料淬硬倾向越大，热影响区越容易产生冷裂纹，工艺焊接性越不好。所以，可以用碳当量值预测某种钢的焊接性，以便确定是否需要采取预热和其他工艺措施。一般认为 $CE_{(ⅡW)} < 0.45\%$ 的钢材焊接性较好；$CE_{(ⅡW)} > 0.6\%$ 的钢材，淬硬倾向强，属于比较难焊接的材料，需采用较高的预热温度和严格的工艺措施。例如，板厚小于20mm、$CE_{(ⅡW)} < 0.4\%$ 时，钢材淬硬性倾向不大，焊接性良好，不需要预热；当 $CE_{(ⅡW)} > 0.5\%$ 时，钢材易淬硬，焊接时需要预热以防止裂纹。

硫、磷对钢的焊接性有很坏的影响，但合格的钢材中对硫、磷含量都有严格的控制，所以碳当量计算中未考虑硫、磷的影响。而在实际使用中，当钢材出现裂纹时，要化验硫、磷含量，以便分析产生裂纹的原因。

ⅱ 近年来建立的碳当量公式。20世纪60年代以后，各国为改进钢的性能和焊接性，大力发展了低碳微量多合金元素的低合金高强钢，同时又提出了许多新的碳当量计算公式。其中日本新日铁公司提出的碳当量公式（3-4），是目前应用较多，精度较高的碳当量公式，即：

$$CEN = C + A(C)\left(\frac{Si}{24} + \frac{Mn}{16} + \frac{Cu}{15} + \frac{Ni}{20} + \frac{Cr+Mo+V+Nb}{5} + 5B\right)（\%） \tag{3-4}$$

式中，$A(C) = 0.75 + 0.25\tanh[20(C-0.12)]$，为碳的适用系数；tanh 为双曲线正切函数。

$A(C)$ 与 C% 的关系可参见表3-14。

表3-14　A(C)与C%的关系

C/%	0	0.08	0.12	0.16	0.20	0.26
A(C)	0.500	0.584	0.754	0.916	0.98	0.99

CEN 公式适用于含碳量范围为 0.034%~0.254% 的钢种，对于确定防止冷裂的预热温度比其他碳当量公式更为可靠。

(b) 冷裂纹敏感性指数法(冷裂纹敏感系数)　碳当量法只考虑了钢材的化学成分，没有考虑板厚及焊缝含氢量等因素对冷裂纹的影响。为此，日本伊藤等人进行大量试验后，提出了焊接钢材冷裂纹敏感指数 P_c 计算公式为：

$$P_{cm} = C + \frac{Si}{30} + \frac{Mn+Cu+Cr}{20} + \frac{Ni}{60} + \frac{Mo}{15} + \frac{V}{10} + 5B \tag{3-5}$$

$$P_c = P_{cm} + \frac{[H]}{60} + \frac{\delta}{600} \qquad (\%) \tag{3-6}$$

式中　[H]——焊缝金属中扩散的氢含量，mL/100g；

　　　　δ——板厚，mm。

P_c 的适用范围，C：0.07%~0.22%；Si：0~0.60%；Mn：0.4%~1.4%；Cu：0~0.50%；Ni：0~1.2%；Cr：0~1.2%；Mo：0~0.70%；V：0~0.12%；Nb：0~0.04%；Ti：0~0.05%；B：0~0.005%。

用 P_c 值估价钢材的冷裂纹倾向比 $CE_{(IIW)}$ 全面。当 P_c 大于某钢材产生冷裂纹的临界敏感指数 P_{cr}，则会产生冷裂纹。通过试验还得出了在 Y 形坡口对接裂纹试验时，为防止冷裂纹所需的最低预热温度 T_0 为：

$$T_0 = 1440P_c - 392℃ \tag{3-7}$$

② 使用焊接性的试验方法　评定焊接接头或焊接结构的使用性能，需要用试验方法进行，具体项目取决于结构的工作条件和设计上提出的技术要求。

(a) 常规力学性能试验　焊接接头的力学性能试验主要是测定焊接接头(包括母材焊缝金属和热影响区)在不同载荷作用下的强度、塑性和韧性。常规力学性能试验项目包括：焊接接头拉伸试验；焊接接头的冲击试验，有带 V 形缺口或 U 形缺口两种试样；焊接接头的弯曲试验，主要用来评定焊接接头的塑性和致密性；焊接接头应变时效敏感性试验；焊接接头及堆焊金属硬度试验；等等。所有试验都要按照我国现行国家标准进行。

(b) 焊接接头抗脆断性能试验　金属材料、焊接接头的脆性断裂性能近年来逐渐被认识。脆性断裂即没有塑性变形而表现的破坏形式。影响金属材料、焊接接头产生脆性断裂的原因是多方而的，主要有材料的组织、成分、性能，存在的缺陷(尤其是裂纹)，厚壁材料内部呈平面应变状态，制造工艺中的成形、焊接、热处理等工艺的不合理，工作温度等因素。近年来在压力容器制造中发现焊接接头或材料(带有缺陷)的抗脆断性能与温度的关系很密切，同一处焊接接头或同一种材料，在不同的温度下表现出不同的性能。当温度逐渐降低到某一温度时，则会产生无塑性变形的完全的断裂(脆断)，这一温度即无塑(延)性转变温度(Nil Ductility Transitiom Temperature，缩写为 NDT)，其含义是材料在接近屈服强度并存在小缺陷的情况下，发生脆性破坏的最高温度，高于此温度一般不会发生脆性破坏。当温度低于 NDT 温度时，材料产生断裂，无延性，断裂属于脆性。

按照国家标准 GB/T 6803—2008《铁素体钢的无塑性转变温度落锤试验方法》进行落锤试验，可将温度、缺陷尺寸和断裂强度三者之间建立断裂分析图（Pellini 断裂分析图），以表明它们之间的关系。另外，评定焊接接头的使用焊接性还有焊接接头疲劳及动载试验、焊接接头的抗腐蚀试验、焊接接头的高温性能试验。

3.3.2　焊接工艺分析

3.3.2.1　焊接工艺分析基础

（1）焊接工艺概念与内容

焊接工艺是指导焊接产品在制造过程中所有与焊接有关的加工方法与实施措施和要求。其内容主要有焊接方法、焊接设备和焊接材料的选择、焊接规范参数和焊接热处理的拟定以及焊接检验等。焊接工艺正确与否，是能否控制焊接质量的关键。

焊接工艺的具体形式是各种焊接技术文件或规范标准。如焊接工艺规程、焊接工艺守则和焊接工艺卡等。这些文件都是把焊接生产过程中保证焊接质量的有关技术问题的措施和要求以文字形式规定下来，用于指导焊接生产。虽然名称不同，但要点和形式基本相同，仅具体内容和应用范围有所差异，实质上都属于焊接工艺规程。

① 焊接工艺规程（简称焊接规程）　焊接工艺规程是指根据合格的焊接工艺评定报告编制的，与制造焊件有关的加工和操作细则性作业文件。焊工施焊时按照焊接工艺文件规定进行操作，可保证施工时质量的再现性。按照适用范围，有通用和专用之分。通用焊接工艺规程适用面广，如 NB/T 47015—2011《压力容器焊接规程》是我国现行的国家标准规范。其中对压力容器用的各种金属的各种焊接方法的焊接工艺作了规定，是我国压力容器设计和制造等行业必须遵守执行的通用性焊接工艺规程。专用焊接工艺规程是针对某一产品或材料的焊接方法而制定的工艺规程（如 15CrMoR 手工电弧焊工艺规程等）。

② 焊接工艺守则　守则是针对某种焊接方法或某种操作环节制定的准则，如：手工电弧焊工艺守则、埋弧焊工艺守则、焊接材料管理守则等等。这类守则往往是行业或企业根据自己的具体条件制定的焊接工艺技术管理制度。

③ 焊接工艺细则（焊接工艺过程卡）　焊接工艺过程卡简称焊接工艺卡，是与制造焊件有关的加工和操作细则性作业文件，是直接发到焊工手中指导焊接生产的工艺文件。对重要产品，一个焊接接头就有一张卡。焊工必须按工艺卡的要求和步骤进行焊接。焊接工艺卡中主要内容有：产品名称与材料；焊接方法与设备；焊接材料；焊接节点图；焊接工艺参数（焊接规范）；焊接操作技术要点；焊前预热、后热和焊后热处理；焊接检验等。由于工艺卡是针对某个具体产品或焊接接点的，故上述内容必须都是具体的，而不能是一般的原则。

（2）焊接工艺分析与编制原则

焊接工艺分析的目的是权衡影响焊接质量的各种工艺要素，编制出可以确保焊接质量的焊接工艺文件。在分析或编制焊接工艺时，应考虑以下原则：

① 技术上的先进行和可行性。立足于采用先进的焊接方法与工艺措施，符合现代生产的时代潮流，而且易提高焊接质量和经济效益。但应注意，技术上的先进性要与现实的可行性相结合，特别是与本企业具体条件相结合。在条件具备时，就应认真比较不同焊接方法或工艺的利弊，优选出最佳方案。

② 经济上的合理性。在一定得生产条件下，要对多种工艺方法进行计算对比，特别是

对产品的关键部件、主要件和负杂零部件的焊接方法或工艺措施进行核算与方案对比，选择出经济上最合理的方法。在保证质量的前提下，力求成本最低，这是提高产品竞争力的有效途径。

③ 尽量改善劳动条件。应尽量采用机械化和自动化程度高的焊接设备与工装设备。

（3）焊接工艺分析与编制的依据

对于一个具体焊接结构产品或零部件的焊接工艺的分析或拟定，必须依据充分的原始技术资料。对于压力容器焊接工艺的分析和拟定，主要原始资料如下。

① 产品的施工装配图和零部件图。产品的装配图是分析或拟定焊接工艺的主要资料之一。在装配图上可以掌握产品的技术特性和焊接要求，如焊接接头的类型、位置、产品的材料、壁厚、焊接材料、无损探伤与热处理要求等。

② 有关产品焊接要求的标准。对于产品焊接方面的许多要求，如装配偏差、焊接检验及焊后热处理等均有相应的一系列国家标准或部颁标准。如 GB 150、GB 151 等等。

③ 有关焊接的技术标准。这类标准是指导焊接生产的工艺性文件，与焊接工艺的分析或拟定关系最为密切。如 NB/T 47015—2011《压力容器焊接规程》、NB/T 47014—2011《承压设备焊接工艺评定》等。

④ 现有焊接技术水平与生产实际条件。应该从国家和企业本身的实际情况出发，所要采用的技术与生产工艺必须是能办得到的。故应充分掌握焊接生产的加工能力、设备类型以及工人的技术水平等。

3.3.2.2　焊接工艺卡要素分析

焊接工艺卡，必须对影响焊接质量的主要工艺要素做出具体的规定和要求。其中焊前准备、焊接材料、焊接设备、焊接工艺参数、操作技术要求、焊接检验要求必不可少。

① 焊前准备　焊前准备是指坡口的准备，接头的装配和焊接区域的清理等工作。它对接头的焊接质量起重要的作用。

② 焊接材料的选定　在焊接工艺卡中应明确规定焊接材料的具体牌号（型号）和规格。对于某些焊件，在同一个接头中，可能要采用两种以上的焊接方法，这时应将每种焊接方法所使用的焊接材料一并列出，必要时还应提出对焊接材料的烘干要求和温度。关于焊接材料的选定，在上一节中已作介绍。

③ 焊接工艺规范参数　焊接时选定的参数为焊接工艺参数，简称焊接参数。在焊接工艺过程中所选择的各个焊接参数的综合，称为焊接规范。

焊接规范的主要参数有：焊接电流、焊接电弧电压、焊接速度、焊接线能量、焊条（焊丝）直径、多层焊层数、焊接冷却时间、焊接预热温度等，它们对焊接过程的稳定性、稀释率、焊道形状和熔敷效率、焊缝化学成分及组织的稳定性有直接影响。制定焊接工艺时要根据实际焊接条件，选择焊接规范。

焊接工艺是过程设备焊接的规定性工艺文件，带有一定的强制性，一般应满足如下要求：

（a）正确性：焊接工艺的正确性是指焊接工艺本身的各项要求，如坡口形式及尺寸、焊接方法选用、焊材选择、焊接顺序、焊接工艺参数、预热温度、焊后消氢、焊后热处理、工艺装备、操作要点等，均应符合焊接的基本规则，符合工厂的生产实际。

（b）完整性：焊接工艺的完整性有两次含义，一是对某一产品而言，应包含受压元件之间的焊缝，与受压元件相焊的焊缝均应制定焊接工艺，否则就认为不完整。另一含义是对某一工艺卡而言，对某个节点所需的焊接工艺参数、施焊要点、工艺装备等均应列出。

（c）有效性：焊接工艺有效性，就是能够指导焊接施工，在施焊过程中得到贯彻。

3.3.3 焊接工艺评定

焊接工艺评定是指为使焊接接头的力学性能、弯曲性能或堆焊层的化学成分符合规定，对预焊接工艺规程进行验证性试验和结果评定的过程。焊接工艺评定是在具体条件下解决初步拟定的焊接工艺是否可行的问题，是编制合理焊接工艺卡的依据，是焊接质量保证的有效措施，是过程设备焊前准备中的重要环节。世界各先进工业国家都制定有压力容器焊接工艺评定标准。我国现行标准有 NB/T 47014—2011《承压设备焊接工艺评定》。

焊接工艺评定只是验证和评定焊接工艺方案的正确性，通过焊接工艺评定试验总结整理出来的焊接工艺评定报告并不直接指导生产，只是焊接工艺卡等的支持文件，没有焊接工艺评定报告支持的焊接工艺卡或焊接规程是没有意义的。而焊接工艺卡等工艺规程也并非是简单地重复焊接工艺评定报告，其中的工艺参数可在不影响接头性能的范围内变化。同一份焊接工艺评定报告可作为多份焊接工艺卡的依据，而同一份焊接工艺卡也可以来源于多份焊接工艺评定报告。

（1）焊接工艺评定的基本要求

从焊缝处的部位来讲，受压壳体上的纵、环焊缝，法兰、接管、管板上的焊缝，受压元件上的点固焊、吊装焊点、组装焊点、耐蚀堆焊层等，均要求进行焊接工艺评定。评定时分别按对接焊缝、角接焊缝和堆焊焊缝三种方式制备试板。其中对接焊缝试板要进行外观检查、无损探伤检查和拉伸、弯曲、韧性等力学性能检验；角焊缝要进行外观和金相检验；耐蚀堆焊层试板要进行渗透探伤、弯曲试验和化学成分分析。

焊接工艺评定试验用试板应具有足够的尺寸。手工电弧焊、气保焊试板尺寸不小于 300mm×500mm；埋弧焊不小于 400mm×600mm；电渣焊不小于 500mm×800mm。

应当指出，在焊接工艺评定中，不是所有的焊接工艺参数的变化都需要做出工艺评定试验。通常是将影响焊接质量的因素分为重要因素、补加因素和次要因素。重要因素是指影响除冲击韧性以外的焊接接头力学性能的焊接条件；补加因素是指影响接头冲击韧性的焊接条件（规定有冲击韧性要求是才有）；次要因素是指不影响接头力学性能的焊接条件。变更任何一个重要因素或补加因数时都要进行焊接工艺评定；而变更次要因素时则不必进行评定。表 3-15 所示为各种焊接方法中焊接工艺评定时的重要因素和补加因素。

必须进行焊接工艺评定的情况通常为：

改变焊接方法；改变母材分类组的编号；改变焊接材料，如焊条、焊剂、焊丝和保护气体牌号和组成类别等；改变预热、后热和焊后热处理制度；母材厚度和熔敷金属厚度超过原评定的有效范围。

（2）焊接工艺评定过程

焊接工艺评定的一般过程如下：

① 拟定焊接工艺指导书　由具有一定专业知识和有相当实践经验的焊接工艺人员，根据钢材的焊接性能试验，结合产品特点、制造工艺条件来拟定。其内容包括焊接工艺的重要因素、补加因素和次要因素。

表 3-15　焊接工艺评定重要因素和补加因素

类别	焊 接 条 件	气焊	手弧焊	埋弧焊	熔化极气体保护焊	钨极气体保护焊	电渣焊
填充材料	(1) 焊条牌号(焊条牌号中第三位数字除外)	—	○	—	—	—	—
	(2) 当焊条牌号中仅第三位数字改变时,用非低氢型药皮焊条代替低氢型药皮焊条	—	△	—	—	—	—
	(3) 焊条的直径改为大于6mm	—	△	—	—	—	—
	(4) 焊丝钢号	○	—	○	○	○	—
	(5) 焊剂牌号;混合焊剂的混合比例	—	—	—	—	—	○
	(6) 添加或取消附加的填充金属;附加填充金属的数量	—	—	—	○	—	—
	(7) 实心焊丝改为药芯焊丝或反之	—	—	—	○	—	—
	(8) 添加或取消预置填充金属;填充金属的化学成分范围	—	—	—	—	○	—
	(9) 增加或取消填充金属	—	—	—	—	○	—
	(10) 丝极改为板极或反之,丝极或板极钢号	—	—	—	—	—	○
	(11) 熔嘴改为非熔嘴或反之,熔嘴钢号	—	—	—	—	—	○
焊接位置	从评定合格的焊接位置改变为向上立焊	○	△	—	—	△	—
预热	(1) 预热温度比评定合格值降低50℃以上	—	○	○	○	○	—
	(2) 最高层间温度比评定合格值降低50℃以上	—	△	△	△	△	—
气体	(1) 可燃气体的种类	○	—	—	—	—	—
	(2) 保护气体种类;混合保护气体配比	—	—	—	○	○	—
	(3) 从单一的保护气体改用混合保护气体,或取消保护气体	—	—	—	△	△	—
电特性	(1) 电流种类或极性	—	△	△	△	△	—
	(2) 增加线能量或单位长度焊道的熔敷金属体积超过评定合格值(若焊后热处理细化了晶粒,则不必测定线能量或熔敷金属体积)	—	△	△	△	△	—
	(3) 电流值或电压值超过评定合格值15%	—	—	—	—	—	○
技术措施	(1) 焊丝摆动幅度、频率和两端停留时间	—	—	△	△	—	—
	(2) 由每面多道焊改为每面单道焊	—	—	△	△	—	—
	(3) 单丝焊改为多丝焊,或反之	—	—	△	△	△	—
	(4) 电(钨)极振动幅度、频率和两端停留时间	—	—	—	—	△	○
	(5) 增加或取消非金属或非熔化的金属成形滑块	—	—	—	—	—	○

注:○表示重要因素;△表示补加因素。

②　试件制备、试验、填写焊接工艺评定报告　按照焊接工艺指导书和标准规定来实施试件焊接、试件检验和试件性能测定;填写焊接工艺评定报告。如果评定不合格应修改焊接

工艺指导书，继续评定直到评定合格。

③ 编制焊接工艺卡　经评定合格的焊接工艺指导书可直接用于生产，也可以根据焊接工艺指导书、焊接工艺评定报告结合实际生产条件，编制焊接工艺卡，用于产品施焊。

3.4　焊前预热与焊后热处理

在各种熔化焊中，为保证焊接质量，除控制焊接电流、电弧电压等直接工艺因素外，往往还要采取一些利于改善焊接热过程或焊接接头组织与性能的措施。其中最主要的是焊前预热、后热及焊后热处理等。

3.4.1　焊前预热

（1）焊前预热的作用

焊前预热的主要目的是降低焊接区的冷却速度，减小接头的淬硬程度和防止冷裂纹的产生。焊件是否需要预热及其预热温度主要与钢材成分、板厚大小及环境温度有关。通常，材料强度高、板厚大的易淬钢，焊前一般要进行预热。焊前预热的主要作用有：

① 预热能减缓焊后的冷却速度，有利于焊缝金属中扩散氢的逸出，避免产生氢致裂纹。同时也减少焊缝及热影响区的淬硬程度，提高了焊接接头的抗裂性。

② 预热可降低焊接应力。均匀地局部预热或整体预热，可以减少焊接区域被焊工件之间的温度差(也称为温度梯度)。这样，一方面，降低了焊接应力，另一方面，降低了焊接应变速率，有利于避免产生焊接裂纹。

③ 预热可以降低焊接结构的拘束度，对降低角接接头的拘束度尤为明显，随着预热温度的提高，裂纹发生率下降。

（2）预热温度的确定

预热一般是对坡口两侧 75 ~100mm 范围内钢材加热至所需的预热温度。可以用火焰加热，也可用工频感应加热或红外线加热等方法。低碳钢和普通低合金钢的预热温度为 100~200℃。确定预热的温度时，主要考虑以下几点：

① 工件的焊接性，主要取决于含碳量和合金元素含量；

② 焊件的厚度、焊接接头型式和结构拘束程度；

③ 焊接材料的含氢量；

④ 环境温度。

常用钢材的预热温度参见 NB/T 47015—2011《压力容器焊接规程》。

3.4.2　后热与焊后消氢处理

后热是指焊后立即将焊接区加热至一定温度并保温一定时间，目的是进一步降低冷却速度，防止淬硬组织马氏体的形成，其目的与预热相似。但实践证明，采用后热防裂，其效果较预热往往要好一些。后热加热方法、加热温度范围与预热相同。其加热温度较预热温度稍高。

对于冷裂纹倾向大的低合金高强钢等材料，还有一种专门的后热处理，称为消氢处理。即在焊后立即将焊件加热到 250~350℃ 温度范围，保温 2~6h 后空冷。消氢处理的目的主要是使焊缝金属中的扩散氢加速逸出，大大降低焊缝和热影响区的氢含量，防止产生冷裂纹。

3.4.3 焊后热处理

焊后热处理是指能改变焊接接头的组织和性能或焊接残余应力的热过程。焊后热处理是压力容器制造中非常重要的工序，它是保证设备的质量、提高设备的安全可靠性、延长设备寿命的重要工艺措施。焊后热处理是将焊接完成的设备整体或局部均匀加热至金属材料相变点以下的温度范围内，保持一定的时间，然后均匀冷却的过程。

（1）焊后热处理的目的

① 松弛焊接残余应力　通过焊后热处理可以降低、松弛焊接残余应力。焊后热处理可使焊接残余应力在加热过程中随着材料屈服点的降低而降低，当达到焊后热处理温度后，焊接残余应力将削弱到该温度的材料屈服点以下。在高温过程中，由于蠕变现象（高温松弛），焊接残余应力得以充分松弛、降低。对于高温强度低的钢材及焊接接头，焊接残余应力的松弛主要是加热温度、加热过程的作用，而对于高温强度高的钢材及焊接接头，保温时间、保温过程的作用却相当重要。

② 稳定结构形状和尺寸　为稳定结构件的形状和尺寸，需要充分松弛残余应力和防止应力的再产生。因此，在注意加热温度和保温时间的同时，还必须注意要采用足够低的冷却速度（以降低结构件内部的温差）和出炉温度。

③ 改善母材、焊接接头和结构件的性能

（a）软化焊接热影响区。焊后热处理对于因焊接而被硬化及脆化的热影响区有着复杂的影响。一般情况下，焊后热处理的温度越高、保温时间越长，热影响区就越容易软化。但应注意，在不同的焊后热处理条件下，有时可能达不到应有的软化效果，有时又可能过于软化，而不能保证所规定的强度。

（b）提高焊缝的延性。对于焊接后延性不良的焊缝金属，可以通过焊后热处理得到改善。

（c）提高断裂韧性。在防止脆性断裂方面，焊后热处理可以使焊接残余应力得到松弛和重新分布，从而减轻其有害影响，同时还有提高（或恢复）母材、热影响区、焊缝金属断裂韧性的效果。但是对于淬火、回火的调质高强钢等材料，采用焊后热处理有时会使其失去调质效果因而降低断裂韧性，某些钢材甚至出现相反效果，对此应予以注意。

（d）有利于焊接接头（焊缝区、热影响区）的氢等有害气体扩散、逸出。

（e）提高蠕变性能，在各种腐蚀介质中的耐腐蚀性能、抗疲劳性能等。

（2）焊后热处理规范

① 加热温度　是焊后热处理规范中最主要的工艺参数，通常在金属材料的相变温度以下，低于调质钢的回火温度 $30\sim40℃$，同时要考虑避开钢材产生再热裂纹的敏感温度。但加热温度也不能太低，要考虑消除焊接残余应力、软化热影响区及扩散氧逸出的效应。

② 保温时间　一般以工件厚度来选取。焊件保温期间，加热区内最高与最低温差不宜大于 $65℃$。

③ 升温速度　要考虑焊件温度均匀上升，尤其是厚件和形状复杂构件应注意缓慢升温。但升温速度慢导致生产周期加长，有时也会影响焊接接头性能。焊件升温至 $400℃$ 后，加热区升温速度不得超过 $5000/\delta ℃/h$（δ 为厚度，mm），且不得超过 $200℃/h$，最小可为 $50℃/h$。

升温期间，加热区内任意长度为5000mm内的温差不得大于120℃。

④ 冷却速度　过快会造成焊件过大的内应力，甚至产生裂纹，同时也会影响性能，应加以控制。当焊件温度高于400℃时，加热区降温速度不得超过6500/δ ℃/h，且不得超过260℃/h，最小可为50℃/h。

⑤ 进、出炉温度　过高则与加热、冷却速度过快产生相似的结果。焊件进炉时，炉内温度不得高于400℃。焊件出炉时，炉温不得高于400℃，出炉后应在静止的空气中冷却。

（3）热处理方法

焊后热处理大致分为三种：炉内整体热处理、炉内分段加热处理、炉外加热处理。

① 炉内整体热处理　加热炉可以是电加热炉，也可以是燃料加热炉，炉内的加热燃料有工业煤气、天然气、液化石油气、柴油等。炉内整体热处理的优点是：被处理的焊接构件或容器温度均匀，比较容易控制（温度），因而残余应力消除和焊接接头性能的改善都较为有效，并且热损失少。缺点是需要较大的加热炉，投资较大。

② 炉内分段加热处理　当被处理的焊接构件、设备等体积较大，不能整体进炉时，可以在加热炉内分段或局部热处理。分段热处理时，其重复加热长度应不小于1500mm。炉内的操作应符合上述焊后热处理规范，炉外部分应采取保温措施，使温度梯度不致影响材料的组织和性能。

③ 炉外加热处理　当被处理的设备过大，或由于其他各种原因不能进行炉内热处理时，只能在炉外进行热处理。炉外加热的方法有工频感应加热法、电阻加热法、红外线加热法、内部燃烧加热法。

炉外加热处理也有整体加热处理和分段或局部加热处理之分。

（a）炉外整体焊后热处理　是对不能进入加热炉的大型设备（如大型球形储罐等），在安装现场组焊后，将其整体加热、保温而进行的热处理。这种热处理一般都采用内部燃烧加热法。

（b）炉外局部焊后热处理　主要是对设备的局部，如焊接区域、修补焊接区域或易产生较大应力、变形的部位进行局部加热。这种炉外局部热处理大多采用工频感应加热法、电阻加热法、红外线加热法等。炉外局部热处理由于温度分布的不均匀，总的说来是很难取得整体焊后热处理的效果，但又因为其操作工艺相对简单方便，不需要大型加热设备，只要适当注意加热范围、加热温度及保温方法等工艺内容即可，故实际生产中仍有较多的应用。

（4）压力容器应进行焊后热处理的条件

压力容器用钢板厚度大小、材质的不同，容器接触各种腐蚀性介质，钢板所具备的冷、热加工工艺性能、焊接性的不同等诸多因素，都会在不同程度上造成设备或焊接接头的内部产生残余应力、变形或其他性能变化，为此各国都对压力容器的焊后热处理作出了具体的规定。我国国家标准GB 150.4—2011《压力容器 第4部分：制造、检验和验收》中规定了容器及受压元件需要热处理的相应要求。

复习题

3-1　什么是焊接接头？焊接接头的基本形式和特点？

3-2　简述焊接接头的分类？

3-3　为什么焊接接头的"余高"称为"加强高"是错误的？

3-4 焊缝坡口的形式有几种，选择坡口时主要考虑哪些问题？

3-5 焊缝中的常见缺陷有哪些？

3-6 焊接变形的原因是什么？焊接变形的基本形式有哪些？

3-7 控制焊接结构变形的措施有哪些？

3-8 焊接残余应力产生的主要原因是什么？如何消除？

3-9 过程设备制造中常用哪些焊接方法？

3-10 何为手工电弧焊？

3-11 何为埋弧焊？

3-12 钨极氩弧焊、熔化极氩弧焊和二氧化碳气体保护焊各适用于什么材料和条件的焊接？

3-13 电渣焊主要用于什么条件的焊接？有何优点？

3-14 何为金属材料的可焊接？

3-15 高碳钢的可焊性如何？

3-16 焊接工艺的主要内容有哪些？

3-17 编制焊接工艺的原始资料主要有哪些？

3-18 焊接工艺规范参数主要有哪些？

3-19 什么情况下必须做焊接工艺评定？

3-20 焊前预热、后热及焊后热处理有什么作用？其加热温度大致为多少？

4 过程设备组装工艺

过程设备的组装是指用焊接等不可拆连接方式进行零件或部件拼装的过程。而过程设备的装配是指用螺栓等可拆连接进行设备整体拼装的过程。典型过程设备的装配过程将在第7章介绍。组装过程是继划线下料工序、切割工序和成形工序之后的重要工序之一。组装包括组对、焊接和无损检测等过程，组对是固定各个零部件的相对位置及焊缝位置的过程；再经过焊接、无损检测才算完成组装的全过程。关于焊接工艺内容已在第3章介绍，无损检测内容将在第6章介绍，本章主要介绍过程设备组装过程中的组对工艺和组装技术要求等内容。

4.1 组装技术要求

组对的任务是将零件或坯料按图纸和工艺的要求确定其相互位置，为其后的焊接做准备。组对直接决定着设备的整体尺寸和形状精度，组对的精度对焊接质量也有重要影响。筒节和封头等零件在制造过程中，由于划线、切割、边缘加工、成形等工序中，都不可避免地产生尺寸和几何形状的误差，为了保证设备的制造质量和便于焊接加工，必须对组装提出技术要求，综合限制零件制造和组对中产生的误差。根据 GB 150.4—2011《压力容器 第4部分：制造检验和验收》及相关标准和规范的规定，过程设备组装主要有如下技术要求。

4.1.1 焊接接头的对口错边量

对口错边量是对接焊接接头比较严重的缺陷，它会使焊缝的有效厚度减少，使焊接接头的强度降低，同时因为对接不平而造成附加应力，造成应力集中，使焊缝成为明显的薄弱环节。当材料的焊接性较差，设备承受动载时，错边的危害性更大。另外，错边的存在使筒体与内件之间增加间隙，导致设备的使用性能受到损害；影响外观、装配和流体阻力。有些过程设备，如列管式换热器、合成塔的筒体等对焊接接头的对口错边量限制更严，否则内件安装困难。因此，在过程设备组装过程中对焊接接头对口错边量必须加以限制。

A、B 类焊接接头对口错边量 b（图 4-1）应符合表 4-1 的规定。锻焊容器 B 类焊接接头对口错边量 b 应不大于对口处钢材厚度 δ_s 的 1/8，且不大于 5mm。

复合钢板的对口错边量 b（图 4-2）不大于钢板厚度的 5%，且不大于 2mm。

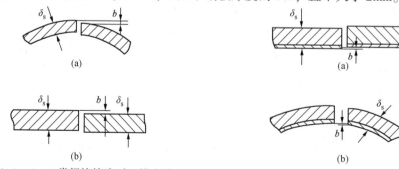

图 4-1 A、B 类焊接接头对口错边量　　　图 4-2 复合钢板 A、B 类焊接接头对口错边量

表 4-1　A、B类焊接接头对口错边量要求　　　　　　　　mm

对口处钢材厚度 δ_s	按焊接接头类别划分对口错边量 b	
	A	B
≤12	≤$1/4\delta_s$	≤$1/4\delta_s$
>12~20	≤3	≤$1/4\delta_s$
>20~40	≤3	≤5
>40~50	≤3	≤$1/8\delta_s$
>50	≤$1/6\delta_s$，且≤10	≤$1/8\delta_s$，且≤20

注：球形封头与圆筒连接的环向接头以及嵌入式接管与圆筒或封头对接连接的 A 类接头，按 B 类焊接接头的对口错边量要求。

4.1.2　焊接接头的棱角度

由于壳体上的纵缝在卷板和校圆时的误差，筒体的纵缝附近区域，出现曲率的不连续，造成筒体向外凸出或向内凹进的棱角，如图 4-3(a) 所示；在组对环缝时也会出现棱角，如图 4-3(b) 所示。棱角的不良作用与错边类似，它对设备的整体精度损害更大，往往具有更大的应力集中，使焊接接头的强度降低，影响设备的组装精度。

对于焊接接头环向形成的棱角度 E，用弦长等于 1/6 内径 D_i、且不小于 300mm 的内样板(或外板)检查[图 4-3(a)]，其 E 值不得大于($\delta_s/10+2$)mm，且不大于 5mm。

对于焊接接头轴向形成的棱角度 E，用长度不小于 300mm 的直尺检查[图 4-3(b)]，其 E 值不得大于($\delta_s/10+2$)mm，且不大于 5mm。

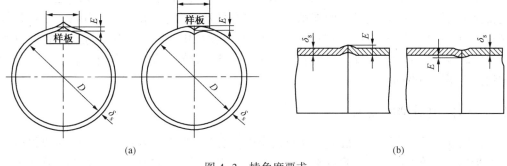

(a)　　　　　　　　　　　　　　　　　　　(b)

图 4-3　棱角度要求

4.1.3　不等厚钢板对接的钢板边削薄量

容器壳体各段或球形封头与壳体常常出现不等厚钢板的连接，如直接进行连接，则在此处出现承载截面的突变，会产生附加局部应力，这对容器受力是不利的。因此，必须对厚度差超过一定限度的厚板边缘削薄一定长度，使截面缓慢连续过渡。

由于对厚板进行削薄，只出现在不同筒节或球形封头与筒体之间的环缝上，其具体要求是：

①　B 类焊接接头以及圆筒与球形封头相连的 A 类焊接接头，当两侧钢材厚度不等，若薄板厚度 δ_2 不大于 10mm，两板厚度差超过 3mm 时；或薄板厚度 δ_2 大于 10mm，两板厚度差大于 30% δ_2，或超过 5mm 时；或两板厚度差超过表 3-2 允许值时，均应按图 4-4 的要

求，单面或双面削薄厚板边缘，削薄的长度 L_1、L_2 不得小于下式规定的长度：

$$L_1、L_2 > 3(\delta_1 - \delta_2) \tag{4-1}$$

或者按同样要求采用堆焊方法将薄板边缘焊成斜面。

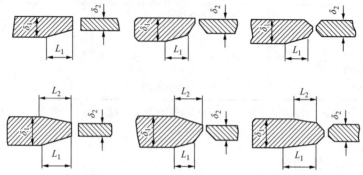

图 4-4　不等厚钢板连接边缘的削薄量

② 当两板厚度差小于上列数值时，则对口错边量 b 按表 4-1 要求，且对口错边量 b 以较薄板厚度为基准确定。在测量对口错边量 b 时，不应计入两板厚度的差值。

4.1.4　筒体组对直线度要求

筒体直线度随壳体长度的不同而要求不同，除图样另有规定外，筒体直线度允差应不大于筒体长度(L)的 1‰；当直立设备的壳体长度超过 30m 时，其筒体直线度允差应不大于($0.5L/1000$)$+15mm$。

筒体直线度检查是通过中心线的水平或垂直面，即沿圆周 0°、90°、180°、270°四个方位进行测量(用 0.5mm 的钢丝，两端用滑轮支撑并悬垂重物进行度量，或用激光经纬仪等进行测量)。在筒体展开划线时，就打有四条带有样冲眼的中心线，并作有标记。在测直线度时只要沿此四条标记中心线即可，但两端应避开纵缝，且测量位置与筒体纵向接头焊缝中心线的距离不小于 100mm。

4.1.5　筒体组对圆度要求

筒体圆度 e 是同一断面上最大内径与最小内径之差。筒节在卷板校圆后组对纵缝时，要对圆度指标进行检查控制，其目的在于保证环缝的组装质量。筒体的圆度控制是在容器壳体组装(组对和焊接)完成之后进行测量的指标。压力容器制造技术条件都是以筒节的圆度作为控制指标。

内压容器和外压容器筒体的圆度指标有所不同。

(1) 内压容器圆度要求

承受内压的容器组装完成后，壳体圆度应不大于该断面内直径 D_i 的 1%(对锻焊容器为 1‰)，且不大于 25mm。

当被检断面与开孔中心的距离小于开孔直径时，该断面圆度应不大于该断面设计内直径的 1%(对锻焊容器为 1‰)与开孔直径的 2%之和，且不大于 15mm。

容器的开孔是在壳体组装之后进行，由于开孔后该处断面减小，使开孔断面内应力得到部分松弛，与无开孔断面比较出现变形略大的现象，故开孔附近允许圆度指标适当放宽一些，但绝对值仍然不能超过 25mm。

（2）外压容器圆度要求

因为外压容器的主要失效方式是稳定性失效，当圆度超标时，必然导致载荷的不对称分布，并在容器壁上引起附加弯曲应力，增加稳定性失效的可能性，所以其圆度要求控制较内压容器严格。

圆度的检查用内弓形或外弓形样板测量，样板圆弧半径等于筒体内半径或外半径，量度样板与壳体间隙以检查壳体实际的形状与标准圆形的差距。外压壳体圆度最大允许偏差应满足 GB 150.4—2011《压力容器 第 4 部分：制造、检验和验收》中 6.5.11 节的要求。

4.1.6　焊接接头布置要求

在过程设备组装时，壳体上焊接接头的布置应满足以下要求：

① 相邻筒节 A 类接头间外圆弧长（指接头中心线之间、沿壳体外表面的距离），应大于钢板厚度 δ 的 3 倍，且不小于 100mm。

② 封头 A 类拼接接头、封头上嵌入式接管 A 类接头、与封头相邻筒节的 A 类接头相互间的外圆弧长，均应大于钢板厚度 δ 的 3 倍，且不小于 100mm。

③ 组装筒体中，任何单个筒节的长度不得小于 300mm。注意：这里所谓组装筒体是指由两个或两个以上筒节组成的一个筒体，对仅有一个筒节的筒体（如换热器管箱）不限制筒节长度。

④ 不宜采用十字焊缝。

另外，特别注意的是：组装时不得用大锤敲打、用千斤顶顶压等方法进行强力组装（对中、找平等）。因强力组装会对材料性能造成伤害，同时会增加组对焊接残余应力，所以必须加以控制。

4.1.7　焊缝表面的形状尺寸及外观要求

① A、B 类焊接接头的焊缝余高 e_1、e_2 按表 4-2 和图 4-5 的规定。

表 4-2　A、B 类焊接接头焊缝余高的合格指标　　　　　　　　　　　　　　　　mm

标准抗拉强度下限值 $\sigma_b \geqslant 540MPa$ 的低合金钢材、Cr-Mo 低合金钢材				其他钢材			
单面坡口		双面坡口		单面坡口		双面坡口	
e_1	e_2	e_1	e_2	e_1	e_2	e_1	e_2
$0\% \sim 10\%\delta_1$ 且 $\leqslant 3$	$0 \sim 1.5$	$0\% \sim 10\%\delta_1$ 且 $\leqslant 3$	$0\% \sim 10\%\delta_2$ 且 $\leqslant 3$	$0\% \sim 15\%\delta_1$ 且 $\leqslant 4$	$0 \sim 1.5$	$0\% \sim 15\%\delta_1$ 且 $\leqslant 4$	$0\% \sim 15\%\delta_2$ 且 $\leqslant 4$

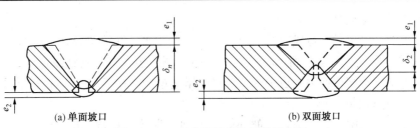

(a) 单面坡口　　　　　　　　　　　　　(b) 双面坡口

图 4-5　A、B 类焊接接头的焊缝余高

② C、D 类接头的焊脚尺寸，在图样无规定时，取焊件中较薄者之厚度。补强圈的焊脚，当补强圈的厚度不小于 8mm 时，其焊脚尺寸等于补强圈厚度的 70%，且不小于 8mm。

③ 焊接接头表面应按相关标准进行外观检查，不得有表面裂纹、未焊透、未熔合、表面气孔、弧坑、未填满、夹渣和飞溅物；焊缝与母材应圆滑过渡；角焊缝的外形应凹形圆滑过渡。

④ 下列容器的焊缝表面不得有咬边：

（a）标准抗拉强度下限值大于或等于 540MPa 低合金钢材制造的容器；

（b）Cr-Mo 低合金钢材制造的容器；

（c）不锈钢材料制造的容器；

（d）承受循环载荷的容器；

（e）有应力腐蚀的容器；

（f）低温容器；

（g）焊接接头系数为 1.0 的容器（用无缝钢管制造的容器除外）。

其他容器焊缝表面的咬边深度不得大于 0.5mm，咬边连续长度不得大于 100mm，焊缝两侧咬边的总长不得超过该焊缝长度的 10%。

4.2 组装工艺过程

过程设备制造中，组装过程一般有两种方式来完成，一种为手工器具组装；另一种为机械组装。手工组装劳动强度和工作量大，组装效率和组装精度低。

机械组装与手工器具组装相比不仅可极大地改善劳动条件，而且可提高劳动生产率达 50%以上，特别是组装厚板或规格相近的批量生产设备，劳动生产率的提高则更为显著。一些小型过程设备制造企业的组装过程是以手工组装为主，目前大、中型的容器制造厂大多采用机械和手工器具并用的组装工艺。所以，本节结合过程设备组装工序顺序，介绍手工器具和机械联合使用的组装工艺过程。

4.2.1 筒节手工组装工艺

筒节组装实际就是筒节纵缝组对和焊接过程。当筒体直径不大，壁厚较薄时，纵缝的组对一般是在卷板机上进行的。当筒节卷制完成后，要进行纵缝的组对、点焊固定。卷好的筒节往往存在错边、间隙过大或过小、端面不平等缺陷。必须借助相应的工装器具校正筒节两板边端面的偏移，使焊口处几何形状符合技术要求后，直接在卷板机上焊接，完成纵缝的组装。

（1）对口错边量控制

纵缝发生对口错边时，造成筒节两板边发生高低不平。在筒节较低一侧板边的外侧上，点焊 Γ 形铁或门形铁如图 4-6 所示，然后在较高一侧板边上打入斜铁或楔铁，强迫板边向下运动，调整斜铁或楔铁使两板边平齐，将对口错边量控制在指标内，进行点焊固定。

（2）对口间隙控制

纵缝发生对口间隙时，在两板边的外侧上分别点焊螺栓拉紧器（图 4-7），用螺栓调整对口间隙，将误差控制在指标内，进行点焊固定。

（3）筒节端面不平

筒节端面不平是由于卷板时，钢板（轧制方向）轴线与卷板机轴线不垂直造成的扭曲变形。组对时将Γ形铁点焊在较低一侧板边的端部上（图4-8），打入斜铁强迫板端向下运动，调整斜铁使两板端平齐，进行点焊固定。

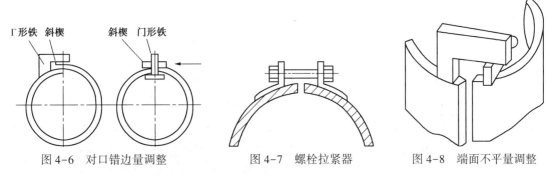

图4-6　对口错边量调整　　　　图4-7　螺栓拉紧器　　　　图4-8　端面不平量调整

如筒节两边对不齐，可用F形撬棍调整，如图4-9所示。对于直径较大，壁厚较厚的筒节的纵缝组对，可以在滚轮架上应用一对如图4-10和图4-11所示的杠杆螺旋拉紧器进行调整。

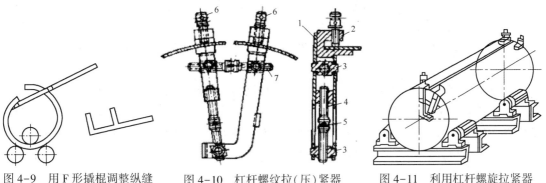

图4-9　用F形撬棍调整纵缝　　图4-10　杠杆螺纹拉（压）紧器　　图4-11　利用杠杆螺旋拉紧器
　　　　　　　　　　　　　　1、5—杠杆；2—U形铁；3—螺母；　　　进行筒节纵缝组对
　　　　　　　　　　　　　　4、7—丝杠；6—螺栓

杠杆螺旋拉紧器是以两块固定在杠杆1和5上的U形铁2分别卡住纵缝的两板边，转动带有左右螺纹的丝杠7，调节焊缝的尺寸，转动带有左右螺纹的丝杠4作径向焊缝对齐。焊缝坡口对准后，可每隔20~50mm从中间向两端点焊，钢板边缘固定点焊好后，卸下夹具即可施焊。

4.2.2　利用机械组装筒节的过程

图4-12（a）为一筒节纵缝液压组装机。这个装置利用液压进行筒节纵缝组装。筒节的纵缝朝下放置，利用液压驱动，可在三个方向上进行调节，以纠正卷筒时产生的偏差。筒节纵缝组对后，可以直接在此装置上进行焊接，也可以在装置上进行点焊固定后取下工件另行焊接。由于需要有三个方向上的相对运动，所以该机构有些庞大。但是，用它可以大大减少组装纵缝的时间，减轻劳动强度，节约劳动力，也可以取消拉紧板，因而可以提高筒节的表面质量。液压组装机多用于固定组装焊接作业线上，多用于中厚板制造的中等长度的定型的过

程设备组装。

图4-12(b)所示为筒节液压组焊机,该机有三对或更多对夹紧对开环,每一个半环上装有压紧滑块,它直接与液压工作活塞杆相连接。工作活塞通过回程液压活塞来实现回程,因而回程液压活塞则是通过连杆连接到工作活塞上。当筒节液压机有三对夹紧对开环时就需要六个工作活塞的液压缸和六个回程液压缸;若有五对夹紧对开环,则需相应配置十个工作缸和十个回程缸。工作液压缸与回程液压缸均安装在同一底板的机架上。

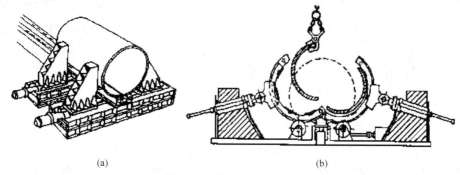

(a)   (b)

图4-12 筒节液压组装机

组装时,先将瓣片或筒节吊入夹紧对开环中,随着油缸柱塞的推进,夹紧环夹紧筒节而使筒节纵缝合拢。当需要满足焊接坡口的间隙时,只要在纵缝合拢处插入相应的间隙楔条,焊接时当焊嘴接近楔条时,再用手锤将楔条敲出。经点焊固定,焊接后即完成了筒节的组装。

对于不同直径筒节的组装,只要更换曲率相近的对开环即可。

由于该装置依靠柱塞前端的柱形铰链与对开环连接,可以有较大的向心压紧力,适合于壁厚较大的中小直径的过程设备筒节的组装,如塔器和换热器等。为校正端口错位的筒节,在筒节的轴线位置处,还可配置端面压紧机构,生产效率较高。

4.2.3 筒体组装工艺

这里的筒体组装是指筒节与筒节之间和筒节与封头之间环缝的组对与焊接过程。环缝组对是组装过程的关键工序。环缝的组对要比纵缝组对困难得多,因为筒节和封头的端面在加工后可能存在椭圆度或各处曲率不同等缺陷。这些缺陷对环缝组对会造成对不齐、不同轴等缺陷。因此在组对过程中必须严格地按技术要求进行,以免影响质量。

筒体在吊车的配合下进行手工组装是过程设备制造厂的主要组装形式。由于不需要专门的组装机械,又不必设置固定的组装场地,因此,大多数过程设备制造企业都采用吊车配合组装过程。即使是组装机械化程度较高的设备制造厂,在制造大型(ϕ4000mm以上)薄壁容器时,也常常要在吊车配合下,对筒体进行手工组装。

筒体的组装(包括筒体与封头的组装)有立式组装和卧式组装两种形式。在实际生产中,更多的是采用立式吊装与卧式吊装相结合的组装方法,以充分发挥其各自的优点。

(1) 筒体立式组装工艺

① 筒节与筒节(或封头)组对 立式组装就是借助于吊车(或行车)先将一个筒节吊置于平台上,再逐一地将其他的筒节搁置其上,如图4-13所示。为使筒节准确到位,可用定位

挡铁，当调整好间隙后，即可逐渐点焊固定。环缝组焊后完成组装过程。

② 筒节与平底板组对　平底立式容器的筒节与底板的焊接连接多为 T 形焊接接头，如图 4-14 所示。组装前，先在底板上做出筒节内径位置线，并沿线间隔一定距离均布限位角铁，角铁外面焊上挡铁。组对时，将筒节吊起，放在角铁与挡铁之间，并在挡铁与筒壁间打入楔条，使筒内壁与角铁贴紧后将其点固在底板上。如果要求筒节与底板间有一定的间隙，可在吊装筒节前在底板上垫上与间隙尺寸相同的铁丝或铁片。点固后组焊，组装过程完成。

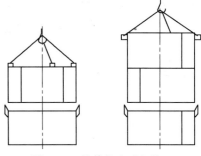

图 4-13　筒体的立式组装

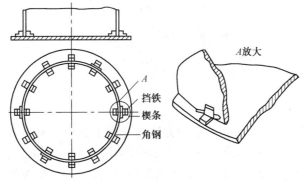

图 4-14　筒节与底板环缝组对

（2）筒体卧式组装工艺

筒体采用卧式组装时，一般放都是在滚轮架上进行（图 4-15）。为保证两筒节同轴并便于翻转，每个滚轮的直径必须相同，各滚轮的中心距必须相等，而且在安装时必须保证各对滚轮在同一平面上，只有这样，筒体上各筒节的纵轴才能共线。为了适应不同直径的圆筒进行组装，滚轮架上的两滚轮间的距离可以调节，以适应不同直径的筒节组装。滚轮对数由筒体的长度决定。

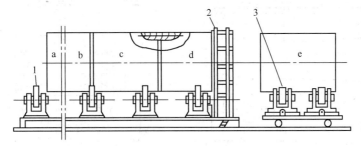

图 4-15　环缝组对装置

1—滚轮架；2—组对夹具；3—小车式滚轮架

① 筒节的校圆　当筒节的圆度超标时，用环形螺旋径向拉紧器或环形螺旋径向支撑器进行校圆。筒节刚度较差时，可用推撑器调整筒节端面。推撑器是在组对筒节时对齐边缘、矫正凹陷等缺陷时使用的工具。图 4-16 为一种圆柱形螺旋推撑器，它不仅可以用来撑开焊缝及凹陷，而且可用调整螺钉 3 来对齐焊缝。图 4-17 为一种环形螺旋推撑器，它是用六根

或八根带有顶丝的螺旋推杆拧在一个环形架上而构成，使用时分别调整各根推杆便可对齐。图 4-18 为环形螺旋拉紧器，构造和环形螺旋推撑器相似，后两种适用于直径大的筒节的组对。

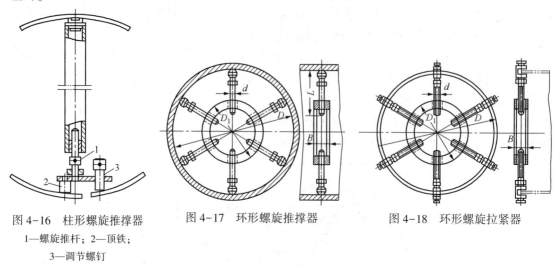

图 4-16　柱形螺旋推撑器
1—螺旋推杆；2—顶铁；
3—调节螺钉

图 4-17　环形螺旋推撑器

图 4-18　环形螺旋拉紧器

② 筒节与筒节组对　筒节与筒节组对是在滚轮架上进行，相邻筒节的四条纵向装配中心线一定要对准，首先观察相邻筒节中心线上的样冲眼，以保证筒体的同心度。

然后利用楔形加压器或环缝组对夹具将两筒节固定。图 4-19 为两种压夹器调整环缝大小及对齐情况。压夹器的数目根据筒节直径的大小可安装 4、6、8…个，均布在圆周上，以便找正对中。楔形(条或锥棒)压夹器是最简单的装配工具，既可以单独使用，又可用与其他工具联合使用。虽然它操作简单，调整方便，但扣紧圈和定距挡块必须焊接在工件上，拆除时就有可能出现损坏工件表面的现象，因此对于有较高表面要求的材料不允许使用。图 4-20 为环缝组对夹具。

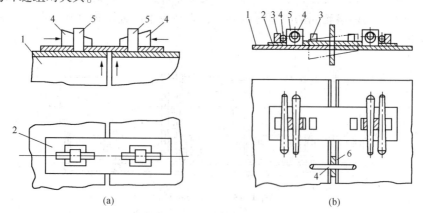

(a)

(b)

1—筒体；2—拉板；3—定距挡板；4—楔条(锥棒)；5—扣紧圈；6—定距板
图 4-19　用楔形压夹器环缝对齐

用压夹器具调整好环缝的间隙和对口错边量后，检查筒节的直线度，符合要求时，用手工焊沿环缝截面四个方位对称点焊固定。然后转动滚轮架使筒节转动点焊。大直径的薄壁容器，为了防止在装配环缝时再次变形，一般在环缝装配点固后再将径向推撑器拆除。

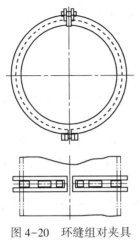

图 4-20　环缝组对夹具

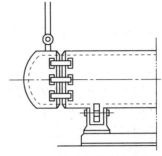

图 4-21　筒节与封头卧式组对

③ 筒节与封头的组装　筒节与封头卧式吊装的组装形式如图 4-21 所示。筒节放在滚轮架上，封头用吊车起吊对准筒节，按照图纸要求的方位用拉板定位点焊。当起吊零件为薄壁筒体时，应当避免筒体发生圆度变形，如筒体内装撑圆支架等(图 4-16、图 4-17)。

4.2.4　开孔接管组装要点

由于各种过程工艺和结构上的要求，需要在过程设备壳体上开设许多孔并安装接管，如人孔、手孔、物料进出口等。为了降低接管根部的局部应力，有时还需要在接管与壳体连接处装设补强圈。开孔接管和补强圈均应与筒体焊接连接，其质量要求与筒体相同。开孔接管的组装质量直接影响到压力容器运行的平稳与操作的安全性。在组装前应全面检查开孔的几何尺寸、焊缝质量和法兰密封面；补强圈的几何尺寸、坡口形式、排气孔等影响质量的因素。

开孔接管在筒体上组装有如下工序：

① 对照施工图在筒体上仔细核对接管的开孔方位和标高，划出开孔接管的四条中心线；

② 用开口样板划出开孔的切割线，经核对无误后进行开孔；

③ 按开孔接管伸出高度及补强圈的厚度在开孔的四条中心线上点焊定位筋板；

④ 预装接管，对开孔处的坡口进行气割修正并打磨，使之坡口完全符合技术要求，环隙均匀。

⑤ 在接管上套入补强圈，将接管插入筒体的开口处，接管法兰面与筒体之间的高度符合图纸要求，接管法兰上的螺栓孔应与筒体轴线跨中放置，点焊接管；

⑥ 在焊接前，对于薄壁容器尤其是塔器，内部预先采取支撑加固，以防焊后下塌。开孔接管的内伸余量可按图样要求，待内角缝焊好后割去。也可用样板划线预先将接管内伸余量割去。

⑦ 将套在接管上的补强圈落下，使补强圈的圆弧与其筒体圆弧吻合，组对好进行焊接。

4.2.5　支座组装要点

支座是用来支承设备重量，并使其固定在基础上的部件，在某些场合还受到风载荷、地震载荷等动载荷的作用。支座与筒体的连接一般都是焊接连接。支座作为部件，其本身的制造质量，及其与筒体壳壁的装配、焊接质量的好坏，将影响到设备的管口方位、标高、轴线倾斜度等质量要素，也影响到过程设备运行的平稳与操作的安全性。因此，支座的组装必须予以高度重视。

根据设备自身的安装形式，支座分为立式和卧式两种类型。

立式支座有耳式支座、支承式支座、腿式支座和裙式支座。立式支座组装时，关键是要保证支承底面与筒体轴线的垂直度。其中裙式支座一般用于高大的塔设备支承，组装要求与塔体组装要求基本一致，在裙座与塔体组对时保证其直线度的要求最为重要；另要保证裙座基础环底面与相连塔节端面的平行度，其允差不大于 $DN/1000$，且不大于 2mm。

卧式支座有鞍座、圈座及支腿。其中鞍座是应用最为广泛的一种卧式支座。

鞍式支座组装过程有如下工序：

① 在筒体底部的中心线上找出支座安装位置线，并以筒体两端环缝检查线为基准划出弧形垫板装配位置线；

② 用螺旋或锲铁压紧垫板使其与筒壁贴紧，其间隙不大于 2mm，进行点焊；

③ 在垫板上划出支座立板位置线；

④ 试装固定鞍座，当装配间隙过大或不均时用气割进行修正，使之间隙不大于 2mm，然后进行点焊；

⑤ 旋转筒体，用水平仪检测固定鞍座底板，使其保持水平位置；

⑥ 按相同步骤装焊滑动鞍座。用气割修正使两个鞍座等高，当装配间隙合适，底板水平螺栓空间距满足要求时，进行点焊固定。

4.3 组装机械简介

筒体的组装较为复杂，不仅有各种因素引起的筒节间的径向直径差异，还存在有筒节纵缝处直边段的影响，要使筒体组装符合规定的技术要求，组装工作量较大。为此，近年来出现了很多筒体组装机械。

（1）筒体组装器

图 4-22 为筒体组装器。组装时，使两筒节的环缝连接处放置于 Π 形压头下，其外圈均布的柱塞加压使环缝口对齐，环缝间隙靠油缸 7 来进行调整。完成第一条环缝的组装并点焊固定后，由油缸 7 推出框架，再吊入下一段筒节，如此可连续组装筒节成为设备筒体。

为适应不同直径筒节的组装，该装置还设有油缸 10 用以升降油缸框架。

（2）筒体组装机

图 4-23 所示为筒体组装机，由筒体组装车、封头组装架和滚轮架三部分组成。装配小车 3 上装有悬臂 13 和托座 6 组成钳形支架，支架高度可以用液压缸 4 来调节。小车可在导轨 5 上沿着辊轮架行走。在悬臂的端部装有焊机 16、挡块 15 和液压缸 14，托座的端部还装有焊剂垫 12、压紧缸 11 及工作缸 10 悬臂和托座之间有水平推送的液压缸 7，并由限位板 9 进行限位。

组装时，小车行走并使悬臂伸进筒节 2 内，到工作位置后停止。借助于压紧缸 11 和挡块 15 固定筒节。接着工作缸 10 和液压缸 14 将另一个筒节压紧并调整到与第一个筒节边缘平齐，开动液压缸 7 调整好适当的间隙。对正后即由焊机 16 进行点焊固定。通过转动筒节，完成整圈的环缝组装点焊固定。此后可由焊机 16 立即进行自动焊接。

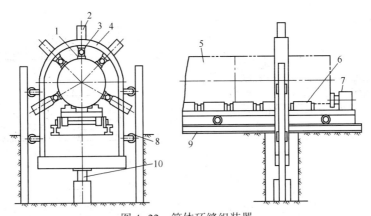

图 4-22　筒体环缝组装器

1—∏形压头；2—油缸；3—油压柱塞；4—油缸框架；5—筒体；6—滚轮架；

7—轴向油缸；8—导向辊；9—导轨；10—框架升降油缸

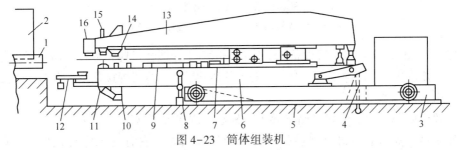

图 4-23　筒体组装机

1—轮架；2—筒节；3—小车架；4—液压缸；5—导轨；6—托座；7—液压缸；8—操作台；9—限位板；

10—工作缸；11—压紧缸；12—焊剂垫；13—悬臂；14—液压缸；15—挡块；16—焊机

在滚轮架的另一端是一个封头装配架，如图 4-24 所示。其框架 1 可进行 90°的回转，以便封头调放和就位。2 是一个转动环，真空吸持器 3 装于转动环 2 上，且可沿框架进行调节，以适应不同直径封头的需要。

当必须从封头开始组装时，整个筒体组焊程序为：先将一个筒节呆在滚轮架上，再将封头吊到封头装配框架上，如图 4-24 所示。依靠支撑架 4 和真空吸持器 3 将封头固定，封头装配架转动 90°使封头进入组装就位，如图 4-24(a)所示。液压缸推动筒节，使环缝对齐并留出适当的间隙，小车悬臂伸入环缝位置，进行组装点焊固定，焊接封头筒节的环缝。此后，小车退出并吊入第二节筒节至辊轮架上。如此，即可完成其他各道环缝的组装与焊接，各个操作步骤如图 4-24(b)~(e)所示。

筒体(环缝)组装机具有操作灵活、调节范围大的优点，适合于单件小批生产。由于组装时仅需 1 人操作，生产效率较高。例如组装直径 4000mm、壁厚 8~12mm 的筒节、封头，包括对齐、组装点焊固定、焊接及清渣在内仅需 80min 左右即可完成一道环缝，为手工组装时间的 1/4。该机除可用于筒体(环缝)组装焊接外，还可用于筒节纵缝的焊接，具有一机多能的特点。图 4-23 所示的筒体组装机是目前世界上较先进的一种组焊设备。

(3) 组装变位机

组装变位机械是过程设备制造中不可缺少的辅助工艺装备。主要是提供一种连续的运动方式，以满足组对和焊接时改变工件位置的需要。例如焊接容器或其他的构件，水平焊接位置可以获得最大的焊缝熔深，可以获得较好的焊接质量。组装变位机是一种通用、高效的以实

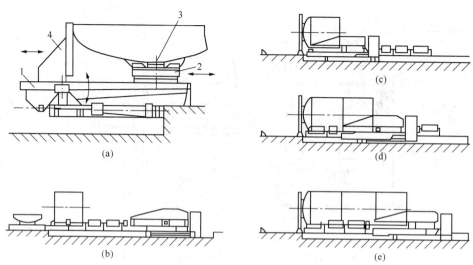

图 4-24 筒体组装机组装过程

1—框架；2—转动环；3—真空吸持器；4—支承架

现环缝焊接为主的组对焊接工装设备。变位机一般由工作回转机构和翻转机构组成，通过工作台的升降、翻转和回转使固定在工作台上的工件达到所需的组对焊接角度、合适的焊接速度。

（4）组装滚轮架

滚轮架可以使容器上的焊缝始终处于一种水平焊接位置状态。

滚轮架是容器筒节组对及焊接的一种重要辅助装置。它有支承定位（使两筒节自动对心）和翻转的作用。滚轮架一般由电控系统、主动滚轮架、从动滚轮架、驱动系统、固定（或轨道式移动）底座、减速机构以及辅助装置等构成。主动滚轮架负责驱动工件转动和支撑工件，从动滚轮架只负责支撑工件作用。

滚轮架分为可调式和自调式两种。可调式滚轮架工作时可通过调整滚轮间中心距适应不同直径的回转。自调式则根据工件直径大小自动调整滚轮组的摆角，无需人工调校，如图 4-25 所示。

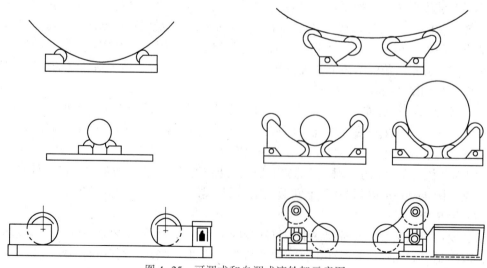

图 4-25 可调式和自调式滚轮架示意图

滚轮架可与埋弧自动焊配套使用，完成工件内、外纵缝或内、外环缝的焊接，也可用于手工焊接、组对、探伤等场合的工件变位。

随着机电一体化技术的发展，过程设备自动化组装技术也有了长足进展。近年来国际上已经研制出压力容器自动化组装生产线装置、自动化焊接生产线装置和各种新型、自动或半自动化的组装(装配)工装设备，并已经应用于过程设备制造生产中，促进了过程设备制造技术的发展。

复习题

4-1 给出过程设备的组装定义。

4-2 焊接接头的对口错边量的危害有哪些？

4-3 在过程设备组装时，应如何考虑壳体上焊接接头的布置？

4-4 何为筒节组装？

4-5 何为筒体组装？

4-6 如何完成开孔接管在筒体上的组装？

4-7 如何完成鞍式支座组装工序？

4-8 筒体组装机械有哪些类型？

5 过程设备机加件加工工艺

过程设备主要零部件中，有法兰、管板、搅拌轴等零部件需要采用机械加工的方法成形。我们把这类零部件统称为过程设备的机加件（以下简称机加件）。过程设备机加件的加工工艺，就是指对法兰、管板类零部件通过机械加工使其形状、尺寸、相互位置和表面质量达到要求的加工方法和技术要求。机械加工的内容涉及《金属工艺学》、《机械加工工艺基础》、《金属切削机床》等多门专业学科课程，本章主要针对过程设备机加件简要介绍机械加工工艺过程的基本概念，其内容包括：机加件的表面形式；机加件的表面质量和加工精度；金属切削加工方法概述；机加件表面加工工艺方案；机加件加工工艺规程及其编制等。

5.1 机加件常见表面形式

过程设备的各种零部件都有个表面，机加件常见的表面形式有以下几种：

（1）圆柱面

以直线为母线，以和它相垂直的平面上的圆为轨迹，作旋转运动所形成的表面，如法兰、管板的外圆表面，孔内圆表面，轴外圆表面等，如图 5-1 所示。

（2）圆锥面

以直线为母线，以圆为轨迹，且母线与轨迹平面相交成一定角度作旋转运动所形成的表面，如端面倒角，过渡锥面等，如图 5-2 所示。

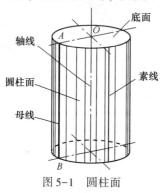

图 5-1 圆柱面

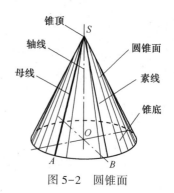

图 5-2 圆锥面

（3）平面

以直线为母线，以另一直线为轨迹作平移运动所形成的表面，如法兰、管板等零件的上、下表面等，如图 5-3 所示。

（4）成形面

以曲线为母线，以圆为轨迹作旋转运动（旋转曲面）或以直线为轨迹作平移运动所形成的表面，如图 5-4 所示。

此外，根据使用和制造上的要求，机加件上还常有各种沟槽，如管板上的隔板槽。沟槽实际上是由平面或曲面所组成的，常用沟槽的断面形状如图 5-5 所示。

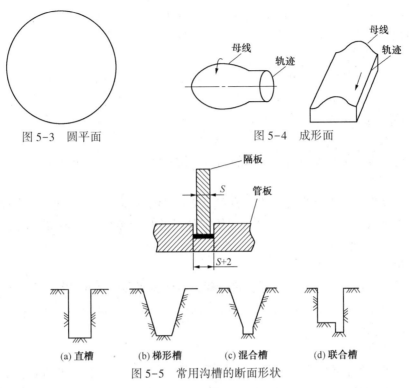

图 5-3　圆平面　　　　　　　　　　图 5-4　成形面

(a) 直槽　　　(b) 梯形槽　　　(c) 混合槽　　　(d) 联合槽

图 5-5　常用沟槽的断面形状

上述各种表面，可用相应的机械加工方法来获得。加工零件就是要按一定的顺序，合理地加工出各个表面。

5.2　机加件的表面质量和加工精度要素

过程设备产品的最终质量与其组成零部件的加工质量直接相关。而任何机械加工所得到的零件表面，都不是完全理想的表面，所以了解机加件的加工质量要求，加工制造合格的机加件，是保证过程设备制造质量的重要因素之一。机加件的加工质量一般用加工精度和加工表面质量两方面的指标来表示。

5.2.1　机加件的表面质量要素

机加件表面质量主要包括两个方面的内容：机加件表面的几何特性和物理力学性能。

机加件的几何特性参数包括宏观几何参数和微观几何参数：①宏观几何参数，包括尺寸、形状、位置等要素；②微观几何参数，指的是微观表面粗糙程度；机加件表面的物理力学性能包括三个要素：①因加工表面层的塑性变形所引起的表面加工硬化；②由于切削和磨削加工等的高温所引起的表面层金相组织的变化；③因切削加工引起的表面层残余应力。

5.2.2　机加件加工精度的概念

机加件的加工精度是指零件在(机械)加工后的实际几何参数与零件理想几何参数的符合程度。符合程度越高，加工精度也越高。在机械加工过程中，由于各种因素的影响，使得加工出的零件，不可能与理想的要求完全符合。加工后零件的实际几何参数相对于理想几何参数的偏离程度即为加工误差。加工精度是指零件经切削加工后，其尺寸、形状、位置等参数同理论参数的相符合的程度。

从保证产品的使用性能分析，没有必要把每个零件都加工得绝对精确，可以允许有一定的加工误差。加工精度和加工误差是从两个不同的角度来评定加工零件的几何参数的，加工精度的低和高通过加工误差的大和小来表示。所谓保证和提高加工精度问题，实际上就是限制和降低加工误差问题。

机加件的机械加工精度包含三方面的内容：尺寸精度、形状精度和位置精度。

（1）尺寸精度

指加工后零件表面本身或表面之间的实际尺寸与理想零件尺寸之间的符合程度，它们之间的差值称为尺寸误差。这里所提出的理想零件尺寸是指零件图上所标注的有关尺寸的平均值。

（2）形状精度

指加工后零件各表面本身的实际形状与理想零件表面形状之间的符合程度，它们之间的差值称为形状误差。这里所提出的理想零件表面形状是指绝对准确的表面形状。如平面、圆柱面、球面、螺旋面等。

（3）位置精度

指加工后零件各表面之间的实际位置与理想零件各表面之间位置的符合程度，它们之间的差值称为位置误差。这里所提出的理想零件各表面之间的位置是指绝对准确的表面间位置，如两平面平行、两平面垂直、两圆柱面同轴等。

这三者之间是有联系的。通常形状公差应限制在位置公差之内，而位置误差一般也应限制在尺寸公差之内。当尺寸精度要求高时，相应的位置精度、形状精度也要求高。但形状精度要求时，相应的位置精度和尺寸精度有时不一定要求高，要根据零件的功能要求来决定。

对任何一个零件来说，其实际加工后的尺寸、形状和位置误差若在零件图所规定的公差范围内，则在机械加工精度这个质量要求方面能够满足要求，即是合格品。若有其中任何一项超出公差范围，则是不合格品。

一般情况下，零件的加工精度越高，则加工成本相对地越高，生产效率则相对地越低。因此设计人员应根据零件的使用要求，合理地规定零件的加工精度。工艺人员则应根据设计要求、生产条件等采取适当的工艺方法，以保证加工误差不超过容许范围，并在此前提下尽量提高生产率和降低成本。

5.2.3　机加件的尺寸精度等级与形位公差分类

（1）尺寸精度等级

我国国家标准规定，常用的尺寸精度等级分为 20 级，分别用 IT01、IT0、IT1、IT2…IT18 表示。数字越大，精度越低。其中 IT5～IT13 常用。

高精度：IT5、IT6 通常由磨削加工获得。

中等精度：IT7～IT10 通常由精车、铣、刨获得。

低精度：IT11～IT13 通常由粗车、铣、刨、钻等加工方法获得。

（2）形状公差类别

国家标准规定了六类形状公差（表5-1）：包括直线度；平面度；圆度；圆柱度线轮廓度；面轮廓度。

表5-1　形状公差符号

项目	直线度	平面度	圆度	圆柱度	线轮廓度	面轮廓度
符号	—	⫽	○	⌭	⌒	⌓

（3）位置公差类别

国家标准规定了八类位置公差（表5-2），包括：平行度；垂直度；倾斜度；同轴度；对称度；位置度；圆跳动；全跳动。

表5-2　位置公差符号

项目	平行度	垂直度	倾斜度	同轴度	对称度	位置度	圆跳动	全跳动
符号	∥	⊥	∠	◎	≡	⊕	↗	⫽↗

5.2.4　机加件的表面粗糙度

（1）产生表面粗糙度的原因

表面粗糙度系指零件微观表面高低不平的程度，见图5-6。产生的主要原因有：切削时刀具与工件相对运动产生的摩擦；机床、刀具和工件在加工时的振动；切削时从零件表面撕裂的切屑产生的痕迹；加工时零件表面发生塑性变形。

（2）评定表面粗糙程度的参数

评定加工表面粗糙程度，常用轮廓算术平均偏差 R_a 值表示，见图5-7。

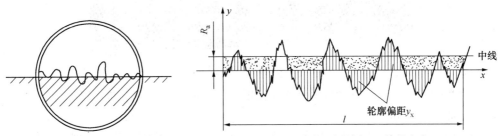

图5-6　表面微观不平程度的放大示意图　　　图5-7　表面粗糙度 R_a 值的定义

国家标准规定了表面粗糙度分为14个等级，分别用下面符号表示：

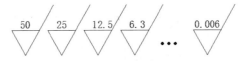

数字越大，表面越粗糙。表面粗糙度符号上的数值 R_a，单位是微米（μm）。

表面粗糙度符号的意义及应用见表5-3所示。

表 5-3 表面粗糙度符号的意义及应用

符号	符号说明	意义及应用
√	基本符号	单独使用无意义
√	基本符号上加一短划线	表示表面粗糙度是用去除法获得
√	基本符号内加一小圆	表示表面粗糙度是用不去除材料的方法获得
3.2√	符号上加 R_a 值	用去除材料方法获得的表面，R_a 的最大允许值为 3.2μm

5.3 机床的分类和型号

5.3.1 机床的分类

金属切削机床(简称机床)是以切削方法加工金属零件的机器，是制造机器的机器，被称为"工作母机"，典型机床如图 5-8 所示。机床的类型与品种很多，为了机床使用和管理的方便，需要加以分类、编制型号和标明技术规格。

图 5-8 CW6163A 数控车床

机床分类的基本方法是按照所用刀具、加工方法、加工对象的不同来划分。

(1) 按加工方法分类

我国将机床按加工方式分为 12 类：车床、钻床、镗床、磨床、铣床、刨床(插床)、拉床、齿轮加工机床、螺纹加工机床、电加工机床、切断机床、其他机床等。

(2) 按通用程度分类

通用机床(万能机床)：加工范围较广、结构复杂，主要适用于单件、小批量生产。如卧式车床、卧式铣镗床等。

专门化机床(专能机床)：加工某一类或几类零件的某一种(或几种)特定工序。如精密丝杠车床、凸轮轴车床、曲轴车床等。

专用机床：加工某一种(或几种)零件的特定工序。如制造主轴箱的专用镗床、制造车床床身导轨的专用龙门磨床等等。

（3）按照加工精度分类

分为普通精度机床、精密机床、高精度机床。

（4）按照自动化程度分类

分为手动、机动、半自动和自动机床(数控机床)。

5.3.2 机床的型号

机床的型号是由汉语拼音字母及阿拉伯数字组成，它简明地表示了机床的类别、性能、结构特征和主要技术规格，使人们看到型号就能对该机床有一个基本的了解。图5-9表达了机床型号的基本含义。详细内容可参阅有关资料。

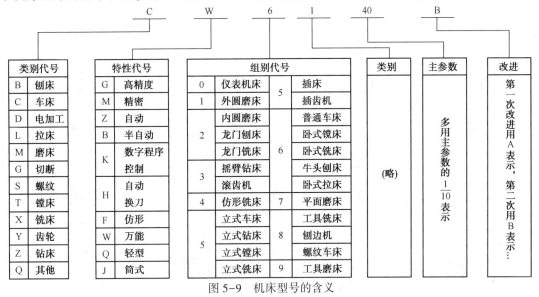

图 5-9 机床型号的含义

例如：CW6140B 的含义为：车削工件最大直径为 400mm、经第二次重大设计改进的万能车床。

5.4 金属切削加工方法概述

过程设备的筒体、封头等零部件，成形后的表面基本不用另行加工，而法兰、管板、搅拌轴等类型的零部件的表面，都需要通过切削加工获得。切削加工是机械制造中最主要的加工方法。由于切削加工的适应范围广，且能达到很高的精度和很低的表面粗糙度，在机械制造工艺中仍占有重要地位。切削加工是用切削工具从毛坯(如铸件、锻件、板料、条料)上切去多余的材料，使零件的几何形状、尺寸以及表面粗糙度等方面均符合图纸要求。切削加工分为钳工和机械加工(简称机加)两大部分。钳工一般是由工人手持工具对工件进行切削加工；机加是由工人操纵机床进行切削加工。切削加工按其所用切削工具的类型又可分为刀具切削加工和磨料切削加工。刀具切削加工的主要方式有车削、钻削、镗削、铣削、刨削等；磨料切削加工的方式有磨削、珩磨、研磨、超精加工等。

5.4.1 车削加工

5.4.1.1 车削与车削机床简介

车削加工是在车床上用车刀加工工件的工艺过程。车削加工时，工件的旋转是主运动，刀具作直线进给运动，因此，车削加工适宜于加工各种回转体表面。车削加工可以在普通车床、立式车床、转塔车床、仿形车床、自动车床以及各种专用车床上进行。

下面仅介绍普通车床、六角车床和立式车床的主要特点。

（1）普通车床

车削加工中应用最为广泛的是普通车床，它适宜于各种轴、盘及套类零件的加工。在普通车床上可以完成的主要工作，如表5-4所示。由此可见，凡绕定轴心线旋转的内外回转体表面，均可用车削加工来完成。

表5-4 车床的主要工作

钻中心孔	钻 孔	铰 孔	攻 丝
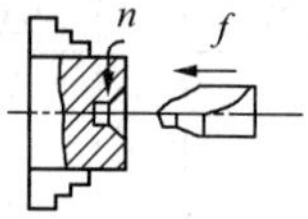	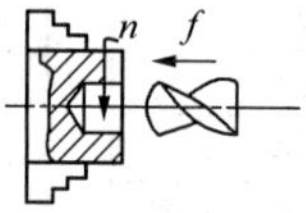	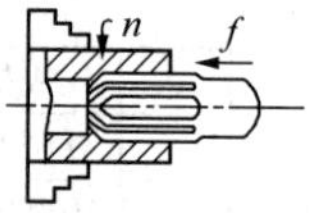	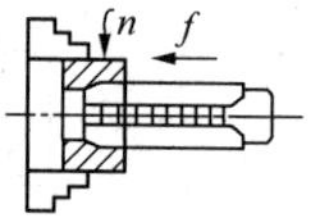
车外圆	镗 孔	车端面	切 断
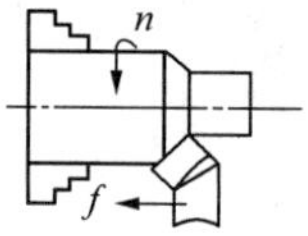	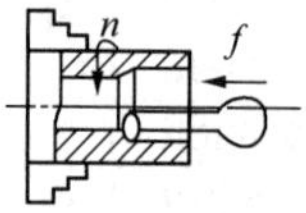	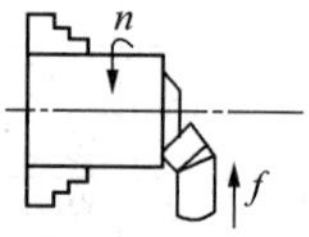	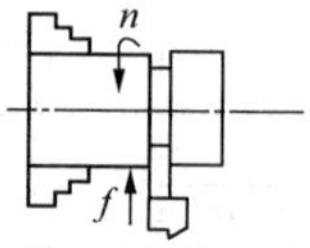
车成形面	车锥面	滚 花	车螺纹
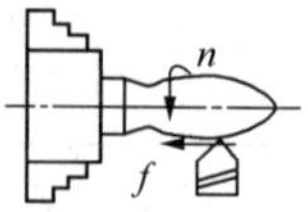	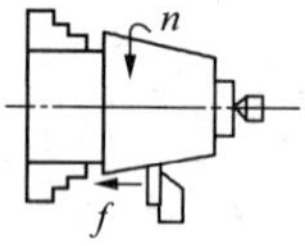	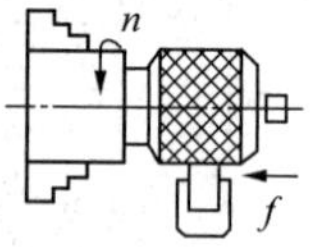	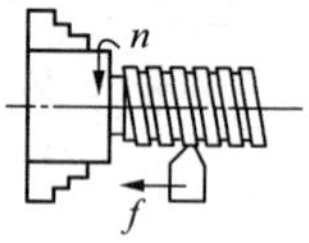

（2）六角车床（转塔车床）

六角车床（图5-10），适宜于外形较为复杂而且多半具有内孔的中小型零件的成批生产。六角车床与普通车床的不同之处是有一个可转动的六角刀架，代替了普通车床上的尾架。在六角刀架上可以装夹数量较多的刀具[图5-10(b)]或刀排，如钻头、铰刀、板牙等。根据预先的工艺规程，调整刀具的位置和行程距离，依次进行加工。机床上有定程装置，可控制尺寸，节省了很多度量工件的时间。

（3）立式车床

立式车床是用来加工大型盘类零件的。它的主轴处于垂直位置，安装工件用的花盘（式卡盘）处于水平位置。即使安装了大型零件，运转仍很平稳。立柱上装有横梁，可上下移动；立柱及横梁上都装有刀架，可上下、左右移动。

5.4.1.2 车削加工的工艺特点

（1）适用范围广泛

车削是轴、盘、套等回转体零件不可缺少的加工工序。一般来说，车削加工可达到的精

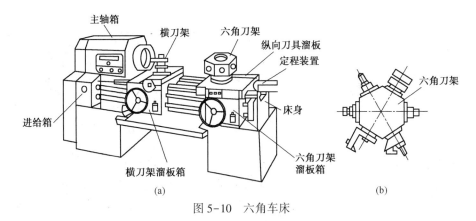

图 5-10　六角车床

度为 IT13~IT7，表面粗糙度 R_a 值为 50~0.8μm。

（2）容易保证零件加工表面的位置精度

车削加工时，一般短轴类或盘类工件用卡盘装夹，长轴类工件用前后顶尖装夹，套类工件用心轴装夹，而形状不规则的零件用花盘装夹或花盘-弯板装夹。在一次安装中，可依次加工工件各表面。由于车削各表面时均绕同一回转轴线旋转，故可较好地保证各加工表面间的同轴度、平行度和垂直度等位置精度要求。

（3）适宜有色金属零件的精加工

当有色金属零件的精度较高、表面粗糙度 R_a 值较小时，若采用磨削，易堵塞砂轮，加工较为困难，故可由精车完成。若采用金刚石车刀，以很小的切削深度（$\alpha_p < 0.15mm$）、进给量（$f < 0.1mm/r$）以及很高的切削速度（$v \approx 5m/s$）精车，可获得很高的尺寸精度（IT6~IT5）和很小的表面粗糙度 R_a 值（0.8~0.1μm）。

（4）生产效率较高

车削时切削过程大多数是连续的，切削面积不变，切削力变化很小，切削过程比刨削和铣削平稳。因此可采用高速切削和强力切削，使生产率大幅度提高。

（5）生产成本较低

车刀是刀具中最简单的一种，制造、刃磨和安装均很方便。车床附件较多，可满足一般零件的装夹，生产准备时间较短。车削加工成本较低，既适宜单件小批量生产，也适宜大批大量生产。

5.4.2　钻削加工

钻削加工是在钻床上用钻头在实体材料上加工孔的工艺过程。钻削是孔加工的基本方法之一。

5.4.2.1　钻削机床简介

常用的钻床有台式钻床、立式钻床及摇臂钻床（图 5-11）。台式钻床是一种放在台桌上使用的小型钻床，它适用于单件、小批量生产以及对小型工件上直径较小的孔的加工（一般孔径小于 13mm）；立式钻床是钻床中最常见的一种，它常用于中、小型工件上较大直径孔的加工（一般孔径小于 50mm）；摇臂钻床主要用于大、中型工件上孔的加工（一般孔径小于 80mm）。

在钻床上钻孔时，刀具（钻头）的旋转为主运动，同时钻头沿工件的轴向移动为进给运动。

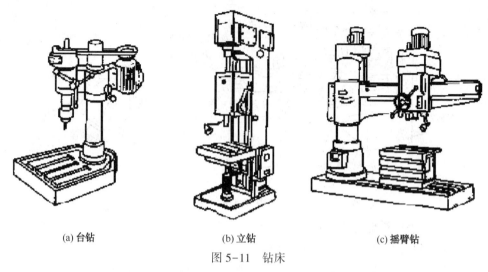

(a) 台钻   (b) 立钻   (c) 摇臂钻

图 5-11　钻床

随着过程设备的大型化，管板的直径和厚度不断增大，数控多头钻床的开发与应用，使得管板加工设备向着高效、高精度方面飞速发展。我国武重集团数控铣床公司于 2010 年开发研制出具有完全自主知识产权的新型专用机床——ZK5540 数控龙门移动多头钻床，在解决我国核电设备制造的关键复杂工艺中发挥出重要作用。现已该型号机床为例，进行数控多头钻床的介绍，如图 5-12 所示。

图 5-12　ZK5540 数控龙门移动多头钻床

ZK5540 型数控龙门移动钻床，武重根据中国东方电气集团公司的要求而量身定做的用于核电蒸汽发生器管板加工的数控龙门移动多头钻床。此设备为国内首创，其技术先进、效率高。其中广泛采用了国际最新技术，具有同类产品中的国际先进水平，是一种高效、高精度、高可靠性、高速高动态响应、高刚度的先进设备。

ZK5540 数控龙门移动多头钻床在横梁上配置大功率的调速镗铣头，有 5 个进给坐标轴（可任意三轴联动），加工宽 4.5m、门移动范围可达 9m，加工孔直径为 10~40mm，可一次装卡多工位加工或同时使用八轴工位加工，孔间精度可达 0.05mm，是多孔管板零件加工的理想"工具"。

5.4.2.2　钻削加工应用及其特点

在钻床上除钻孔外，还可进行扩孔、铰孔、锪孔和攻丝等工作，如表 5-5 所示。

（1）钻孔

对于直径小于 30mm 的孔，一般用麻花钻在实心材料上直接钻出。若加工质量达不到要求，则可在钻孔后再进行扩孔、铰孔或镗孔等加工。

（2）扩孔

扩孔是用扩孔钻在工件上已经钻出、铸出或锻出孔的基础上做进一步加工，以扩大孔径，提高孔的加工精度。

表 5-5 钻床的主要工作

钻 孔	扩 孔	铰 孔	攻 丝
锪锥孔	锪柱孔	反锪鱼眼坑	锪凸台

（3）铰孔

铰孔是在半精加工（扩孔和半精镗）基础上进行的一种精加工。铰孔精度在很大程度上取决于铰刀的结构和精度。

注意：钻、扩、铰只能保证孔本身的精度，而不能保证孔与孔之间的尺寸精度和位置精度。

5.4.3 镗削加工

镗削加工（即镗孔）是利用镗刀对已钻出、铸出或锻出的孔进行加工的过程。对于直径较大的孔（一般 $D>80 \sim 100\text{mm}$）、内成形面或孔内环形槽等，镗孔是惟一的加工方法。

5.4.3.1 镗床简介

图 5-13 为常用的卧式镗床，其主要组成部分及各部分的运动关系（图中箭头）如图 5-13 所示。

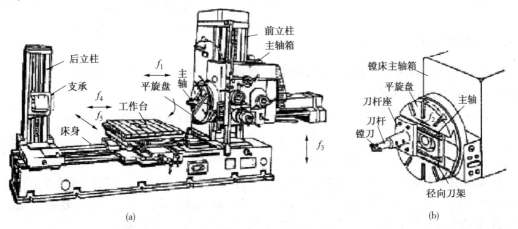

(a)   (b)

图 5-13 卧式镗床

卧式镗床主要由床身、前立柱、主轴箱、主轴、平旋盘、工作台、后立柱和尾架等组成。镗床镗孔的方式如图 5-14 所示。按其进给形式可分为主轴进给和工作台进给两种方式。

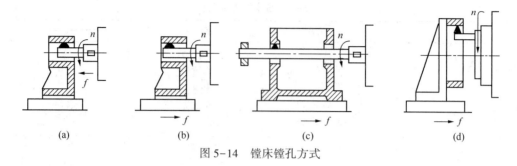

图 5-14 镗床镗孔方式

在镗床上不仅可以镗孔，还可以进行钻孔、扩孔、铰孔、铣平面、车外圆、车端面、切槽及车螺纹等工作。

5.4.3.2 镗削的工艺特点及应用

（1）镗床是加工机座、箱体、支架等外形复杂的大型零件的主要设备

在一些箱体上（例如换热器管箱）往往有一系列孔径较大、精度较高的孔，这些孔在一般机床上加工很困难，但在镗床上加工却很容易，并可方便地保证孔与孔之间、孔与基准平面之间的位置精度和尺寸精度要求。

（2）加工范围广泛

镗床是一种万能性强、功能多的通用机床，既可加工单个孔，又可加工孔系；既可加工小直径的孔，又可加工大直径的孔；既可加工通孔，又可加工台阶孔及内环形槽。除此之外，还可进行部分铣削和车削工作。

（3）能获得较高的精度和较低的粗糙度

普通镗床镗孔的尺寸公差等级可达 IT8～IT7，表面粗糙度 R_a 值可达 1.6～0 8μm。若采用金刚镗床（因采用金刚石镗刀而得名）或坐标镗床（一种精密镗床），可获得更高的精度和更低的表面粗糙度。

（4）生产率较低

镗床机床和刀具调整复杂，操作技术要求较高，总体表现生产率较低。

5.4.4 刨削加工

刨削加工是在刨床上用刨刀加工工件的工艺过程。刨削是平面加工的主要方法之一。

5.4.4.1 刨床及刨削运动

刨削加工可在牛头刨床（图 5-15）或龙门刨床（图 5-16）上进行。

在牛头刨床上加工时，刨刀的纵向往复直线运动为主运动，工件随工作台作横向间歇进给运动。其最大的刨削长度一般不超过 1000mm，因此，它适合于加工中、小型工件。

在龙门刨床上加工时，工件随工作台的往复直线运动为主运动，刀架沿横梁或立柱作间歇的进给运动。由于其刚性好，而且有 2～4 个刀架可同时工作，因此，它主要用来加工大型工件或同时加工多个中、小型工件。其加工精度和生产率均比牛头刨床高。

刨削主要用来加工平面（水平面、垂直面及斜面），也广泛用于加工沟槽（如直角槽、V形槽、T 形槽、燕尾槽），如果进行适当的调整或增加某些附件，还可以加工齿条、齿轮、花键和母线为直线的成形面等。刨床的主要工作如表 5-6 所示。

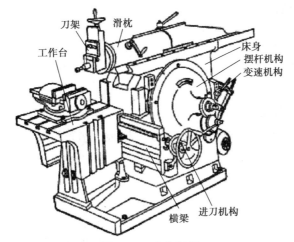

图 5-15　牛头刨床

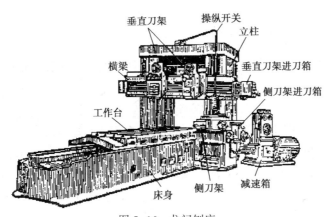

图 5-16　龙门刨床

表 5-6　刨床的主要工作

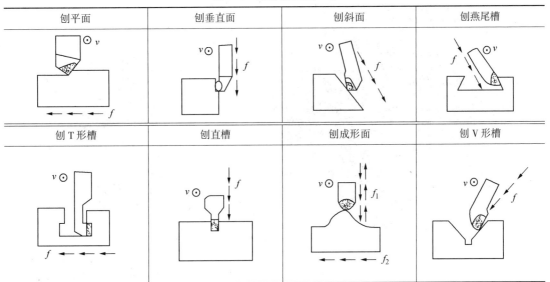

5.4.4.2 刨削的工艺特点及应用

（1）机床与刀具简单，通用性好

刨床结构简单，调整、操作方便；刨刀制造和刃磨容易，加工费用低；刨床能加工各种平面、沟槽和成形表面。

（2）刨削精度低

由于刨削为直线往复运动，切入、切出时有较大的冲击振动，影响了加工表面质量。刨削平面时，两平面的尺寸精度一般为 IT9~IT8，表面粗糙度值 R_a 为 6.3~1.6μm。在龙门刨床上用宽刃刨刀，以很低的切削速度精刨时，可以提高刨削加工质量，表面粗糙度值 R_a 达 0.8~0.4μm。

（3）生产率较低

因为刨刀为单刃刀具，刨削时有空行程，且每往复行程伴有两次冲击，从而限制了刨削速度的提高，使刨削生产率较低。但在刨削狭长平面或在龙门刨床上进行多件、多刀刨削时，则有较高的生产率。

5.4.5 铣削加工

铣削加工是在铣床上利用铣刀对工件进行切削加工的工艺过程。铣削是平面加工的主要方法之一。

5.4.5.1 铣床

铣削可以在卧式铣床（图5-17）、立式铣床（图5-18）、龙门铣床、工具铣床以及各种专用铣床上进行。对于单件、小批量生产中的中、小型零件，卧式铣床和立式铣床最为常用。前者的主轴与工作台台面平行，后者的主轴与工作台台面垂直，它们的基本部件大致相同。龙门铣床的结构与龙门刨床相似，其生产率较高，广泛应用于批量生产的大型工件，也可同时加工多个中、小型工件。

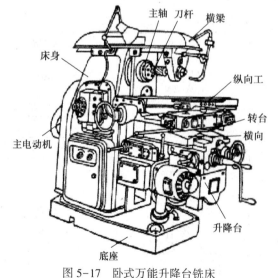

图 5-17 卧式万能升降台铣床

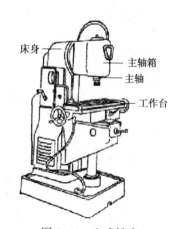

图 5-18 立式铣床

铣削时，铣刀作旋转的主运动，工件由工作台带动作纵向或横向或垂直进给运动。

铣平面可以用端铣，也可以用周铣。用周铣铣平面又有逆铣与顺铣之分。在选择铣削方法时，应根据具体的加工条件和要求，选择适当的铣削方式，以便保证加工质量和提高生产率。

5.4.5.2　铣削加工的应用

铣床的种类、铣刀的类型和铣削的形式均较多，加之分度头、圆形工作台等附件的应用，铣削加工的应用范围较广，如图 5-19 所示。

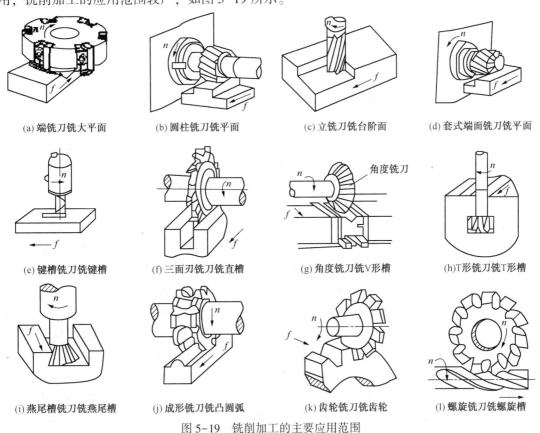

(a) 端铣刀铣大平面　　(b) 圆柱铣刀铣平面　　(c) 立铣刀铣台阶面　　(d) 套式端面铣刀铣平面

(e) 键槽铣刀铣键槽　　(f) 三面刃铣刀铣直槽　　(g) 角度铣刀铣V形槽　　(h)T形铣刀铣T形槽

(i) 燕尾槽铣刀铣燕尾槽　　(j) 成形铣刀铣凸圆弧　　(k) 齿轮铣刀铣齿轮　　(l) 螺旋铣刀铣螺旋槽

图 5-19　铣削加工的主要应用范围

（1）铣平面

铣平面可以在卧式铣床或立式铣床上进行，有端铣、周铣和二者兼用3种方式。可选用端铣刀、圆柱铣刀和立铣刀，也常用三面刃盘铣刀铣削水平面、垂直面和台阶小平面，如图 5-19(a)、(b)、(c)、(d)所示。

（2）铣沟槽

铣直槽或键槽，一般可在立铣或卧铣上用键槽铣刀、立铣刀或盘状三面刃铣刀进行，如图 5-19(e)、(f)所示。铣 V 形槽、T 形槽和燕尾槽[图 5-19(g)、(h)、(i)]时，均须先用盘铣刀铣出直槽，然后再用专用铣刀在已开出的直槽上进一步加工成形。

（3）铣成形面

常用的铣成形面的方法有在立式铣床上用立铣刀按划线铣成形面；利用铣刀与工件的合成运动铣成形面；利用成形铣刀铣成形面，如图 5-19 (j)、(k)所示。在大批量生产中，还可采用专用靠模或仿形法加工成形面，或用程序控制法在数控铣床上加工。

（4）铣螺旋槽

在铣削加工中常常会遇到铣削螺旋齿轮、麻花钻、螺旋齿圆柱铣刀等工件上的沟槽，这类工作统称为铣螺旋槽，如图5-19(1)所示。在铣床上铣螺旋槽与车螺纹原理基本相同，这里不予详述。

（5）分度及分度加工

铣削四方体、六方体、齿轮、棘轮以及铣刀、铰刀类多齿刀具的容屑槽等表面时，每铣完一个表面或沟槽，工件必须转过一定的角度，然后再铣削下一个表面或沟槽，这种工作通常称为分度。分度工作常在万能分度头上进行。

5.4.6　磨削加工

磨削加工是以砂轮作为切削工具的一种精密加工方法。砂轮是由磨料和结合剂粘结而成的多孔物体，如图5-20所示。

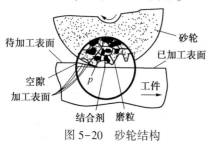

图5-20　砂轮结构

砂轮的特性包括磨料、粒度、结合剂、硬度、组织、形状和尺寸等方面。砂轮的特性对加工精度、表面粗糙度和生产率影响很大。

5.4.6.1　磨削过程

磨削是用分布在砂轮表面上的磨粒进行切削的。每一颗磨粒的作用相当于一把车刀，整个砂轮的作用相当于具有很多刀齿的铣刀，这些刀齿是不等高的、具有-80°前角的磨粒尖角。比较凸出和锋利的磨粒，可获得较大的切削深度，能切下一层材料，具有切削作用。凸出较小或磨钝的磨粒，只能获得较小的切削深度，在工件表面上划出一道细微的沟纹，工件材料被挤向两旁而隆起，但不能切下一层材料。凸出很小的磨粒，没有获得切削深度，既不能在工件表面上划出一道细微的沟纹，也不能切下一层材料，只对工件表面产生滑擦作用。

对于那些起切削作用的磨粒，刚开始接触工件时，由于切削深度极小，磨粒切削能力差，在工件表面上只是滑擦而过，工件表面只产生弹性变形；随着切削深度的增大，磨粒与工件表面之间的压力增大，工件表层逐步产生塑性变形而刻划出沟纹；随着切削深度的进一步增大，被切材料层产生明显滑移而形成切屑。

综上所述，磨削过程就是砂轮表面上的磨粒对工件表面的切削、划沟和滑擦的综合作用过程。

5.4.6.2　磨削的工艺特点

与其他加工方法相比，磨削加工具有以下特点。

（1）加工精度高、表面粗糙度小

由于磨粒的刃口半径 p 小（$46^{\#}$ 白刚玉磨粒的 $p=0.006\sim0.012\text{mm}$，而普通车刀的 $p=0.012\sim0.032\text{mm}$），能切下一层极薄的材料；又由于砂轮表面上的磨粒多，磨削速度高（$30\sim35\text{m/s}$），同时参加切削的磨粒很多，在工件表面上形成细小而致密的网络磨痕，再加上磨床本身的精度高、液压传动平稳和微量进给机构，因此，磨削的加工精度高（IT8～IT5），表面粗糙度小（$R_a=1.6\sim0.2\mu\text{m}$）。

（2）径向分力 F_y 大

磨削力一般分解为轴向力 F_x、径向力 F_y 和切向力 F_z。车削加工时，主切削力 F_z 最大。而磨削加工时，由于磨削深度和磨粒的切削厚度都较小，所以，F_z 较小，F_x 更小。但因为砂轮与工件的接触宽度大，磨粒的切削能力较差，因此，F_y 较大。一般 $F_y = (1.5 \sim 3)F_z$。

（3）磨削温度高

由于具有较大负前角的磨粒在高压和高速下对工件表面进行切削、划沟和滑擦作用，砂轮表面与工件表面之间的摩擦非常严重，消耗功率大，产生的切削热多。又由于砂轮本身的导热性差，因此，大量的磨削热在很短的时间内不易传出，使磨削区的温度很高，有时高达 800~1000℃。高的磨削温度容易烧伤工件表面。干磨淬火钢工件时，会使工件退火，硬度降低。湿磨淬火钢工件时，如果切削液喷注不充分，可能出现二次淬火烧伤，即夹层烧伤。因此，磨削时，必须向磨削区喷注大量的磨削液。

（4）砂轮有自锐性

砂轮有自锐性可使砂轮进行连续加工，这是其他刀具没有的特性。

5.4.6.3 普通磨削方法

磨削加工可以用来进行内孔、外圆表面、内外圆锥面、台肩端面、平面以及螺纹、齿形、花键等成形表面的精密加工。由于磨削加工精度高，表面粗糙度低，且可加工高硬度材料，所以应用非常广泛。

（1）外圆磨削

外圆磨削通常作为半精车后的精加工。外圆磨削有纵磨法、横磨法、深磨法和无心外圆磨法 4 种。

（2）内圆磨削

内圆磨削在内圆磨床或无心内圆磨床上进行，其主要磨削方法有纵磨法和横磨法。

在某些生产条件下，内圆磨削常被精镗或铰削所代替。但内圆磨削毕竟还是一种精度较高、表面粗糙度较低的加工方法，能够加工高硬度材料，且能校正孔的轴线偏斜。因此，有较高技术要求的或具有台肩而不便进行铰削的内圆表面，尤其是经过淬火的零件内孔，通常还要采用内圆磨削。

（3）平面磨削

平面磨削方法主要有圆周磨削和端面磨削两种方式。

圆周磨削是利用砂轮圆周上的磨粒进行磨削。砂轮与工件的接触面积小，磨削力小，磨削热少，冷却与排屑条件好，砂轮磨损均匀，所以磨削的精度高，表面粗糙度低。磨削的两平面之间的尺寸公差等级可达 IT6~IT5，表面粗糙度 R_a 值为 $0.8 \sim 0.2\mu m$，直线度可达 $0.02 \sim 0.03 min/m$。

端面磨削是利用砂轮的端面磨粒进行磨削。这种磨削所采用的磨床功率很大，砂轮轴悬伸长度短，刚性好，可采用较大的磨削用量，生产率较高。但砂轮与工件的接触面积大，磨削热多，冷却与散热条件差，工件产生热变形大。此外，砂轮各点的圆周速度不同，砂轮磨损不均匀。因此，磨削精度较低，一般用来磨削精度不高的平面或作为粗磨代替平面铣削和刨削。

5.4.6.4 先进磨削方法

随着科学技术的发展，作为传统精加工方法的普通磨削已逐步向高精度、高效率、自动化等方向发展。

（1）高精度、低粗糙度磨削

高精度、低粗糙度磨削主要包括精密磨削、超精磨削和镜面磨削。其加工精度很高，表面粗糙度 R_a 值极小，加工质量可以达到光整加工的水平。高精度、低粗糙度磨削的磨削深度一般为 0.0025~0.005mm。为了减小磨床振动，磨削速度应较低，一般为 15~30m/s。

（2）高效率磨削

高效率磨削的主要发展方向是高速磨削、强力磨削、超硬磨料砂轮磨削、砂带磨削。

高速磨削：是指砂轮速度 $v>50$m/s 的磨削。迄今为止，最高试验磨削速度已达到 400m/s。磨削速度为 80~250m/s 的磨削是最常用的高速磨削技术。

强力磨削（缓进深切磨削）：是指以大的磨削深度（可达十几毫米）和很小的纵向进给（是普通磨削的 1/100~1/10）进行磨削的方法。由于磨削深度增大，砂轮与工件的接触弧长比普通磨削大十几倍到几十倍，同时参加磨削的粒度数随之增多，磨削力和磨削热也增加。为此，要采用顺磨法，即砂轮与工件接触部分的旋转方向和工件的进给运动方向一致，以改善冷却条件，可获得较低的表面粗糙度。

缓进深切磨削适用于加工各种型面和沟槽，特别是能有效地磨削难加工材料的各种成形表面，并可将铸、锻件毛坯直接磨削形成。

砂带磨削：砂带回转为主运动，工件由输送带带动作进给运动，工件经过支承板上方的磨削区，即完成加工。砂带磨削的生产率高，加工质量好，并能方便地加工复杂形面，因而成为磨削加工发展的重要方向之一。

超硬磨料砂轮磨削：超硬磨料砂轮就是金刚石砂轮与立方氮化硼砂轮的总称。

金刚石是目前硬度最高的磨料，强度高、耐磨性和导热性好，且颗粒锋利。因此，金刚石砂轮具有良好的磨削性能，是磨削和切割光学玻璃、宝石、硬质合金、陶瓷、半导体等高硬脆材料的最好磨具。

立方氮化硼砂轮的结构和磨料的性能与金刚石砂轮类似，但它与铁族元素分子的亲和力小，适于磨削不锈钢、高速钢、钛合金、高温合金等硬度高、强度高的难加工材料。

5.4.7　特种切削加工方法简介

随着现代科学技术的发展，出现了很多用传统切削加工方法难以加工的新材料（高熔点、高硬度、高强度、高脆性、高韧性等难加工材料）及一些特殊结构（高精度、高速度、耐高温、耐高压等）的零件。因此，人们经过探索研究，发明了一些新的切削加工方法。这些切削加工方法不是依靠机械能进行切削加工，而是依靠特殊能量，如电能、化学能、光能、声能、热能等，来进行切削加工，故称为特种切削加工。特种加工方法主要有：电火花加工、电解加工、激光加工、超声波加工、电子束加工、离子束加工等。

相对于传统切削加工方法而言，特种加工方法具有以下特征：

① 加工用的工具硬度不必大于工件材料的硬度；

② 在加工过程中，不是依靠机械能而是依靠特殊能量去除工件上多余金属层。因此，工具与工件之间不存在显著的机械切削力。目前，在机械制造中，特种加工已成为不可缺少的加工方法，随着科学技术的发展，它的应用将更加普遍。

5.5　机加件表面加工方案

零件表面的加工方法很多，加工时必须根据具体情况，选择最合适的加工方法。即在保证加工质量的前提下，选择生产率高且加工成本低的加工方法。零件表面加工方法选择的主要依据有：加工表面的精度和粗糙度、零件的结构特点、零件材料的性质、毛坯种类等。

外圆、内圆和平面是构成过程设备机加件(法兰、管板、搅拌轴等)的基本表面，所以本节主要说明外圆、内圆和平面加工方法及选择。

5.5.1 外圆表面加工方案

外圆表面的加工方法主要有：车削、磨削、精密磨削、研磨和超级光磨。外圆表面的加工顺序如图 5-21 所示，外圆表面的加工方案如表 5-7 所示。

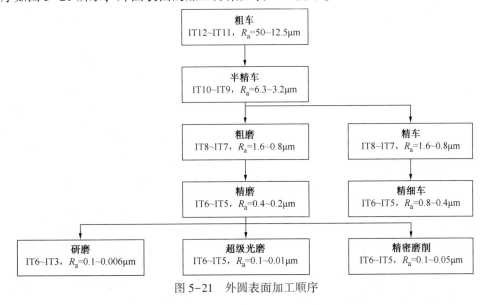

图 5-21 外圆表面加工顺序

表 5-7 外圆表面加工方案

序号	加工方案	适用范围	
		外圆表面的精度及表面粗糙度	工件材料
1	粗车	IT12~IT11，$R_a = 50 \sim 12.5\mu m$	热处理前硬度≤32HRC，如钢件、铸铁件、有色金属、高温合金等
2	粗车—半精车	IT10~IT9，$R_a = 6.3 \sim 3.2\mu m$	
3	粗车—半精车—粗磨	IT8~IT7，$R_a = 1.6 \sim 0.8\mu m$	有色金属除外
4	粗车—半精车—粗磨—精磨	IT6~IT5，$R_a = 0.4 \sim 0.2\mu m$	
5	粗车—半精车—粗磨—精磨—研磨(或超级光磨、精密或超精密磨削)	IT6~IT5，$R_a = 0.1 \sim 0.006\mu m$	
6	粗车—半精车—精车	IT8~IT7，$R_a = 1.6 \sim 0.8\mu m$	有色金属
7	粗车—半精车—粗车—精细车	IT6~IT5，$R_a = 0.8 \sim 0.4\mu m$	

5.5.2 内圆表面(孔)的加工方案

内圆表面(即孔)的加工方法较多，常用的有钻孔、扩孔、铰孔、镗孔、拉孔、磨孔、研磨孔和珩磨等。孔的各种加工方法所能达到的精度、表面粗糙度和加工顺序如表 5-8 和图 5-22 所示。孔的加工可分为在实体材料上加工孔和对已有的孔进行进一步加工。在实体材料上加工孔的方案如表 5-8 所示。对已铸出或锻出的孔进行加工时，开始采用扩孔或镗孔，后续加工与表 5-8 所述完全一致。对于工件材料硬度大于 32HRC 的孔，一般采用特种加工，然后根据需要进行光整加工。对于平底盲孔一般采用钻—镗加工方案。

表 5-8　孔的加工方案

序号	加工方案	适用范围			
		孔的精度及表面粗糙度	工件材料	孔径大小/mm	生产类型
1	钻	IT11 以下 $R_a = 50 \sim 12.5\mu m$		≤75	各种类型
2	钻—扩	IT10～IT9 $R_a = 6.3 \sim 3.2\mu m$	硬度≤32HRC	≤30	各种类型
	钻—粗镗			>30	
3	钻—扩—粗铰	IT8 $R_a = 3.2 \sim 1.6\mu m$		≤80	成批
	钻—粗镗—半精镗			>20	单件、小批量
	钻—拉				大批大量
	钻—粗镗—粗磨		有色金属除外		各种类型
4	钻—扩—粗铰—精铰	IT7 $R_a = 1.6 \sim 0.4\mu m$	硬度≤32HRC	≤80	成批
	钻—粗镗—半精镗—精镗			>20	单件、小批量
	钻—拉				大批大量
	钻—粗镗—粗磨—半精磨		有色金属除外		各种类型
5	钻—扩—粗铰—精铰—手铰	IT6 $R_a = 0.2 \sim 0.7\mu m$	硬度≤32HRC	≤80	成批
	钻—粗镗—半精镗—精镗—精细镗			>20	单件、小批量
	钻—拉—精拉				大批大量
	钻—粗镗—粗磨—半精磨—精磨		有色金属除外		各种类型
6	钻—扩—粗铰—精铰—手铰—研磨	IT6 $R_a = 0.1 \sim 0.006\mu m$	硬度≤32HRC	≤80	成批
	钻—粗镗—半精镗—精镗—精细镗—研磨			>20	单件、小批量
	钻—拉—精拉—研磨				大批大量
	钻—粗镗—粗磨—半精磨—精磨—研磨		有色金属除外		单件、小批量
	钻—粗镗—粗磨—半精磨—精磨—珩磨				大批大量

5.5.3　平面加工方案

平面按加工时所处的位置可分为水平面、垂直面和斜面。平面之间作不同形式的连接，又可形成各种沟槽，如直槽、V 形槽、T 形槽和燕尾槽等。平面的加工方法主要有车削、铣削、刨削、磨削、研磨和刮削等，其中以铣削和刨削为主。平面的各种加工方法所能达到的精度、表面粗糙度和加工顺序如图 5-23 所示。平面的加工方案如表 5-9 所示。如果需要光

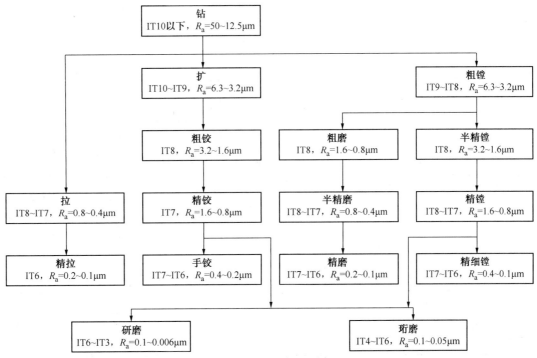

图 5-22　孔的加工顺序

整加工，可采用表中序号为 3 的加工方案，然后进行光整加工，如研磨、超级光磨或超精密磨削。但磨削、超级光磨和超精密磨削不能加工有色金属。

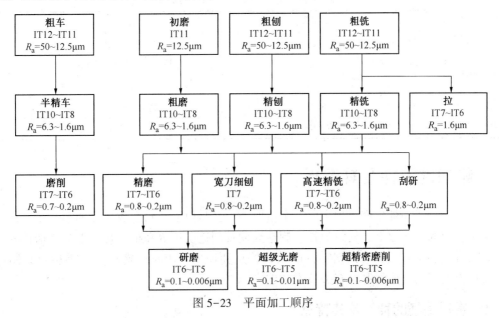

图 5-23　平面加工顺序

5.5.4　机加件精度等级及其相应的加工方法

机加件精度等级及其相应的加工方法如表 5-10 所示。

表 5-9　平面加工方案

序号	加工方案	适用范围			
		平面的精度及表面粗糙度	工件材料	平面类型	生产类型
1	粗刨或粗铣	IT12~IT11 $R_a = 50 \sim 12.5 \mu m$	硬度≤32HRC	各种类型	各种类型
	初磨		硬度>32HRC	各种类型	各种类型
2	粗刨—精刨	IT10~IT8 $R_a = 6.2 \sim 1.6 \mu m$	硬度≤32HRC	各种类型	单件、小批量
				窄长平面	各种类型
	粗铣—精铣			各种类型	大批、大量
	粗车—半精车			端面	各种类型
	初磨—粗磨		硬度>32HRC	各种类型	各种类型
3	粗刨—精刨—宽刀细刨	IT7~IT6 $R_a = 0.8 \sim 0.2 \mu m$	硬度≤32HRC	窄长平面	各种类型
	粗铣—精铣—高速精铣			各种类型	各种类型
	粗铣—拉			窄小平面	大批大量
	粗铣(刨)—精铣(刨)—磨			各种类型	各种类型
	粗车—半精车—磨削			端面	各种类型
	初磨—粗磨—精磨		硬度>32HRC	各种类型	各种类型
4	粗铣(刨)—精铣(刨)—刮研	IT10~IT8 $R_a = 0.8 \sim 0.2 \mu m$	硬度≤32HRC	各种类型	单件、小批量

表 5-10　机加件精度等级及其相应的加工方法

精度等级	尺寸精度范围	R_a 值范围/μm	相应的加工方法
低精度	IT13~IT11	25~12.5	粗车、粗镗、粗铣、粗刨、钻孔等
中等精度	IT10~IT9	6.3~3.2	半精车、半精镗、半精铣、半精刨、扩孔等
	IT8~IT7	1.6~0.8	精车、精镗、精铣、精刨、粗磨、粗铰等
高精度	IT7~IT6	0.8~0.2	精磨、精铰等
特别精密精度	IT5~IT2	R_a<0.2	研磨、珩磨、超精加工、抛光等

5.6　机加件毛坯及其选择

　　毛坯制造是机加件生产过程中的一个重要部分，是由原材料变成成品的第一步。机加件在加工过程中的工序数量、材料消耗、制造周期及制造费用等在很大程度上与所选择的毛坯制造方法有关。工艺人员应根据零件的结构特点和使用要求正确选择毛坯类型及其制造方法，设计出毛坯的结构并制订有关技术要求。

5.6.1　常用毛坯的种类及其特点

　　机械制造中的常用毛坯有铸件、锻件、型材和焊接件等。

　　（1）铸件

　　形状复杂的零件，一般采用铸造毛坯。目前生产中的铸件大多数采用木模或金属模砂型铸造和金属型铸造。少数尺寸较小的优质铸件可采用离心铸造、压力铸造、熔模铸造等特种造型方法。

砂型铸造的铸件，当采用手工木模造型时由于木模本身的制造精度不高，使用中受潮易变形，加之手工造型的误差大，为此必须留有较大的加工余量。手工造型的生产率较低，适用于单件小批生产。为提高铸件的精度和生产率，大批大量生产时采用金属模机器造型。这种方法需要一套特殊的金属模和相应的造型设备，费用较高，而且铸件质量受到一定程度的限制，最大质量为250kg。一般多用于中小尺寸的铸件。

金属型铸造，是将熔融的液体金属浇注到金属的模具中，依靠金属自身质量充满铸型而获得铸件。这种铸件比砂型铸件的精度高（公差一般为0.1~0.15mm），表面质量和机械性能好，生产率也较高。但需一套专用的金属型。它适用于大批大量生产中尺寸不大、质量较小（一般铸件质量小于100kg）的铸件。对有色金属铸件尤为适用。

离心铸造是将液体金属注入高速回转的铸型内，使金属液体在离心力的作用下充满铸型腔而形成铸件，这种铸件的金属组织细密、力学性能好，外圆精度高，表面质量也好。但内孔精度较差，需留有较大的加工余量。它适用黑色金属及铜合金的旋转体铸件，如套筒、管子和法兰盘等。

压力铸造是将液态或半液态金属在高压作用下，以较高的速度压入金属铸型而获得的铸件。这种铸件质量好、精度高，机械加工只需进行精加工，因而节省大量材料。由于该铸件是在高压下形成的因而可铸出结构较为复杂的铸件。但压力铸造的设备投资较大、要求较高，目前主要用于大量生产中形状复杂、尺寸较小及质量较小（一般不大于15kg）的有色金属铸件。

（2）锻件

锻件有自由锻和模锻两种。

自由锻是在各种锻锤和压力机上由手工操作而锻出的毛坯。这种锻件的精度低、加工余量大、生产率不高且结构简单，但不需专用模具，适用于单件小批生产或锻造大型零件。过程设备的法兰、管板等机加件的毛坯多为自由锻件。

模锻是采用一套专用的锻模，在吨位较大的锻锤和压力机上锻出毛坯。它的精度比自由锻件高，表面质量较高，毛坯的形状也可复杂一些。模锻的材料纤维呈连续形，故其机械强度较高。模锻的生产率也较高。它适用于产量较大的中小型零件毛坯的生产。

（3）型材

机械制造中的型材按截面形状可分为圆钢、方钢、六角钢、扁钢、角钢、槽钢及工字钢等。按制造方法有热轧和冷拉两种型材。热轧型材的尺寸较大、规格多、精度低，多用于一般零件的毛坯。冷拉型材的尺寸较小、精度较高，而规格不多和价格较贵，多用于毛坯精度较高的中小型零件。有时表面可不经加工而直接选用。过程设备的一些支撑（如塔盘支撑件等）和加强件（如加强圈等）一般采用型材。

（4）焊接件

一般是指由型材或板材焊接而形成的机加件毛坯，如用板材拼接成管板毛坯件等。其主要优点是制造简单、生产周期短，不需专用的装备。对一些大型件的焊接，可以弥补工厂的毛坯制造能力的不足。另外，毛坯的种类还有冲压件、冷挤压件和粉末冶金件等。

机加件常用毛坯的种类及其特点见表5-11。

表 5-11 常用毛坯的种类及其特点

种类	方法	质量	特点	应用	材料
铸件	木模砂型手工造型	1. 壁厚≥3mm； 2. 精度低，尺寸公差≤8mm； 3. 加工余量大	效率低；适应性强	质量不限； 单件或小批生产； 结构形状复杂的零件	铁；有色金属
	金属模砂型机械造型	1. 壁厚≥3mm； 2. 精度一般，尺寸公差1~2mm； 3. 加工余量小	生产率高； 成本高	质量≤250kg； 大批量生产； 结构形状复杂的零件	
	金属型浇铸	1. 壁厚≥1.5mm； 2. 精度高，尺寸偏差0.1~0.5mm； 3. R_a12.5	机械性能较好	质量≤100kg； 大批量生产； 外形简单的中小型零件	钢、铁；有色金属
	离心浇铸	1. 壁厚≤5mm； 2. 精度高，IT11~IT13； 3. 表面质量好	机械性能较好；专用设备，效率高；材料消耗低	质量≤200kg； 大批量生产； 空心旋转体零件	铁；有色金属
	熔模浇铸	1. 壁厚≥1mm； 2. 精度高，尺寸偏差0.5~0.15mm； 3. 表面粗糙度R_a3.2	工艺过程复杂，生产周期长，费用高	形状复杂的小型零件； 无需或很少的机械加工	合金材料；钢、铁
	压力浇铸	1. 精度高，尺寸偏差0.1mm； 2. 表面粗糙度R_a1.5~6.3； 3. 壁厚≥0.8mm	生产率高；设备费用高	质量≤15kg； 大量生产；无需或少切削加工；外形复杂或薄壁的零件	有色金属及其合金
锻件	自由锻	1. 精度低，尺寸偏差1.5~2mm； 2. 加工余量大	生产率低； 成本低； 强度有一定要求	质量不限；单件或小批生产；形状较简单的零件。（如管板、法兰）	钢
	模锻	1. 精度高，尺寸偏差0.1~0.2mm； 2. 表面粗糙度R_a12.5~25	生产率高； 成本高； 纤维组织好，强度高	质量≤100kg； 大批、大量生产；形状复杂的零件。（如带径法兰）	
	精锻	1. 壁厚≥1.5mm； 2. 精度高，尺寸偏差0.05~0.1mm； 3. 表面粗糙度R_a3.2~6.3	成本高	质量≤100kg； 无需或直接精加工	
型材	热轧	棒料精度IT15~IT16；	断面有圆形，方形六角形和异形等	一般零件	板材、管料、棒料
	冷拉	棒料精度IT9~IT12		六角车床或自动机床加工	
焊接件		1. 加工余量大； 2. 壁厚≥1mm	制造简单； 生产周期短； 变形大	大型管板；热处理消除应力后加工	型材、板材
冲压件		1. 精度高，尺寸偏差0.05~0.3mm； 2. 表面粗糙度R_a1.6	生产率高	形状复杂的中小型零件；较大大批量生产；不再成直接精加工	板料
冷挤压件		1. 精度高IT6~IT7； 2. 表面粗糙度R_a0.2~1.6	生产率高	形状简单，小尺寸零件；大批量生产	有色金属、碳钢、低合金钢、高速钢、轴承钢

5.6.2 选择毛坯应考虑的因素

在选择零件毛坯时，应考虑的因素很多，须作全面比较后才能最后确定。

（1）生产类型

生产类型在很大程度上决定采用哪一种毛坯制造方法是经济的。如生产规模大时，便可采用高精度和高生产率的毛坯制造方法。这时虽然一次性投资较大，但均分到每个毛坯上的成本就较小。同时，由于精度、生产率较高的毛坯制造，既能减少原材料的消耗又可减少机械加工劳动量。节约能源，改善工人劳动条件。另外可使机械加工工艺过程缩短，最终降低产品的总成本。

（2）机加件的结构形状和尺寸

选择毛坯应考虑零件结构的复杂程度和尺寸的大小。例如，形状复杂和薄壁零件的毛坯一般不采用金属型铸造。尺寸较大时，往往不采用模锻和压铸等。再如，某些外形复杂的小型零件，由于机械加工困难，往往采用较精密的毛坯制造方法，如压铸、熔模铸造、精密模锻等。

（3）机加件的力学性能

机加件的力学性能和其材料有密切的关系。材料不同，毛坯制造方法不尽相同。铸铁材料往往采用铸件，钢材则以锻件和型材为多。

（4）机加件的功用

机加件的功用会影响毛坯的类型及其制造方法。对一些功用相同，而要求材料力学性能尽量一致的零件往往采用合制毛坯的方法。常将这些零件毛坯先做成一个整体，加工到一定阶段后再切割分开，例如浮头式换热器的浮头法兰钩圈。

（5）现有生产条件

选择毛坯时，应充分利用本单位的生产条件，使毛坯制造方法适合本单位的实际生产水平和能力。在本单位不能解决时，要考虑外协的可能性和经济性。可能时，应积极组织外协以便从整体上取得较好的经济性。

（6）新工艺、新技术和新材料的利用

为节省材料和能源，应充分考虑到利用新工艺、新技术和新材料的可能性。例如，当前精铸、精锻、冷轧、冷挤、粉末冶金和工程塑料等的应用日益增多，应用这些方法可大大减少机械加工量，有时甚至不必再进行机械加工，其经济效果十分显著。

5.7 典型机加件加工工艺过程

5.7.1 法兰加工工艺过程

法兰加工工艺流程如图 5-24 所示。主要有三大步骤：毛坯的生产加工；切削加工（平面、外圆面、钻孔）；质量检验。

法兰毛坯的生产工艺一般分为四种，第一种就是锻造法兰毛坯，相对来说质量较好。第二种是铸造法兰毛坯，此外还有割制法兰毛坯和卷制法兰毛坯。

锻造法兰和铸造法兰不同，使用铸造生产出来的法兰，毛坯形状尺寸准确，加工量小，

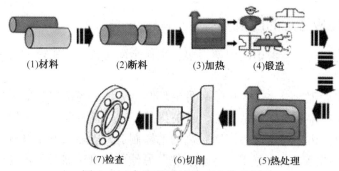

(1)材料　　(2)断料　　(3)加热　　(4)锻造

(7)检查　　(6)切削　　(5)热处理

图 5-24　加工锻造法兰工艺流程图

相对来说成本就低很多，但是铸造出来的法兰有气孔，裂痕，夹杂其他物质，铸件内部组织流线型较差；锻造法兰一般比铸造法兰含碳低不易生锈，锻件流线型好，组织比较致密，机械性能优于铸造法兰。锻造工艺不当也会出现晶粒大或不均，硬化裂纹现象，锻造成本高于铸造法兰。锻件比铸件能承受更高的剪切力和拉伸力。铸件的优点在于可以搞出比较复杂的外形，成本比较低；锻件优点在于内部组织均匀，不存在铸件中的气孔，夹杂等有害缺陷；从生产工艺流程区别铸造法兰和锻造法兰的不同，比如离心法兰就属于铸造法兰的一种。

割制法兰是在钢板上直接切割出法兰的留有加工量的内外径及厚度的圆盘，再进行密封面及螺栓孔的加工，这样生产出来的法兰就叫做割制法兰。此类法兰板材利用率比较低，一般只用于小直径法兰的制造。

卷制法兰用于生产一些大型法兰，大口径法兰，小口径的法兰卷不上。卷制好法兰后进行焊接，焊接好后进行压平，再进行热处理。然后进行密封面及螺栓孔的机械加工。

法兰的切削加工工艺方法按 5.5 节"机加件加工工艺方案"进行选择。质量检验按照法兰设计施工图纸的表面加工精度要求进行检查。

5.7.2　管板加工工艺过程

管板的加工工艺过程与法兰的加工工艺过程是基本一致的，只是毛坯生产过程和切削加工过程有所区别。

管板的毛坯以锻件和板材拼焊为主；切削加工工艺方法也是按 5.5 节"机加件加工工艺方案"进行选择。管板与法兰加工不同的是钻孔过程。管板钻孔加工方法有传统的方法和先进的方法。

（1）传统的管板钻孔方法

尽管各个厂家的加工工艺略有差别，但总的来说，不外乎，先划线(因划出的线成网格状，称网格线)，打样冲点，用小钻头钻小孔，再正式钻孔，若孔壁表面粗糙度要求高的，还要铰孔，最后倒角。

分析一下这套工序，先说划线，若是标准管板(蜂窝状)还好说，若是图形复杂的，划线就很费事。再说钻孔，操作工人用摇臂钻钻孔，调整摇臂定位，再落下钻头，再抬起钻头重新调整摇臂定位，钻一个孔要做好几个动作，而操作工人的劳动强度较大，效率不高。总而言之，传统的管板加工，精度低、费时、费力，使得管板加工成为整个生产过程中的一个瓶颈。

（2）先进的管板钻孔方法

在传统的管板加工中，摇臂钻是其主要设备。由于其手动操作特性，操作方法比较固定，很难有潜力挖掘。尽管可以用钻模等办法提高效率，但解决不了根本问题，只有从设备上想办法，才能从根本上解决问题。国外管板加工已普遍采用多轴数控钻床，不再使用摇臂钻，数控平面钻床能够代替人工划线、钻孔，可以大大提高加工精度和效率。我国已经实现这类钻床的国产化。现在国内许多过程设备制造厂家都拥有较先进的大型数控卧式深孔钻床及多轴数控钻床等专用管板加工机床，钻孔深度可达 $200 \sim 1000mm$，加工孔径 $\phi10 \sim 36mm$，粗糙度 $1.6 \sim 0.8\mu m$。采用 CAD 自动编程，厚重管板采用数控专机加工，普通管板、隔板、折流板等采用数控专机定位加工。采用冷却液高压保护钻孔、冷却液低压保护钻孔、主轴扭矩保护钻孔、进给抗进保护钻孔、自动报警保护钻孔等先进技术设备，确保管板每个钻孔零失误，从而保证了钻孔的质量。

5.8 机加件加工工艺规程

在生产过程中，直接改变原材料或毛坯的形状、尺寸、性能以及相互位置关系，使之成为成品的过程，称为工艺过程。工艺过程主要包括毛坯的制造(铸造、锻造、冲压等)、热处理、机械加工和装配。因此，工艺过程可分为机械加工工艺过程、铸造工艺过程、锻造工艺过程、焊接工艺过程、热处理工艺过程、装配工艺过程等。

通常把合理的工艺过程编写成技术文件(机械加工工艺过程卡片、机械加工工序卡片或机械加工工艺卡片)，用于指导生产，这类文件称为工艺规程。

5.8.1 机加件加工工艺过程的组成

通过机械加工的方法，逐次改变毛坯的尺寸、形状、相互位置和表面质量等，使之成为合格零件的过程，称为机械加工工艺过程。

一个零件的机械加工工艺过程往往是比较复杂的。为了便于组织和管理生产，以保证零件质量，生产中常把机械加工工艺过程分为若干工序，而工序又可分为工位、工步和走刀等。

（1）工序

机械加工工艺过程是由一系列工序组成。在工艺过程中，工序是指一个或一组工人在一台机床或在一个工作场地上，对一个(或同时对几个)工件进行连续加工所完成的那一部分工作，称为工序。

区分工序的主要依据，是设备(或工作地)是否变动和完成的那一部分工艺内容是否连续。零件加工的设备变动后，即构成另一工序。如图 5-25 所示的阶梯轴，其加工工艺及工序划分见表 5-12。

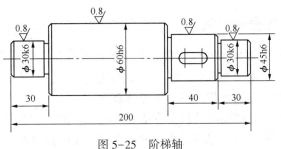

图 5-25 阶梯轴

表 5-12　阶梯轴加工工艺过程

工序号	工 序 内 容	设 备
1	车端面、钻中心孔、车全部外圆、车槽与倒角	车床
2	铣键槽、去毛刺	铣床
3	磨外圆	外圆磨床

工序不仅是生产工艺过程的基本单元，也是制订时间定额、人员配备、安排作业计划和进行质量检验的基本单元。

（2）工位

工位是指为了完成一定的工序部分，在一次装夹下，工件与夹具或设备的可动部分一起相对刀具或设备的固定部分所占据的每一个位置。图 5-26 所示为用回转工作台在一次安装中顺序完成装卸工件、钻孔、扩孔和铰孔四个工位加工的实例。

（3）工步

工步是在零件的加工表面和加工刀具不变的条件下所连续完成的那一部分工序。一个工序可以包括几个工步，也可以只包括一个工步。为了提高生产率，用几把刀具同时加工几个表面的工步，称为复合工步(图 5-27)。在工艺文件上，复合工步应视为一个工步。

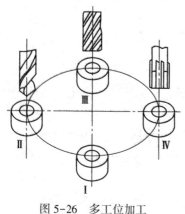

图 5-26　多工位加工
工位 I—装卸工作；工位 II—钻孔；
工位 III—扩孔；工位 IV—铰孔

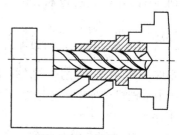

图 5-27　复合工步

（4）走刀

在一个工步内，若工件被加工表面需除去的金属层很厚，可分几次切削，则每切削一次即为一次走刀。

5.8.2　机加件工艺规程的编制

工艺规程是指导生产的技术文件，它必须满足产品质量、生产率和经济性等多方面要求。工艺规程应适应生产发展的需要，尽可能采用先进的工艺方法。但先进的高生产率的设备成本较高，因此，所制订的工艺规程必须经济合理。

机加件的工艺规程就是机加件的加工方法和步骤。它的内容包括：排列加工工艺，确定各工序所用的机床、装夹方法、度量方法、加工余量、切削用量和工时定额等。将各项内容填写在一定形式的卡片上，就是机加件加工工艺的规程，即通常所说的"加工工艺卡片"。

5.8.2.1 编制工艺规程的原始资料

编制机加件的工艺规程时，通常需要的原始资料有：零件工作图和产品装配图；产品验收的质量标准；现场生产条件，包括毛坯的制造条件或协作关系，现有设备和工艺装备的规格、功能和精度，专用设备和工艺装备的制造能力及工人的技术水平等；相关手册、标准及工艺资料等。

5.8.2.2 工艺规程的编制过程及内容

（1）对零件进行工艺分析

最好先熟悉一下有关产品的装配图，了解产品的用途、性能、工作条件以及该零件在产品中的地位和作用。然后根据零件图对其全部技术要求做全面的分析，既要了解全局，又要抓住关键。然后从加工的角度出发，对零件进行工艺分析，其主要内容有：

① 检查零件的图纸是否完整和正确，分析零件主要表面的精度、表面完整性、技术要求等在现有生产条件下能否达到。

② 检查零件材料的选择是否恰当，是否会使工艺变得困难和复杂。

③ 审查零件的结构工艺性，检查零件结构是否能经济地、有效地加工出来。

如果发现问题，应及时提出，并与有关设计人员共同研究，按规定程序对原图纸进行必要的修改与补充。

（2）毛坯的选择

毛坯的类型和制造方法对零件质量、加工方法、材料利用率及机械加工劳动量等有很大影响。目前国内的过程设备（压力容器）制造厂多数由外厂供应毛坯。选择毛坯时，要充分采用新工艺、新技术和新材料，以便改进毛坯制造工艺和提高毛坯精度，从而节省机械加工劳动量和简化工艺规程。同时，毛坯选择要根据零件的材料、形状、尺寸、批量和工厂现有条件等因素综合考虑决定。

（3）工艺路线的制定

制定工艺路线就是把加工零件所需要的各个工序按顺序排列起来，它主要包括以下几个方面：

① 加工方案的确定。根据零件每个加工表面（特别是主要表面）的精度、粗糙度及技术要求，选择合理的加工方案，确定每个表面的加工方法和加工次数。常见机加件表面的加工方案可参照本章 5.5 节来确定。

在确定加工方案时还应考虑：

（a）被加工材料的性能及热处理要求（例如，强度低、韧性高的有色金属不宜磨削，而钢件淬火后一般要采用磨削加工）。

（b）加工表面的形状和尺寸。不同形状的表面，有各种特定的加工方法。同时，加工方法的选择与加工表面的尺寸有直接关系。如大于 80mm 的孔采用镗孔或磨孔进行精加工。

（c）还应考虑本厂和本车间的现有设备情况、技术条件和工人技术水平。

② 加工阶段的划分。当零件的精度要求较高或零件形状较复杂时，应将整个工艺过程划分为以下几个阶段：

（a）粗加工阶段。其主要目的是切除绝大部分余量。

（b）半精加工阶段。使次要表面达到图纸要求，并为主要表面的精加工提供基准。

（c）精加工阶段。保证各主要表面达到图纸要求。

③ 机械加工顺序的安排。在安排机械加工工序时，必须遵循以下几项原则：

（a）基准先行。作为精基准的表面应首先加工出来，以便用它作为定位基准加工其他表面。

（b）先粗后精。先进行粗加工，后进行精加工，有利于保证加工精度和提高生产率。尤其是需要热处理的零部件，要先进行粗加工，热处理后再进行精加工。例如换热器管箱法兰，是在粗加工后与管箱筒体焊接，待管箱整体组装完后，一般要求对管箱要进行热处理，然后再对管箱法兰进行精加工。

（c）先主后次。先安排主要表面的加工，然后根据情况相应安排次要表面的加工。主要表面就是要求精度高、表面粗糙度低的一些表面，次要表面是除主要表面以外的其他表面。因为主要表面是零件上最难加工且加工次数最多的表面，因此安排好了主要表面的加工，也就容易安排次要表面的加工。

（d）先面后孔。在加工箱体零件时，应先加工平面，然后以平面定位加工各个孔，这样有利于保证孔与平面之间的位置精度。

④ 工序的集中与分散。在制订工艺路线时，在确定了加工方案以后，就要确定零件加工工序的数目和每道工序所要加工的内容。可以采用工序集中原则，也可以采用工序分散原则。

工序集中原则——使每道工序包括尽可能多的加工内容，因而工序数目减少。工序集中到极限时，只有一道加工工序。其特点是工序数目少，工序内容复杂，工件安装次数少，生产设备少，易于生产组织管理，但生产准备工作量大。

工序分散原则——使每道工序包括尽可能少的加工内容，因而使工序数目增加。工序分散到极限时，每道工序只包括一个工步。其特点是工序数目多，工序内容少，工件安装次数多，生产设备多，生产组织管理复杂。

（4）选择加工设备

选择加工设备时，应使加工设备的规格与工件尺寸相适应，设备的精度与工件的精度要求相适应，设备的生产率要能满足生产的要求，同时也要考虑现场原有的加工设备，尽可能充分利用现有资源。

（5）确定刀具、夹具、量具和必需的辅助工具

（6）确定各工序的加工余量，计算工序尺寸及其偏差

要使毛坯变成合格零件，从毛坯表面上所切除的金属层称为加工余量。加工余量分为总余量和工序余量。从毛坯到成品总共需要切除的余量称为总余量。在某工序中所要切除的余量称为该工序的工序余量。总余量应等于各工序的余量之和。工序余量的大小应按加工要求来确定。余量过大，既浪费材料，又增加切削工时；余量过小，会使工件的局部表面切削不到，不能修正前道工序的误差，从而影响加工质量，甚至造成废品。

（7）确定关键工序的技术要求及检验要求

为了保证产品的质量，除每道工序由操作人员自检以外，还应在下列情况下安排检验工序：

① 粗加工之后。毛坯表面层有无缺陷，粗加工之后就能看见，如果能及时发现毛坯缺陷，就能有效降低生产成本。

② 工件在转换车间之前。在工件转换车间之前，工件是否合格，需要进行检验，以避免扯皮现象的发生。

③ 关键工序的前后。关键工序是最难加工的工序，加工时间长，加工成本高，如果能在关键工序之前发现工件已经超差，可避免不必要的加工，从而降低生产成本。另一方面，关键工序是最难保证的工序，工件容易超差。因此，关键工序的前后要安排检验工序。

④ 全部加工结束之后。工件加工完后是否符合零件图纸要求，需要按图纸进行检验。

（8）确定切削用量

（9）编写工艺文件，填写工艺卡

工艺过程拟订之后，将工序号、工序内容、工艺简图、所用机床等项目内容用图表的方式填写成技术文件。工艺文件的繁简程度主要取决于生产类型和加工质量。常用的工艺文件有以下几种：

① 机械加工工艺过程卡片：其主要作用是简要说明机械加工的工艺路线。实际生产中，机械加工工艺过程卡片的内容也不完全一样，最简单的只有工序目录，较详细的则附有关键工序的工序卡片。主要用于单件、小批量生产中。

② 机械加工工序卡片：要求工艺文件尽可能地详细、完整，除了有工序目录以外，还有每道工序的工序卡片。工序卡片的主要内容有：加工简图、机床、刀具、夹具、定位基准、夹紧方案、加工要求等。填写工序卡片的工作量很大，因此，主要用于大批量生产中。

③ 机械加工工艺(综合)卡片：对于成批生产而言，机械加工工艺过程卡片太简单，而机械加工工序卡片太复杂且没有必要。因此，应采用一种比机械加工工艺过程卡片详细，比机械加工工序卡片简单且灵活的机械加工工艺卡片。工艺卡片既要说明工艺路线，又要说明各工序的主要内容，甚至要加上关键工序的工序卡片。

关于工艺规程(工艺卡)的格式，目前没有统一的表格形式，机械制造行业和过程设备制造行业的工艺规程表格形式也不尽一致，但其基本内容是相同的。工艺技术人员在编制工艺规程时，结合本行业和本企业的惯例进行编写即可。

5.8.3 工艺规程的作用

（1）指导生产的主要技术文件

合理的工艺规程是根据长期的生产实践经验、科学分析方法和必要的工艺试验，并结合具体生产条件而制订的。按照工艺规程进行生产，有利于保证产品质量、提高生产效率和降低生产成本。

（2）组织和管理生产的基本依据

在生产组织和管理中，产品投产前的准备，如原材料供应、毛坯制造、通用工艺装备的选择、专用工艺装备的设计和制造等，产品生产中的调度，机床负荷的调整，刀具的配置，作业计划的编排，生产成本的核算等都是以工艺规程作为基本依据的。

（3）新建和扩建工厂或车间的基本资料

通过工艺规程和生产纲领，可以统计出所需建厂房应配备的机床和设备的种类、规格和数量，进而计算出所需的车间面积和人员数量，确定车间的平面布置和厂房基建的具体要求，从而提出有根据的新建或扩建车间、工厂的计划。

（4）进行技术交流的重要手段

技术先进和经济合理的工艺规程可通过技术交流，推广先进经验，从而缩短产品试制周期和提高工艺技术水平。这对提高整个行业的技术水平和降低产品成本有着重要的现实意义。

工艺规程作为一个技术文件,有关人员必须严格执行,不得违反或任意改变工艺规程所规定的内容,否则就有可能影响产品质量,打乱生产秩序。当然,工艺规程也不是长期固定不变的,随着生产的发展和科学技术的进步,新材料和新工艺的出现,可能使得原来的工艺规程不相适应。这就要求技术人员及时吸取合理化建议、技术革新成果、新技术新工艺及国内外的先进工艺技术,对现行工艺进行不断完善和改进,以使其更好地发挥工艺规程的作用。

复习题

5-1 机加件常见表面形式有哪些?并给出相应的解释。

5-2 机加件表面质量所包含的内容有哪些?并给出其相应的具体的内涵。

5-3 何谓机加件加工精度?机加件的机械加工精度所包含的内容。

5-4 形状公差及位置公差类别有哪些?

5-5 何谓表面粗糙度?其产生原因有哪些?

5-6 我国将机床按加工方式分为哪 12 类?

5-7 特种切削加工方法有哪些?相对于传统切削加工方法而言,特种加工方法具有哪些特征?

5-8 外圆表面的加工方法主要有哪些?

5-9 内圆表面(即孔)的加工方法有哪些?

5-10 平面按加工时所处的位置可分为哪几类?平面的加工方法主要有哪些?

5-11 常用毛坯的种类有哪些?并给出各类的特点。

5-12 法兰加工工艺流程分哪三步?

5-13 给出传统的管板钻孔方法步骤。

5-14 何谓机加件加工工艺过程?工艺过程可分为哪几部分?

5-15 何谓机加件加工工艺规程?

5-16 给出工艺规程的编制过程及内容。

5-17 工艺规程的作用有哪些?

5-18 拟定零件机械加工工艺路线的内容是什么?

5-19 机械加工零件常见的表面形式有哪些?

6 过程设备制造质量检验与检测

6.1 概述

质量检验是确保过程设备制造质量的重要措施，质量检验对指导设备制造工艺及设备在生产中的安全运行起着十分重要的作用。因此，所有过程设备(压力容器)制造企业，都必须建立一套完整的质量保证体系，从原材料采购、制造过程到最终完成成品的每个步骤都设有专门的检验机构和人员负责，以确保产品质量。

6.1.1 质量检验的目的

① 及时发现原材料中和设备组对、焊接等各生产工序中产生的缺陷，以便及时修补或报废，减少损失，避免不合格产品。

② 为制定制造工艺过程提供依据和评定工艺过程的合理性。例如：采用新的钢种、新的焊接材料、新的焊接工艺等，在产品制造施工前均需要做工艺性试验，对试件(如焊接试板)的质量进行检验评定，就能为产品制造工艺提供技术依据，对新产品的质量进行鉴定，便可评定所选工艺是否恰当。

③ 作为评定产品质量优劣等级的依据。

6.1.2 质量检验内容与方法

过程设备以焊接结构为主，因此焊接接头质量的好坏，将直接影响到结构的安全性，焊接接头的检验是进行质量检验的一个重要内容。另外，过程设备向着大型化的方向发展，为了降低壁厚，减轻设备重量，需要提高材料的强度级别，以及进行更为合理的设计，更有效地使用材料，这些都对质量检验提出了更高的要求。

过程设备制造过程中的检验，包括原材料的检验、加工工序间的过程检验、设备制造完的耐压试验和泄漏试验；检验的方法主要有：宏观检测、理化检测、无损检测。具体内容及方法如下：

(1) 原材料、产品零件尺寸和几何形状的检验

属于宏观检测，主要指直观(目视)检测和工具检测。

(2) 原材料和焊接金属(焊缝)的化学成分分析、机械性能试验、金相组织检验

属于理化检测，主要是对压力容器材料(母材、焊接材料、焊缝金属等)的化学成分分析和力学性能测试，耐腐蚀性能测试等。

(3) 原材料和焊接接头(焊缝)的表面及内部缺陷的检验

即无损检测，主要有射线检测、超声检测、磁粉检测、渗透检测和涡流检测等技术方法。在设备制造过程中，要根据设备的材质、结构、制造方法、工作介质、使用条件和失效模式，预计可能产生的缺陷种类、形状、部位和方向，选择适宜的无损检测方法。

射线和超声检测主要用于设备的内部缺陷的检测；磁粉检测主要用于铁磁性材料制设备的表面和近表面缺陷的检测；渗透检测主要用于非多孔性金属材料和非金属材料制设备的表面开口缺陷的检测；涡流检测主要用于导电金属材料制设备表面和近表面缺陷的检测。本章将重点介绍无损检测的上述五种检测方法。

（4）设备的耐压试验和泄漏试验

是对设备的设计和制造过程的综合性检验。不但在设备制造过程中要进行，在设备运行期间经定期检验或检修后均须进行。

上述这些项目，对于某一设备而言，并不一定要求全部进行。压力容器制造中，焊缝检验是最重要的项目，而无损检测是检测焊缝中存在缺陷的主要手段，它甚至贯穿于整个设备制造的全过程。

6.1.3　过程设备的缺陷及允许存在缺陷的概念

（1）缺陷的类型

过程设备制造过程中可能出现的缺陷，主要有两大类：一类是几何形状和尺寸偏差；另一类是焊接产生的宏观缺陷，即在焊接接头（焊缝）处存在的裂纹、未焊透、未熔合、气孔、夹渣、咬边等缺陷（包括母材分层、气孔等缺陷），而非金属晶粒之间的微观缺陷。

通常按缺陷在焊缝中的位置不同，焊接缺陷又分为外部缺陷和内部缺陷两类：

① 外部缺陷有表面裂纹、表面气孔、咬边、凹陷、满溢、焊瘤、弧坑等；还有些是外观形状和尺寸不合要求的外部缺陷，如错边、角变形、余高过高等。这些缺陷主要与焊接工艺和操作技术水平有关。

② 内部缺陷有各种裂纹、未熔合、未焊透、气孔、夹渣等。

（2）允许存在缺陷的概念

在设备制造过程中，产生缺陷总是难免，要求"不允许有任何缺陷存在"是不可能达到，但也不是任何缺陷都是允许存在。而且对某一缺陷，在一种情况下是允许的，而在另一种情况下就不允许存在，即允许存在的缺陷的大小和性质与零部件的要求有关。

对于什么样的零部件，在什么状态下，什么样的缺陷允许存在？各个国家都制定了相应的标准和规范，对此都做出了相应的规定，如我国相应的国家规范有 GB 150《压力容器》、GB 151《管壳式换热器》、JB/T 4730《承压设备无损检测》等等。在设备制造过程中的质量检验就是依据这些标准和规范，对缺陷进行检测并判断其是否允许存在或返修（报废）。

6.2　宏观检验概述

宏观检查是压力容器检验最基本的检验方法。宏观检查的方法简单易行，可以直接发现容器内、外表面比较明显的缺陷，快速获得容器的总体质量印象，从而为下一步其他检验内容，包括检测项目、方法、比例和部位的选择和实施提供依据。

宏观检查包括目视检查和几何尺寸测量。容器的几何尺寸测量包括容器本体和受压元件的结构尺寸、形状尺寸、缺陷尺寸以及厚度尺寸等。其中厚度测定需要使用超声波仪器，其余项目则是根据需要使用各种不同的手工量具进行检查，所以又称量具检查。

几何尺寸测量又可分为整体几何尺寸测量和局部几何尺寸测量两类。前者对容器的主要几何尺寸进行检测，通常是在容器组装过程中或制造接近完工阶段的规定验收项目；而后者则是在目视检查的基础上进行的定量测量。

目视检查是指检验人员用肉眼对容器的结构和内、外表面状态进行检查，通常在其他检验方法之前进行。目视检查包括判断容器结构与焊缝布局是否合理；有无成形组装缺陷；容器有无整体变形或凹陷、鼓包等局部变形；容器表面有无腐蚀、裂纹及损伤；焊缝是否有表面气孔、弧坑、咬边、裂纹等缺陷；容器内、外壁的防腐层、保温层、衬里等是否完好等等。

肉眼能迅速扫视大面积范围，获得直观印象，并且能够察觉细微的颜色和状态的变化，是其他检查方法无法替代的。目视检查时，一般采用先看结构后看表面。从整体到局部，从宏观到微观的检查次序。

目视检查是一种定性检测，检查时有时采用一些器具辅助检查，对肉眼检查有怀疑的部位，可用 5~10 倍放大镜进一步观察。

简单的量具检查方法包括用平直尺检查直线度，用弧形样板检查弧度，用游标卡尺或塞尺测量沟槽或腐蚀坑的深度、鼓包的高度，用卷尺测量圆周长计算筒体直径等等。

为了能有效地观察到器壁表面变形、腐蚀凹坑等缺陷，可用手电筒贴着容器表面平行照射，此时容器表面的微浅坑槽能清楚地显示出来，鼓包和变形的凹凸不平现象也能够看得更加清楚。

锤击检查也是一种常用的辅助方法，用约 0.5kg 的手锤轻轻敲击容器的金属表面，根据锤击时所发出的声响和小锤弹跳程度的手感来判断该查部位是否存在缺陷。如果锤击时发出的声音清脆而且小锤的弹跳情况良好，表示被敲击的部位没有重大缺陷。如果敲击时发出闷浊的声音且弹跳不好，则可能是被敲击的部位有重皮、夹层、裂纹以及晶间腐蚀等缺陷。

关于过程设备的几何尺寸和形状精度的要求及检测，在第 4 章和第 7 章中有具体介绍，本章不再赘述。

6.3　理化检测概述

理化检测主要是对压力容器材料(母材、焊接材料、焊缝金属等)的化学成分分析和力学性能测试，耐腐蚀性能测试等试验分析过程。

6.3.1　力学性能试验

压力容器材料复验、焊接工艺评定、焊工考试和产品焊接试板都需要进行力学性能试验。常用的力学性能试验主要有拉伸试验、弯曲试验、冲击试验。其中材料复验的力学性能试验应符合 GB 150 附录 E 的要求；焊接工艺评定的力学性能试验应符合 NB/T 47014《承压设备焊接工艺评定》中的具体规定；产品焊接试板的力学性能试验应符合 GB 150 附录 E 和 JB 4744《钢制压力容器产品焊接试板力学性能检验》的要求。

原材料(包括钢板、钢管、型钢等)和焊接接头是两类不同性质的试验对象，有材料质量证明书(材质书)时，一般可以不进行力学性能的检验；但当材质书不全或认为必要时，也要进行检验。

力学性能试验的项目主要有：拉伸试验、弯曲试验、冲击试验等。

（1）拉伸试验

拉伸试验是测定材料在轴向、静载下的强度和变形的一种试验，它可在常温、高温和低温下进行。这里所述的三个外界条件包括应力状态、温度和加载速度。换句话说，拉伸试验是在指定温度下，材料处于一种单向、均匀的拉应力状态下的一种试验方法。拉伸试验方法虽然比较简单，但却是最典型、最重要和应用最广泛的试验。

按照金属拉伸试验方法，对于原材料取圆截面拉伸试样。通过拉伸试验，可测得屈服点σ_s、抗拉强度σ_b、伸长率δ_s和断面收缩率φ。这四项指标均可作为评价材料是否符合标准验收指标。

对于焊接试板，多采用矩形截面的扁拉伸试样。与原材料的圆截面试样不同的是，在拉伸变形时，由于受矩形截面的影响，σ_s、δ_s和φ这三项指标不能准确测定，故这三项不能作为验收指标，只有σ_b才是验收指标。同时，焊接接头中的焊缝、熔合区、热影响区的力学性能不均匀，断裂位置在哪个区，对试验结果评定有影响，因此必须注明。如果不注明，就不能确定所得到试验数据是焊接接头的还是母材的。为此，拉伸试验报告上必须有"断裂位置"和"试样截面尺寸"这两项。

拉伸试验的具体操作按 GB/T 228《金属材料　室温拉伸试验方法》和其他相关标准、规范的要求进行。

（2）弯曲试验

焊接接头的弯曲试验的目的有两个：一是评定焊接接头的塑性变形能力，即测定力学性能；二是揭示接头内部缺陷，即评定焊接接头的工艺性能和焊工的操作技能。对于原材料一类均匀体来说，可以认为进行弯曲试验是单纯评价金属材料的塑性变形能力。

弯曲试验的具体操作按 GB/T 232《金属材料　弯曲试验方法》和其他相关标准、规范的要求进行。

（3）冲击试验

冲击试验是测定原材料和焊接接头各区的冲击韧性值，是考核材料的韧性指标。冲击试验属于简支梁型式的缺口冲击弯曲试验，通常在摆锤式冲击试验机上进行。由于冲击试验试样加工简便、试验时间短，所以得到广泛应用。压力容器材料与焊接接头冲击试样规定采用夏比 V 形缺口，冲击吸收功用A_{KV}表示。

夏比冲击试验的具体操作按 GB/T 229《金属材料　夏比摆锤冲击试验方法》和其他相关标准、规范的要求进行

6.3.2　化学成分分析

一般对于重要的设备(如三类容器)或采用新钢种、新工艺以及认为有必要时，都要对钢材(母材)或焊缝金属进行化学成分分析，分析各个化学元素的含量是否符合相应材料标准的要求，为确定或修改制造工艺和质量检验分析提供依据。

化学成分分析方法有比色法、滴定法、重量法、萃取法、燃烧法、气体容量法、导电法、红外线吸收法等。还有较为现代的方法，用光谱分析仪，直接在材料表面检测分析金属材料的化学成分。

6.3.3　耐腐蚀性试验

为了解和验证原材料和焊缝金属抗腐蚀性能，在过程设备制造过程中需要进行腐蚀试

验。腐蚀试验方法多种多样，主要与材料的种类有关。例如奥氏体不锈钢焊接接头（或原材料）往往需要做晶间腐蚀试验，有时还要做应力腐蚀试验。耐腐蚀试验的具体要求和试验方法要根据产品设计文件和相关标准规定进行操作。

6.4 射线检测及质量等级评定

射线检测（RT）是工业无损检测的一个重要专业门类。射线检测最主要的应用是探测构件内部的宏观几何缺陷。按照不同特征（例如使用的射线种类、记录的器材、工艺和技术特点等）可将射线检测分为许多不同的方法。射线照相法是指用 X 射线或 γ 射线穿透试件，试件中因缺陷存在影响射线的吸收而产生强度差异，通过测量这种差异来探测缺陷，并以胶片作为记录信息的器材的无损检测方法。该方法是最基本的，应用最为广泛的一种射线检测方法。

射线检测能确定缺陷平面投影的位置、大小，可获得缺陷平面图像并能据此判定缺陷的性质。射线检测适用于金属材料制承压设备熔化焊对接焊接接头的检测，用于制作对接焊接接头的金属材料包括碳素钢、低合金钢、不锈钢、铜及铜合金、铝及铝合金、钛及钛合金、镍及镍合金；射线检测不适用于锻件、管材、棒材的检测，T 形焊接接头、角焊缝以及堆焊层的检测一般也不采用射线检测。

6.4.1 射线检测所用射线及其性质

射线检测是利用射线可穿透物质和在物质中有衰减的特性来发现缺陷的一种检测方法。按检测所使用的射线种类不同，射线检测可分为 X 射线检测、γ 射线检测和高能 X 射线检测三种，这些射线都具有使照相底片感光的能力。

（1）射线的产生

X 射线和 γ 射线都是波长极短的电磁波，从现代物理学波粒二相性的观点看也可将其视为能量极高的光子束流，两者基本区别在于 X 射线是从 X 射线管中产生的，而 γ 射线是从放射性同位素的原子核中放射出来的。

① X 射线的产生　X 射线管是一种两极电子管，将阴极灯丝通电，使之白炽，电子就在真空中放出，如果两极之间加几十千伏以至几百千伏的电压（叫做管电压）时，电子就从阴极向阳极方向加速飞行，获得很大的动能，当这些高速电子撞击阳极时，与阳极金属原子的核外库仑场作用，产生大量热能和少量 X 射线能量，见图 6-1。

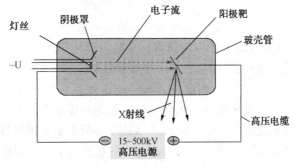

图 6-1　X 射线管及工作原理

X射线的管电压一般为500kV以下，管电压超过1MeV则为高能X射线。

② γ射线的产生　γ射线是由放射性同位素的核反应、核衰变或裂变放射出的。γ射线检测常用的放射性同位素有(钴)Co-60，(铱)Ir-192，(硒)Se-75，(铯)Cs-137，(镱)Yb-169等，它们是不稳定的同位素，能自发地放射出某种粒子(α、β等)或γ射线后会变成另一种不同的原子核，这种现象称为衰变。因此，放射性物质的能量会自然地逐渐减少，减少的速度(衰变速度)不受外界条件(如温度、压力等)的影响，可用半衰期反映。

γ射线与X射线检测的一个重要不同点是：γ射线源无论使用与否，其能量都在自然地逐渐减弱。

（2）射线的性质

X射线、γ射线同是电磁波，后者波长短、能量高、穿透能力大。两者性质相似。射线的主要性质如下：

① 不可见，直线传播。

② 不带电，不受电场、磁场影响。

③ 能穿透可见光不能透过的物质，如金属材料(身体)。

④ 光波相同，有反射、折射、干涉现象。

⑤ 能被传播物质衰减。

⑥ 能使气体电离。

⑦ 能使照相胶片感光，使某些物质产生荧光作用。

⑧ 能产生生物效应，伤害、杀死生命细胞。所以，采用射线检测时一定要有相应的射线防护措施。

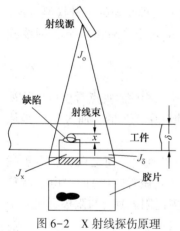

图6-2　X射线探伤原理

6.4.2　射线检测原理

利用射线检测时，若被检工件内存在缺陷，缺陷与工件材料不同，其对射线的衰减程度不同，且透过厚度不同，透过后的胶片接受的射线强度则不同，胶片冲洗后可明显地反映出黑度差的部位，即能辨别出缺陷的形态和位置等。

如图6-2所示。若射线原有强度为J_o，透过工件和缺陷后的射线强度分别为J_δ和J_x，则透照后射线强度之比为：

$$J_x/J_\delta = e^{\mu x} \qquad (6-1)$$

式中　μ——衰减系数；

x——透照方向上的缺陷尺寸；

e——自然对数的底。

可见沿射线透照方向的缺陷尺寸x越大，衰减系数μ越大，则有无缺陷处的强度差越大。即J_x/J_δ值越大，在胶片上的黑度差越大，越易发现缺陷所在。

对于焊接容器进行X射线照相法检测，一般程序如下：确定产品的检测比例和检测位置并进行编号→选取胶片、增感层和增感方式→确定焦点、焦距和照射方向→放置铅字号码、铅箭头及透度计→选定曝光规范并照射→暗室处理→焊缝质量的评定。

按上述程序，当曝光规范、照射方向和暗室处理等都正确，则射线照出的底片可以正确地反映出焊接接头内各种缺陷，如裂纹、未焊透、气孔和夹渣等。对底片所反映出焊缝缺陷进行评定。评定焊接接头的质量等级时，首先要对底片反映出来的缺陷进行性质、大小、数量及位置的识别，然后根据这些情况与检测标准(如 GB 3323—2005《金属熔化焊焊接接头射线照相》)进行比较定级。

6.4.3 射线检测技术要点

在射线检测之前，首先要了解被检工件的检测要求、验收标准，了解其结构特点、材质、制造工艺过程，结合实际条件选择合适的射线检测设备、附件，掌握射线检测技术要点，为制定必要的检测工艺和检测方法做好准备工作。

(1) 射线技术等级选择

射线检测技术分为三级：A 级(普通级)、AB 级(较高级)和 B 级(高级)。

A 级——低灵敏度技术，成像质量一般；AB 级——中灵敏度技术，成像质量较高；B 级——高灵敏度技术，成像质量最高。

射线技术等级选择应符合设备制造、安装、使用等有关标准及设计图样规定。承压设备对接焊接接头的制造、安装、使用时的射线检测，一般应采用 AB 级射线检测技术进行检测；对重要设备(如三类压力容器)、结构、特殊材料和特殊焊接工艺制作的对接焊接接头，可采用 B 级技术进行检测。

(2) 射线源的选择

选择射线源应考虑射线能量，这是主要考虑的项目。不同的射线源其穿透能力不同。能量越大，穿透能力越强，可探伤的厚度越大，可以穿透衰减系数较大的材料。但能量过大不仅浪费，而且会降低胶片的黑度反差效果的，即能量过大也会导致成像质量下降，尤其底片的对比度明显下降。因此，应根据材料和成像质量的要求，在满足透照工件厚度(曝光时间许可的条件下)要求的条件下，尽量采用较低能量的射线源。

X 射线照相应尽量选用较低的管电压。在采用较高管电压时，应保证适当的曝光量。材料、不同透照厚度允许采用的最高 X 射线管电压如图 6-3 所示。采用 γ 射线源和高能 X 射

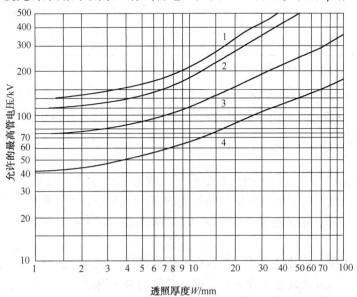

图 6-3 不同透照厚度允许的 X 射线最高管电压

1—铜及铜合金；2—钢；3—钛及钛合金；4—铝及铝合金

线源时，适用的透照厚度范围应符合表 6-1 的规定。

表 6-1　γ 射线源和高能 X 射线设备的透照厚度范围(钢、不绣钢、镍合金等)

射线源	透照厚度 W/mm	
	A 级，AB 级	B 级
Se-75	≥10~40	≥14~40
Ir-192	≥20~100	≥20~90
Co-60	≥40~200	≥60~150
X 射线(1~4MeV)	≥30~200	≥50~180
X 射线(>4~12MeV)	≥50	≥80
X 射线(>12MeV)	≥80	≥100

（3）射线胶片的选择

射线检测的结果是利用胶片显示和记录保存，了解和选择好胶片是保证透照影像质量和结果可靠性的重要环节。射线胶片不同于普通照相胶卷，它在片基的两面均涂有乳剂，以增加对射线敏感的卤化银含量。胶片系统按照 GB/T 19384—2003《无损检测 工业射线照相胶片》分为四类，即 T1、T2、T3、T4 类。T1 为最高类别，T4 为最低类别。胶片系统的特性指标见表 6-2。

表 6-2　胶片系统主要特性指标

胶片系统类别	感光速度	特性曲线平均梯度	感光乳剂粒度	梯度最小值 G_{min}		颗粒度最大值 σ_{max}	(梯度/颗粒度)最小值 $(G/\sigma_D)_{min}$
				$D=2.0$	$D=4.0$	$D=2.0$	$D=2.0$
T1	低	高	微粒	4.3	7.4	0.018	270
T2	较低	较高	细粒	4.1	6.8	0.028	150
T3	中	中	中粒	3.8	6.4	0.032	120
T4	高	低	粗粒	3.5	5.0	0.039	100

注：表中的黑度 D 均指不包括灰雾度的净黑度。

A 级和 AB 级射线检测技术应采用 T3 类或更高类别的胶片；B 级射线检测技术应采用 T2 类或更高类别的胶片。采用 γ 射线对裂纹敏感性大的材料进行射线检测时，应采用 T2 类或更高类别的胶片。

底片的黑度与灰雾度

底片黑度(或光学密度)是指曝光并经暗室处理后的底片黑化程度，其大小会影响透照的灵敏度，过大或过小均不好。照射到底片上的光强度为 L_o，透过底片后的光强度为 L，则 L_o/L 的常用对数表示，定义为底片的黑度 D。即黑度表达式为：

$$D = \lg L_o/L \qquad (6-2)$$

底片黑度值是衡量底片质量的一个指标，用黑度计(光学密度计)进行测定。

灰雾度是指未经曝光的胶片经显影处理后获得的微小黑度。若其值过大，则会损害影像的对比度和清晰度，而降低灵敏度。一般控制灰雾度不大于 0.3。

（4）透照方式选择

典型的透照方式有单壁透照和双壁透照两种，如图6-4和图6-5所示。根据射线源在设备的内部还是在外侧，又派生多种透照方式（详见JB/T 4730.2附录C）。

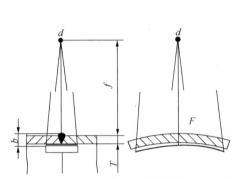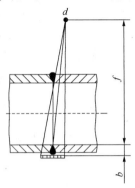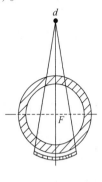

图6-4　纵、环向焊接接头源在外侧单壁透照方式　　图6-5　环向焊接接头源在外双壁单影透照方式

图中d表示射线源，F表示焦距，b表示工件至胶片距离，f表示射线源至工件的距离，T表示工件厚度。

透照方式应根据工件特点和技术条件的要求进行选择。在可以实施的情况下应选用单壁透照方式，在单壁透照不能实施时才允许采用双壁透照方式。

（5）确定射线源至工件表面距离

确定射线源至工件表面的距离应满足如下要求：

A级射线检测技术，$f \geq 7.5db^{2/3}$；

AB级射线检测技术，$f \geq 10db^{2/3}$；

B级射线检测技术，$f \geq 15db^{2/3}$。

其中：f和b值含义如图6-4和图6-5所示；d为有效焦点尺寸，射线源焦点形状为圆形时，d等于焦点直径（其他焦点形状的d值见JB/T 4730.2附录E）。

按照上述等式确定的f值为射线源焦点至工件表面的最小距离。在JB/T 4730.2中规定了用诺模图确定f值的方法，实际f值可按诺模图方法确定。

（6）增感屏的选择

为了增加胶片对射线能量的吸收，亦即增加胶片的感光速度，缩短曝光时间，一般可采用增感屏。增感屏置于胶片的前面或后面，与胶片一起布置在被检测部位。

增感屏有金属增感屏、荧光增感屏和金属荧光增感屏。前一种应用普遍，后两种应用较少，且只限于A级。后者增感能力显著高于前者，但由于荧光扩散等会降低成像质量，易造成细小裂纹等缺陷漏检，故焊缝检测一般不采用。而金属箔增感屏有吸收散射线的作用，可以减小散射引起的灰雾度，故可提高感光速度和底片成像质量。过程设备焊缝射线检测一般应采用金属箔增感屏或不用增感屏。

（7）像质计的使用

像质计又称透度计，是用来定量评价射线底片影像质量的工具，用与被检工件相同材料制成，有金属丝型、槽型和平板孔型三种。我国国家标准规定，射线检测底片质量采用线型像质计测定。线型像质计的型号和规格应符合JB/T 7902《无损检测 射线照相检测用线型像质计》和HB 7684《射线照相检验用线型像质计》的规定。

像质计一般应放置在射线源侧表面焊接接头的一端（在被检区长度的 1/4 左右位置），金属丝应横跨焊缝，细丝置于外侧，与被检部位胶片同时曝光。

像质计具体放置原则如下：

① 单壁透照像质计应放置在射线源测；双壁单影透照像质计应放置在胶片侧。

② 当像质计放置在胶片侧时，应在像质计适当位置上放置铅字"F"作为标记，"F"标记的影像应与像质计的标记同时出现在底片上，且应在检测报告中注明。

③ 原则上每张底片上都应有像质计的影像。

6.4.4　射线检测设备简介

射线检测设备可分为：X 射线探伤设备、高能 X 射线探伤设备、γ 射线探伤设备三大类。

X 射线设备分为携带式和轻便移动式两种。它由 X 射线管、操作架、高压电源和控制器等组成。携带式 X 射线探伤设备主要用于施工现场，管电压一般小于 320kV，最大穿透厚度约 50mm。移动探伤设备则多半用于装有起吊设备的车间内检查大型工件，它具有较高的管电压和管电流，管电压可达 450kV，最大穿透厚度约 80mm。使用 X 射线机照相灵敏度高，管电压可调解，可根据被检测工件厚度选择射线能量，照相曝光时间一般 3 ~5min，放射防护相对容易。

X 射线探伤设备的主要技术特性是最高管电压和管电流，设备型号都是用这两个参数来表示。如 XX-1005 型 X 射线探伤仪（机），最高管电压为 100kV，最高管电流为 5mA。管电压越高，可检厚度越厚；而管电流越大，X 射线的强度越大，所需曝光时间越短，可显著提高探伤效率。最高管电压与 X 射线可检测钢板厚度关系如图 6-3 所示。

高能 X 射线探伤设备包括高能直线加速器、电子回旋加速器等，一般管电压在 2 ~24MeV 范围。高能射线检测设备可检测钢板厚度见表 6-1。

γ 射线探伤设备主要由 γ 射线源、储存器、照射器、机械支架、操纵杆等组成。γ 射线探伤机具有体积小，重量轻，不用电，可在狭窄场地、高空和水下工作，并可全景曝光等特点，应用日益广泛。工业探伤的 γ 射线同位素有钴 60、铱 192、硒 75 等。其参数性能如表 6-3 所示。

表 6-3　常用 γ 射线源参数

γ 射线源	钴 60（Co60）	铱 192（Ir192）	硒 75（Se75）
半衰期	5.3 年	74 天	120 天
焦点尺寸/mm	$\phi 3 \times 3$	$\phi 3 \times 3$	$\phi 3 \times 3$
源强度/Ci	100	100	80
平均能量/MeV	1.25	0.355	0.20
适用厚度范围（钢）/mm	30~200	20~100	10~40

注：$1Ci = 3.7 \times 10^{10} Bq$。

6.4.5　射线检测质量等级评定

射线检测对接焊接接头中的缺陷有五种：裂纹、未熔合、未焊透、条形缺陷和圆形缺陷。

根据对接接头中缺陷的性质、数量和密集程度，其质量等级分为Ⅰ、Ⅱ、Ⅲ、Ⅳ四个级别。

（1）质量分级的一般规定

Ⅰ级对接焊接接头内不允许存在裂纹、未熔合、未焊透和条形缺陷；

Ⅱ级和Ⅲ级对接焊接接头内不允许存在裂纹、未熔合和未焊透；

对接焊接接头中缺陷超过Ⅲ级者为Ⅳ级；

当各类缺陷评定的质量级别不同时，以质量最差的级别作为对接焊接接头的质量级别。

（2）圆形缺陷的质量分级

长宽比不大于3的气孔、夹渣和夹钨等缺陷定义为圆形缺陷。圆形缺陷用圆形缺陷评定区进行质量分级评定，圆形缺陷评定区为一个与焊缝平行的矩形，其尺寸见表6-4。圆形缺陷评定区应选在缺陷最严重的区域。

表6-4　缺陷评定区   mm

母材公称厚度 T	≤25	>25~100	>100
评定区尺寸	10×10	10×20	10×30

在圆形缺陷评定区内或与圆形缺陷评定区边界相割的缺陷均应划入评定区内。将评定区内的缺陷按表6-5的规定换算成为点数，再按表6-6的规定评定对接焊接接头的质量级别。

表6-5　缺陷点数换算表

缺陷长径/mm	≤1	>1~2	>2~3	>3~4	>4~6	>6~8	>8
缺陷点数	1	2	3	6	10	15	25

表6-6　各级别允许的圆形缺陷点数

评定区/（mm×mm）	10×10			10×20		10×30
母材公称厚度 T/mm	≤10	>10~15	>15~25	>25~50	>50~100	>100
Ⅰ级	1	2	3	4	5	6
Ⅱ级	3	6	9	12	15	18
Ⅲ级	6	12	18	24	30	36
Ⅳ级	缺陷点数大于Ⅲ级或缺陷长径大于 $T/2$					

注：当母材公称厚度不同时，取较薄板的厚度。

由于材质或结构原因，进行返修可能会产生不利后果的对接焊接接头，各级别的圆形缺陷点数可放宽1~2个点。对致密性要求高的对接焊接接头，评定人员应考虑将圆形缺陷的黑度作为评级的依据。通常将黑度大的圆形缺陷定义为深孔缺陷，当对接焊接接头存在深孔缺陷时，其质量级别应评为Ⅳ级。

当缺陷尺寸小于表6-7的规定时，分级评定时不计该缺陷的点数。质量等级为Ⅰ级的对接焊接接头和母材公称厚度小于等于5mm的Ⅱ级对接焊接接头，不计点数的缺陷在圆形缺陷评定区内不得多于10个，超过时质量等级应降低一级。

（3）条形缺陷的质量分级

长宽比大于3的气孔、夹渣、夹钨等缺陷为条形缺陷。条形缺陷按表6-8的规定进行分级评定。

表 6-7　不计点数的缺陷尺寸

母材公称厚度 T	缺陷长径
≤25	≤0.5
>25~50	≤0.7
>50	≤1.4%T

表 6-8　各级别对接焊接接头允许的条形缺陷尺寸　　　　　　　mm

级别	单个条形缺陷最大长度	一组条形缺陷累计最大长度
I		不允许
II	≤T/3(最小值可为 4)且≤20	在长度为 12T 的任意选定条形缺陷评定区内，相邻缺陷间距不超过 6L 的任一组条形缺陷的累计长度应不超过 T，但最小可为 4
III	≤2T/3(最小值可为 6)且≤30	在长度为 6T 的任意选定条形缺陷评定区内，相邻缺陷间距不超过 3L 的任一组条形缺陷的累计长度应不超过 T，但最可小为 6
IV		大于 III 级者

注：(1) L 为该组条形缺陷中最长缺陷本身的长度；T 为母材公称厚度，当母材公称厚度不同时取较薄板的厚度值。

(2) 条形缺陷评定区是指与焊缝方向平行的、具有一定宽度的矩形区，T≤25，宽度为 4mm；25mm<T≤100mm，宽度为 6mm；T>100mm，宽度为 8mm。

(3) 当两个或两个以上条形缺陷处于同一直线上、且相邻缺陷的间距小于或等于较短缺陷长度时，应作为 1 个缺陷处理，且间距也应计入缺陷的长度之中。

(4) 综合评级

在圆形缺陷评定区内同时存在圆形缺陷和条形缺陷时，应进行综合评级。综合评级原则是：对圆形缺陷和条形缺陷分别进行评级，将两者评定级别之和减 1 作为综合评定级别。

6.5　超声检测及质量等级评定

超声检测(UT)是指用超声波来检测材料和工件、并以超声检测仪作为显示方式的一种无损检测方法。超声检测是利用超声波的众多特性(如反射和衍射)，通过观察显示在超声检测仪上的有关超声波在被检材料或工件中发生的传播变化，来判定被检材料和工件的内部和表面是否存在缺陷，从而在不破坏或不损害被检材料和工件的情况下，评估其质量和使用价值。

超声检测能确定缺陷的位置、缺陷相对尺寸和数量，能定性分析、判断缺陷的性质(裂纹、气孔、夹渣)。

超声检测适用于板材、复合板材、碳钢和低合金钢锻件、管材、棒材、奥氏体不锈钢锻件等承压设备原材料和零部件的检测；也适用于承压设备对接焊接接头、T 形焊接接头、角焊缝以及堆焊层等的检测。采用超声直(斜)射法检测内部缺陷，不同检测对象相应的超声检测厚度范围见表 6-9。

超声检测是工业生产中适用范围最广的一种无损检测方法。目前我国已经采用的超声检测方法有：不可记录的脉冲反射法超声检测、可记录的脉冲反射法超声检测、衍射时差法超声检测(简称 TOFD)。不可记录的脉冲反射法超声检测是一种传统方法，应用最为广泛，我国有现行标准为 JB/T 4730.3—2005《承压设备无损检测 第 3 部分：超声检测》；衍射时差法超声检测是一种新方法，近年来国内应用已经成熟，并且已经颁布相应标准为 NB/T 47013.10—2010《承压设备无损检测 第 10 部分：衍射时差法超声检测》。本书重点介绍全熔化焊钢对接焊接接头的脉冲反射法和衍射时差法超声检测技术内容，表 6-9 中列出的其他超声检测对象的超声检测要求及质量等级评定按 JB/T 4730.3 的规定。

表 6-9 超声检测厚度范围

超声检测对象	适用的厚度范围/mm
碳素钢、低合金钢、镍及镍合金板材	母材为 6~250
铝及铝合金和钛及钛合金板材	厚度≥6
碳钢、低合金钢锻件	厚度≤1000
不锈钢、钛及钛合金、铝及铝合金、镍及镍合金复合板	基板厚度≥6
碳钢、低合金钢无缝钢管	外径为 12~660、壁厚≥2
奥氏体不锈钢无缝钢管	外径为 12~400、壁厚为 2~35
碳钢、低合金钢螺栓件	直径>M36
全熔化焊钢对接焊接接头	母材厚度为 6~400
铝及铝合金制压力容器对接焊接接头	母材厚度为≥8
钛及钛合金制压力容器对接焊接接头	母材厚度为≥8
碳钢、低合金钢压力管道环焊缝	壁厚≥4.0，外径为 32~159 或壁厚为 4.0~6，外径≥159
铝及铝合金接管环焊缝	壁厚≥5.0，外径为 82~159 或壁厚为 5.0~8，外径≥159
奥氏体不锈钢对接焊接接头	母材厚度为 10~50

6.5.1 超声检测原理

（1）超声波及其特性

超声波也是一种在一定介质中传播的机械振动，它的频率很高，超过了人耳膜所能觉查出来的最高频率（20000Hz），故称为超声波。超声波在介质中传播时，当从一种介质传到另一种介质时，在界面处发生反射与折射。超声波几乎完全不能通过空气与固体的界面，即当超声波由固体传向空气时，在界面上几乎百分之百被反射回来。如金属中有气孔、裂纹、分层等缺陷，因这些缺陷内有空气等存在，所以超声波到达缺陷边缘时就全部反射回来，超声波检测就是根据这个原理实现的。

超声波的特性如下：

①具有良好的方向性。在超声检测中超声波的频率高、波长短，在介质传播过程中方向性好，能较方便、容易地发现被检工件中是否存在缺陷。

②具有相当高的强度。超声波的强度与其频率的平方成正比，因此其强度相当高。

③在两种传播介质的界面上能产生反射、折射和波形转换。

④具有很强的穿透能力。超声波可以在许多金属或非金属物质中传播，且传播距离远、传输能量损失少、穿透力强，是目前无损检测中穿透力最强的检测方法，如可穿透几米厚的

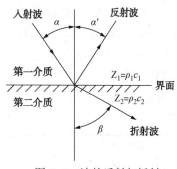

图6-6　波的反射与折射

金属材料。

⑤ 对人体无伤害。

（2）超声波的反射和折射

当超声波从某一介质传播到另一介质时，一部分能量在界面上反射回原介质内，成为反射波；另一部分能量透过界面在第二介质内传播，成为折射波。如图6-6所示。

① 反射率　反射波声压 P_γ 与入射波声压 P_0 之比，称为反射率 γ。

$$\gamma = \frac{P_\gamma}{P_0} = \frac{Z_2\cos\alpha - Z_1\cos\beta}{Z_2\cos\alpha + Z_1\cos\beta} \tag{6-3}$$

式中　Z_1——第一介质声抗，$Z_1 = \rho_1 c_1$；

　　　Z_2——第二介质声抗，$Z_2 = \rho_2 c_2$；

　　　ρ——介质密度；

　　　c——声速。

从反射率计算公式可以看出，两介质声阻抗相差越大，反射率越大。例如钢的声阻抗比气体的声阻抗大得多，所以在钢中传播的超声波碰到裂纹等缺陷时（裂纹等缺陷内可能由气体等介质构成），便从缺陷表面反射回来，而且反射率近于100%，测定出反射回来的超声波，就能识别缺陷的存在，这就是超声波检测的基本原理。

② 透过率　透过声压 P_t 与入射声压 P_0 之比，称为透过率 K。

$$K = \frac{P_t}{P_0} = \frac{2Z_2\cos\alpha}{Z_2\cos\alpha + Z_1\cos\beta} \tag{6-4}$$

从透过率计算公式可以看出，第二介质的声阻抗增大，则透过率也增大。这对超声检测很有实际意义。例如，检测时为尽量使超声波透入工件，必须在探头与工件表面之间加机油、水等耦合剂，否则在探头与工件表面之间存在有空气，易产生全反射。此时耦合剂（液体）声阻抗大，则自探头射入工件的超声波及从工件内反射回探头的超声波都容易透过。

（3）直探头（纵波）的应用

当超声波垂直入射到平界面上时（如图6-7所示），对轴（钢）件检测，超声波从直探头的发射点 a 发射进入轴件中垂直发射传播，到达底面（由钢与空气组成的界面，此时的反射率接近100%）时，绝大部分能力的超声波反射回来，被探头接收，超声波传播的距离为轴件的高度 L。若超声波在钢介质中碰到裂纹等缺陷时（缺陷介质不同于钢介质），则从缺陷界面反射回来，故可判别缺陷的存在，并能进一步判断缺陷的性质（如裂纹、夹层、夹渣等缺陷），此时超声波所传播的距离即是缺陷所存在的位置与发射点间的长度 x。

（4）斜探头的应用

焊缝余高不规则，常采用斜探头检测。斜探头发射出的超声波传播方向、路径如图6-8所示。超声波由斜探头的入射点 a 发射进入钢板后的方向沿着 ab 方向传播，与钢板表面垂直方向有夹角 β，β 为斜探头的特性参数之一，常用特性值 K 表示：

$$K = \tan\beta \tag{6-5}$$

其中　L_1——一次波声程，$L_1 = \delta / \cos\beta$；

　　　L_2——二次波声程，$L_2 = 2\delta / \cos\beta$；

P_1——一次波跨距，$P_1 = \delta\tan\beta = K\delta$；

P_2——二次波跨距，$P_2 = 2\delta\tan\beta = 2K\delta$；

δ——板厚度，mm。

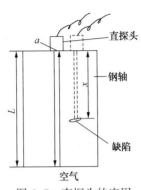

图 6-7　直探头的应用

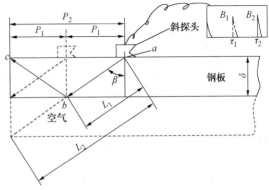

图 6-8　斜探头的应用

超声波进入物体遇到缺陷时，一部分声波会产生反射，发射和接收器可对反射波进行分析，就能异常精确地测出缺陷来，并且能显示内部缺陷的位置和大小，测定材料厚度等。

6.5.2　超声检测设备

在超声检测中，使用的主要设备及用品是超声波探伤仪、探头、耦合剂、试块等。

（1）超声波探伤仪

超声波探伤仪是超声检测的关键设备，它是由脉冲超声波发生器、接收放大器、指示器和声电换能器（探头）等四部分组成。前三部分合装在一个箱体内成为机体，探头单独分装，实际上超声波探伤仪分为机体和探头两部分。功能是：产生电振荡并加在换能器（探头）上，使之产生超声波，同时又可以将探头接收的返回信号放大处理，以脉冲波、图像显示在荧光屏上（或采用自动记录），以便进一步分析判断被检对象的具体情况。

按超声波的连续性可将探伤仪分为脉冲波、连续波和调频波三种。后两种探伤仪的检测灵敏度低，缺陷测定有较大局限性，使用最多的是脉冲波探伤仪。

按超声波的通道数目可将探伤仪分为单通道和多通道探伤仪两种。前者仪器由一个或一对探头单独工作；后者仪器则是由多个或多对探头交替工作，而每一通道相当于一台单通道探伤仪，适应于自动化检测。

目前，检测中广泛使用的超声波探伤仪，如 CTS-22，CTS-26，JTS-1、CTS-3，CTS-7 等均为 A 型显示脉冲反射式单通道超声波探伤仪。A 型显示脉冲反射式单通道超声波探伤仪相当于一种专用示波器，尽管型号、性能有所不同，但其基本结构、工作原理基本相同。示波器的横坐标刻度表示超声波在工件内传播的时间，它与传播距离成正比。纵坐标刻度则表示缺陷反射波的幅度，它与缺陷的大小成正比。

（2）探头

探头是超声波探伤仪的一部分，是产生超声波和接收反射信号的重要部件，是将电能转换成超声波（机械能）和将超声波能转换为电能的一种转换器。常用的探头形式有直探头和斜探头。直探头用于发射和接收纵波，主要用于探测与探测面平行的缺陷。斜探头用于探测与探测面垂直或成一定角度的缺陷。其分类见表 6-10。

179

表 6-10 探头分类

分类内容	类 型
按入射声束方向分类	直探头,其入射波束与被检工作表面垂直斜探头,其入射波束与被检工作表面成一定的角度(入射角)
按波型分类	按照探头被检工件中产生波型不同可分为纵波探头、横波探头、板波(兰姆波)探头和表面波探头
按晶片数目分类	按照探头制造中压电晶片的数量可分为单晶探头、双晶探头和多晶片探头
按耦合方式分类	按照探头与被检工件表面的耦合方式可分为直接接触式探头和液浸式探头(如水浸式探头)。注意直接接触式探头工作时在探头与工件之间也有一薄层耦合剂
按声束形状分类	按照超声声束的集聚与否可分为聚焦探头和非聚焦探头

(3)超声波探伤仪和探头的系统性能

① 检测灵敏度及灵敏度余量 探头与超声波探伤仪配合,在最大深度上发现最小缺陷的能力称检测灵敏度。灵敏度余量是指在规定条件下的标准缺陷检测灵敏度与仪器最大检测灵敏度的差值(以 dB 数表示)。以 $\phi3mm\times40mm$ 的横通孔为标准缺陷,GB/T 11345—2013《焊缝无损检测超声波检测技术、检测等级和评定》规定系统的有效灵敏度必须大于评定灵敏度 10dB 以上。

② 分辨力 分辨力指对两个相邻而不连续缺陷的分辨能力。有纵向分辨力和横向分辨力两种。纵向分辨力指对超声波传播方向上(不同埋藏深度)两个相邻缺陷的分辨能力。横向分辨力指对相同埋藏深度的两个相邻缺陷的分辨能力。一般来说,频率越高,分辨能力越高。

③ 始脉冲宽度 超声探伤仪与直探头组合的始脉冲宽度,对于频率为 5MHz 的探头,其占宽不得大于 10mm;对于频率为 2.5MHz 的探头,其占宽不得大于 15mm。

(4)耦合剂

为使声束能较好地透过界面射入工件中,在探头与工件之间施加一层透声介质称为耦合剂。其作用在于排出空气、填充间隙、减少探头磨损,便于探头移动。常用的耦合剂有机油、变压器油、甘油、化学糨糊、水及水玻璃等。焊接接头探伤中采用化学糨糊和甘油的较多。

(5)试块

当采用超声检测时,为校验超声波探伤仪、探头等设备的综合系统性能,统一检测操作的灵敏度,使评价缺陷的位置、大小、性质等尽量达到一致要求,使最后对被检工件的评级、判废等工作有共同的衡量标准,按不同用途设计制造的各种形状简单的人工反射体,统称为试块。试块按用途分为标准试块和对比试块两类。

① 标准试块 标准试块是指用于探伤仪和探头系统性能校准和检测校准的试块。标准试块又分为:钢板用标准试块,型号为 CB Ⅰ、CB Ⅱ;锻件用标准试块,型号为 CS Ⅰ、CS Ⅱ、CS Ⅲ;焊接接头用标准试块,型号为 CSK-Ⅰ A、CSK-Ⅱ A、CSK-Ⅲ A、CSK-Ⅳ A。

标准试块的几何形状、尺寸及制造要求应符合 JB/T 10063《超声波探伤用 1 号标准试块技术条件》的规定。

② 对比试块 对比试块是指用于检测校准的试块。对比试块的外形尺寸应能代表被检

工件的特征，试块厚度应与被检工件厚度相对应。对比试块的制作应符合 JB/T 7913《超声波检测用钢制对比试块的制作与校验方法》的规定。

6.5.3 超声检测技术要点

（1）检测准备

检测准备工作一般指探伤仪器、探头、耦合和扫描方式等的确定。根据工件的结构形状、加工工艺和技术要求来正确地选择探测条件，对有效发现缺陷、准确进行缺陷定位、定量、定性都是至关重要。

① 探伤仪的选择　探伤仪种类繁多，性能各异。探伤前应根据场地、工件大小、结构特点、检验要求及相关标准，从水平线性、垂直线性、衰减、灵敏度、分辨力、抗干扰等方面合理选择探伤仪。应用较多的是不可记录的脉冲反射超声检测仪，目前，采用可自动记录的超声检测仪器进行超声检测在逐渐增多。

② 探头的选择　探伤前应根据工件形状、衰减和技术要求选择探头。探头形式的选择一般根据工件的形状和可能出现缺陷的部位、方向等条件来选择探头的形式，使声束轴线尽量与缺陷垂直。通常锻件、钢板的探测用直探头；焊接接头的探测用斜探头；近表面缺陷探测用双晶探头；大厚度工件或粗晶材料用大直径探头；晶粒细小、较薄工件或表面曲率较大的工件检测宜用小直径探头。

③ 试块的选择　超声检测前用标准试块来测试探伤仪和探头的性能，如垂直线性、水平线性、动态范围、灵敏度等性能测试。焊接接头的超声检测一般采用的标准试块为 CSK-ⅠA、CSK-ⅡA、CSK-ⅢA。另外，还要根据被检工件的厚度选择对比试块，进行厚度校对。

④ 检测面的确定　锻件和板材的检测面就是工件表面；对于焊接接头的检测面一般按母材厚度 T 而定。当母材厚度小于等于 46mm 时，检测面为焊接接头的单面双侧；当 T 大于 46mm 时，检测面为接头的双面双侧。如果受几何条件限制，也可在对接接头的双面单侧或单侧双面采用两种 K 值斜探头进行检测。

⑤ 对接焊接接头检测区与探头移动区　检测区的宽度应是焊缝本身，再加上焊缝两侧各相当于母材厚度 30%的一段区域，这个区域最小为 5mm，最大为 10mm。检测区与探头移动区如图 6-9 所示。

采用一次反射法检测时，探头移动去应大于等于 1.25P：

$$P = 2KT \qquad (6-6)$$

式中　P——跨距(图 6-22)，mm；

T——母材厚度，mm；

K——探头特性值，按式(6-5)计算。

采用直射法检测时，探头移动区应大于或等于 0.75P。

探头移动区应清除焊接飞溅、铁屑、油垢及其他杂质。检测表面平整，便于探头的扫查，一般应进行打磨。

⑥ 探头特性值(角度)K 的选取　斜探头特性值(角度)K 参照表 6-11 选取。由 $K=\tan\beta$ 可知，K 值大，折射角大，一次波的声程大，因此，对厚度小的工件应选较大的 K 值，避免近场区探伤。厚度大的工件应选较小的 K 值，避免因声程过大引起衰减增大。

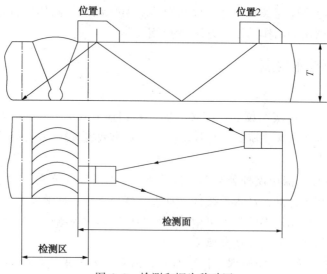

图 6-9　检测和探头移动区

表 6-11　推荐选择的斜探头特性值 K

板厚 T/mm	K 值
6~25	3.0~2.0(72°~60°)
>25~46	2.5~1.5(68°~56°)
>46~120	2.0~1.0(60°~45°)
>120~400	2.0~1.0(60°~45°)

（2）超声检测技术等级选择

超声检测技术等级分为 A、B、C 三个检测级别。超声检测技术等级选择应符合设备制造有关规范、标准及设计图样规定。不同检测技术等级的要求如下：

① A 级仅适用于母材厚度为 8~46mm 的对接焊接接头。可用一种 K 值探头采用直射波法和一次反射波法在对接焊接接头的单面单侧进行检测。一般不要求进行横向缺陷的检测。

② B 级检测要求：当母材厚度为 8~46mm 时，一般用一种 K 值探头采用直射波法和一次反射波法在对接焊接接头的单面双侧进行检测；当母材厚度大于 46~120mm 时，一般用一种 K 值探头采用直射波法在焊接接头的双面双侧进行检测，如果受几何条件限制，也可在接头的双面单侧或单面双侧采用两种 K 值探头进行检测；当母材厚度大于 120~400mm 时，一般用两种 K 值探头采用直射波法在焊接接头的双面双侧进行检测，两种探头的折射角相差应不小于 10°。应进行横向缺陷的检测，检测时可在焊接接头两侧边缘使探头与焊接接头中心线成 10°~20°作两个方向的斜平扫查，如图 6-10 所示。如果焊缝余高磨平，探头应在焊缝及热影响区上作两个方向的平行扫查，如图 6-11 所示。

③ C 级检测要求：采用 C 级检测时应将焊接接头的余高磨平，对焊接接头两侧斜探头扫查经过的母材区域要用直探头进行检测。当母材厚度为 8~46mm 时，一般用两种 K 值探头采用直射波法和一次反射波法在焊接接头的单面双侧进行检测，两种探头的折射角相差应不小于 10°，且其中一个折射角应为 45°；当母材厚度大于 46~400mm 时，一般用两种 K 值探头采用直射波法在焊接接头的双面双侧进行检测，两种探头的折射角相差应不小于 10°；应

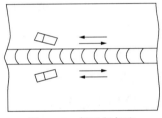

图 6-10 斜平行扫查

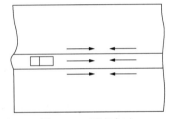

图 6-11 平行扫查

进行横向缺陷的检测，检测时将探头放在焊缝及热影响区上作两个方向的平行扫查，如图 6-11 所示。

（3）对接焊接接头超声检测扫查方法

为检测纵向缺陷，斜探头应垂直于焊缝中心线放置在检测面上，作锯齿形扫查，如图 6-12 所示。探头前后移动的范围应保证扫查到全部焊接接头截面，在保持探头垂直焊缝作前后移动的同时，还应作 10°~15° 的左右转动。不同检测技术等级对纵向缺陷、横向缺陷的检测按上述(2)的要求。

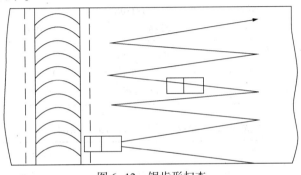

图 6-12 锯齿形扫查

为观察缺陷动态波形和区分缺陷信号或伪缺陷信号，确定缺陷的位置、方向和形状，可采用前后、左右、转角、环绕等四种探头扫查基本方式，如图 6-13 所示。

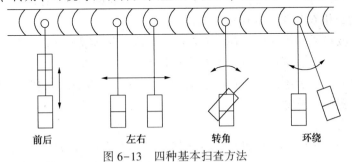

前后　　　　左右　　　　转角　　　　环绕

图 6-13 四种基本扫查方法

（4）距离—波幅曲线的绘制

距离—波幅曲线(DAC)是缺陷评定和检验结果等级分级的依据。距离—波幅曲线按所用探头和仪器在试块上实测的数据绘制而成，该曲线族由评定线、定量线和判废线组成。评定线与定量线之间(包括评定线)为Ⅰ区，定量线与判废线之间(包括定量线)为Ⅱ区，判废线及其以上区域为Ⅲ区，如图 6-14 所示。如果距离—波幅曲线绘制在荧光屏上，则在检测范围内不低于荧光屏满刻度的 20%。

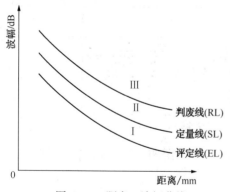

图 6-14　距离—波幅曲线

厚度为 8～120mm 的焊接接头，其距离—波幅曲线灵敏度按表 6-12 的规定。

厚度大于 120～400mm 的焊接接头，其距离—波幅曲线灵敏度按表 6-13 的规定。

6.5.4　缺陷定量与质量等级评定

（1）缺陷定量

超声检测的缺陷定量应根据最大反射波幅确定缺陷当量直径 ϕ 或缺陷指示长度 ΔL。

① 缺陷当量直径用当量平底孔直径表示，主要用于直探头检测，可采用公式计算、距离—波幅曲线和试块对比来确定缺陷当量直径。

表 6-12　距离—波幅曲线的灵敏度（1）

试块型式	板厚/mm	评定线	定量线	判废线
CSK-ⅠVA	6～46	$\phi2\times40-18dB$	$\phi2\times40-12dB$	$\phi2\times40-4dB$
	>46～120	$\phi2\times40-14dB$	$\phi2\times40-8dB$	$\phi2\times40+2dB$
CSK-ⅡVA	8～15	$\phi1\times6-12dB$	$\phi1\times6-6dB$	$\phi1\times6+2dB$
	>15～46	$\phi1\times6-9dB$	$\phi1\times6-3dB$	$\phi1\times6+5dB$
	>46～120	$\phi1\times6-6dB$	$\phi1\times6$	$\phi1\times6+10dB$

表 6-13　距离—波幅曲线的灵敏度（2）

试块型式	板厚/mm	评定线	定量线	判废线
CSK-ⅠVA	>120～400	$\phi d-16dB$	$\phi d-10dB$	ϕd

② 缺陷指示长度的检测，采用以下方法：

当缺陷反射波只有一个高点，且位于Ⅱ区或Ⅱ区（图 6-14）以上时，使波幅降到荧光屏满刻度的 80% 后，用 6dB 法测其指示长度；

当缺陷反射波峰值起伏变化，有多个高点，且位于Ⅱ区或Ⅱ区以上时，使波幅降到荧光屏满刻度的 80% 后，应以端点 6dB 法测其指示长度；

当缺陷反射波峰位于Ⅰ区，如认为有必要记录时，将探头左右移动，使波幅降到评定线，以此测定缺陷指示长度。

（2）缺陷评定

① 超过评定线（图 6-14）的信号应注意其是否具有裂纹等危害性缺陷特征，如有怀疑时，应采取改变探头 K 值、增加检测面、观察动态波形并结合结构工艺特征做出判定，如对波形不能判断时，应辅以其他检测方法作综合判定。

②缺陷指示长度小于 10mm 时，按 5mm 计。

③ 相邻两缺陷在一直线上，其间距小于其中较小的缺陷长度时，应作为一条缺陷处理，以两缺陷长度之和作为其指示长度（间距不计入缺陷长度）。

（3）质量分级

超声检测焊接接头的质量分为三级，评定时要依据距离—波幅曲线（DAC）图。焊接接头的具体质量分级按表6-14的规定进行。

表 6-14 焊接接头质量分级   mm

等级	板厚 T	反射波幅 (所在区域)	单个缺陷指示长度 L	多个缺陷累计长度 L'
I	6~400	I	非裂纹类缺陷	
	6~120	II	$L=T/3$，最小为10，最大不超过30	在任意9T焊缝长度范围内 L' 不超过 T
	>120~400		$L=T/3$，最大不超过50	
II	6~120	II	$L=2T/3$，最小为12，最大不超过40	在任意4.5T焊缝长度范围内 L' 不超过 T
	>120~400	III	最大不超过75	
III	6~400	II	超过II级者	超过II级者
		III	所有缺陷	
		I、II、III	裂纹等危害性缺陷	

注：(1)母材厚度不同时，取薄板侧厚度值。

(2)当焊缝长度不足9T(I级)或4.5T(II级)时，可按比例折算。当折算后的缺陷累计长度小于单个缺陷指示长度时，以单个缺陷指示长度为准。

6.5.5 衍射时差法超声检测

超声波衍射时差法，英文全称是 Time of Flight Diffraction Technique，简称 TOFD 技术。中文译名为衍射时差法超声检测技术(以下简称 TOFD)。TOFD 是一种无损检测(超声检测)的新的、先进的技术，它是采用一发一收探头工作模式，利用缺陷端点的衍射波信号探测和测定缺陷位置和尺寸的一种自动超声检测方法。TOFD 检测方法的先进性在于检测设备，不是普通的超声探伤仪，而是由计算机控制的数字仪器，配置探头阵列，自动扫查装置，而且能够记录和保存所有的扫查数据用于归档和分析。

6.5.5.1 TOFD 检测原理

TOFD 技术是一种利用超声波衍射现象，非基于波幅的自动超声检测方法，其基本特点是采用一发一收两个宽带窄脉冲探头进行检测，探头相对于焊缝中心线对称布置。发射探头产生非聚焦纵波波束以一定角度入射到被检工件中，其中部分波束沿近表面传播被接收探头接收，部分波束经底面反射后被探头接收。接收探头通过接收缺陷尖端的衍射信号及其时差来确定缺陷的位置和自身高度。

TOFD 检测通常使用纵波斜探头，在工件无缺陷部位，发射超声脉冲后，首先到达接收探头的是直通波，然后是底面反射波。有缺陷存在时，在直通波和底面反射波之间，接收探头还会接收到缺陷处产生的衍射波或反射波。除上述波外，还有缺陷部位和底面因波型转换产生的横波，一般会迟于底面反射波到达接收探头。工件中超声波传播路径如图6-15所示；缺陷处 A 扫描信号如图6-16所示。

图6-17描述了扫查埋藏缺陷、检测面开口缺陷、底面开口缺陷和层间缺陷绘扫描原理图和 A 扫描波形图。

TOFD 检测设备按超声波发射和接收的通道数可分为单通道和多通道检测设备。检测设备由仪器本体、探头、扫查装置和附件等组成。检测设备至少具有超声波发射、接收、放

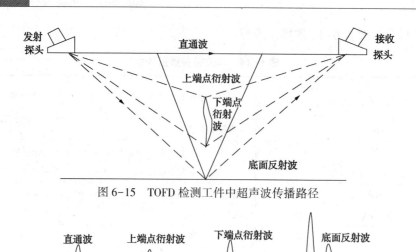

图 6-15　TOFD 检测工件中超声波传播路径

图 6-16　缺陷处 A 扫描信号

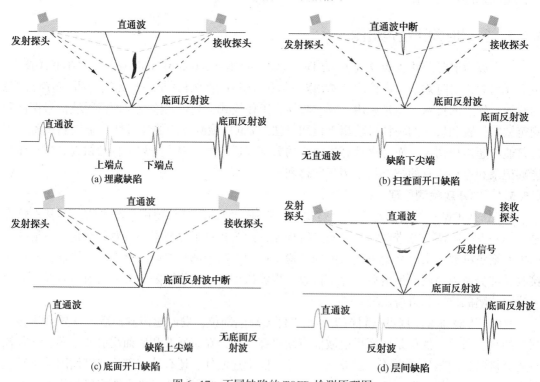

图 6-17　不同缺陷的 TOFD 检测原理图

大、数据自动采集、记录、显示和分析的功能。目前，我国 TOFD 检测设备已经国产化。

6.5.5.2　TOFD 检测技术要点

（1）检测区域的确定

在进行检测前应先确定好检测区域。

① 若焊缝实际热影响区经过测量并记录，并且探头的位置可按预先标记得到控制时，

检测区域宽度为两侧实际热影响区各加上 6mm 的范围。

② 若未知焊缝实际热影响区，则当工件厚度 $t \leqslant 200mm$ 时，检测区域宽度应是焊缝本身，再加上焊缝熔合线两侧各 25mm 或 t（取较小值）的范围；当工件厚度 $t > 200mm$ 时，检测区域宽度应是焊缝本身，再加上焊缝熔合线两侧各 50mm 的范围。

③ 对已发现缺陷部位进行复检或已确定的重点部位，检测区域可减小至相应部位。

④ 检测前应对根据检测区域和探头设置确定的扫查路径在工件上予以标记，标记内容至少包括扫查起点和扫查方向，同时应在母材上距焊缝中心线规定的距离画出一条参考线，以确保探头的运动轨迹。

（2）扫查方式

扫查方式一般分为非平行扫查、平行扫查和偏置非平行扫查等三种基本扫查方式，如图 6-18 所示。

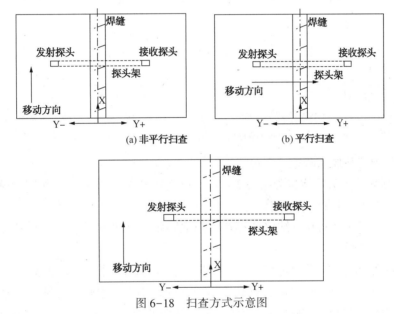

图 6-18 扫查方式示意图

① 非平行扫查一般作为初始的扫查方式，用于缺陷的快速探测和缺陷长度测定，可大致测定缺陷高度，但无法确定缺陷距焊缝中心线的偏移量，同时难以检测横向缺陷。

② 采用偏置非平行扫查可增大检测范围，提高缺陷高度测量的精度，改进缺陷定位并有助于降低表面盲区高度，但难以检测横向缺陷。

③ 对已发现的缺陷进行平行扫查，可改进缺陷定位和缺陷高度测量的准确性，并为缺陷定性提供更多信息。采用平行扫查时，一般应将焊缝余高磨平。

（3）缺陷的相关显示

扫查检测相关显示分为表面开口型缺陷显示、埋藏型缺陷显示和难以分类的显示。

① 表面开口型缺陷显示可细分为三类：扫查面开口型、底面开口型、穿透型。扫查面开口型缺陷通常显示为直通波的减弱、消失或变形，仅能观察到一个端点（缺陷下端点）产生的衍射信号，且与直通波同相位；底面开口型缺陷通常显示为底面反射波的减弱、消失、延迟或变形，仅能观察到一个端点（缺陷上端点）产生的衍射信号，且与直通波反相位；穿透型缺陷显示为直通波和底面反射波同时减弱或消失，沿壁厚方向产生多出衍射信号。

② 埋藏型缺陷显示可分为三类：点状显示、线状显示、条状显示。点状显示为双曲线弧状，且与拟合弧形光标重合，无可测量长度和高度；线状显示为细长状，无可测量高度；条状显示为长条状，可见上下端产生的衍射信号，且靠近底面处端点产生的衍射信号与直通波同相，靠近扫查面出端点产生的信号与直通波反相。

③ 难以分类的显示，即难以按上述分类的显示，应结合其他有效方法综合判断。

（4）缺陷尺寸测定

缺陷的尺寸由其长度和高度表征。

缺陷的长度 l 是指缺陷在 X 轴的投影间的距离，如图 6-19 和图 6-20 所示。

缺陷高度 h 是指缺陷沿 X 轴方向上、下端点在 Z 轴投影间的最大距离。对于表面开口型缺陷显示：缺陷高度为表面与缺陷上（或下）端点间最大距离，如图 6-19 中的 h；若为穿透型，缺陷高度为工件厚度。对于埋藏型条状缺陷显示，缺陷高度如图 6-20 中 h。

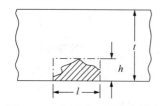

图 6-19　表面开口型缺陷尺寸

h—表面缺陷高度；l—表面缺陷长度；t—工件厚度

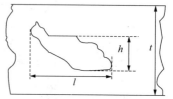

图 6-20　埋藏型缺陷尺寸

h—埋藏缺陷高度；l—埋藏缺陷长度；t—工件厚度

6.5.5.3　缺陷评定与质量分级

TOFD 检测焊接接头的质量分级与 JB/T 4730.3 中超声检测的分级相同，分为三级。具体缺陷评定与质量分级有如下规定。

① 不允许危害性表面开口缺陷的存在；当缺陷距工件表面的最小距离小于自身高度的 40% 时，为近表面缺陷。

② 如可判断埋藏缺陷类型为裂纹、未熔合等危害性缺陷时，评为Ⅲ级。

③ 相邻两缺陷显示（非点状），其在 X 轴方向间距小于其中较大的缺陷长度且在 Z 轴方向间距小于其中较大的缺陷高度时，应作为一条缺陷处理，以两缺陷长度之和作为其单个缺陷长度，高度之和作为其单个缺陷高度（间距计入缺陷尺寸）。若其中一个为点状显示，则间距不计入缺陷尺寸。

④ 点状显示的质量分级：点状显示用评定区进行质量分级评定，评定区为一个与焊缝平行的矩形截面，其沿 X 轴方向的长度为 150mm，沿 Z 轴方向的高度为工件厚度。在评定区内或与评定区边界相切的缺陷均应划入评定区内，按表 6-15 的规定评定焊接接头的质量级别。

表 6-15　各质量级别允许的点数

等　级	工件厚度 t/mm	点　　数
Ⅰ	12～400	$t \times 0.8$，最大为 200
Ⅱ	12～400	$t \times 1.2$，最大为 300
Ⅲ	12～400	超过Ⅱ级者

注：母材壁厚不同时，取薄侧厚度值。

⑤ 对于其他类型缺陷显示，按表 6-16 的规定进行质量分级。

表 6-16 焊接接头质量分级

等级	工作厚度	单个缺陷						多个缺陷
		表面开口缺陷、近表面缺陷			埋藏缺陷			
		长度 l_{max}	高度 h_3	若 $l>l_{max}$，缺陷高度 h_1	长度 l_{max}	高度 h_2	若 $l>l_{max}$，缺陷高度 h_1	
I	$12\leq t\leq15$	$\leq t$	≤1	—	$\leq t$	≤2	—	1. 若多个缺陷其各自高度 h 均为：$h_1<h\leq h_2$ 或 h_3，则在任意 $12t$ 范围内累计长度不得超过 $3t$ 且最大值为 150mm； 2. 对于单个或多个表面开口缺陷或近表面缺陷，其最大累计长度不得大于整条焊缝长度的 10% 且最长不得超过 400mm
	$15<t\leq40$	$\leq t$	≤1	—	$\leq t$	≤3	—	
	$40<t\leq60$	≤40	≤2	≤1	≤40	≤4	≤1	
	$60<t\leq100$	≤50	≤2	≤1	≤50	≤4	≤1	
	$t>100$	≤60	≤3	≤2	≤60	≤5	≤2	
II	$12\leq t\leq15$	$\leq t$	≤2	≤1	$\leq t$	≤3	≤1	1. 若多个缺陷其各自高度 h 均为：$h_1<h\leq h_2$ 或 h_3，则在任意 $12t$ 范围内累计长度不得超过 $4t$ 且最大值为 200mm； 2. 对于单个或多个表面开口缺陷或近表面缺陷，其最大累计长度不得大于整条焊缝长度的 10% 且最长不得超过 500mm
	$15<t\leq40$	$\leq t$	≤2	≤1	$\leq t$	≤4	≤1	
	$40<t\leq60$	≤40	≤3	≤2	≤40	≤5	≤2	
	$60<t\leq100$	≤50	≤3	≤2	≤50	≤5	≤2	
	$t>100$	≤60	≤4	≤3	≤60	≤6	≤3	
III	12~400	超过 II 级者 危害性表面开口缺陷，裂纹、未熔合等危险性埋藏缺陷						

注：（1）母材壁厚不同时，取薄侧厚度值。

（2）对于单个或多个 $h<h_1$ 的线状缺陷，在任意 $12t$ 范围内累计长度不得超过 $4t$ 且最大值为 300mm。

⑥ 当各类缺陷评定的质量级别不同时，以质量级别最低的作为焊接接头的质量级别。

6.6 磁粉检测及质量等级评定

磁粉检测是利用漏磁和合适的检验介质发现工件表面和近表面的不连续性的无损检测方法。适用于铁磁性材料制造的过程设备的原材料、零部件、焊接接头表面及近表面缺陷检测，不适用于奥氏体不锈钢和其他非铁磁性材料的检测。

6.6.1 磁粉检测原理及特点

（1）检测原理

磁粉检测是通过对被检工件施加磁场使其磁化（整体磁化或局部磁化），在工件的表面和近表面缺陷处将有磁力线逸出工件表面而形成漏磁场，有磁极的存在就能吸附施加在工件表面上的磁粉形成聚集磁痕，从而显示出缺陷的存在。即当一被磁化的工件表面和内部存在缺陷时，缺陷的导磁率远小于工件材料，磁阻大，阻碍磁力线顺利通过，造成磁力线弯曲。如果工件表面、近表面存在缺陷(没有裸露出表面也可以)，则磁力线在缺陷处会逸出表面进入空气中，形成漏磁场(参见图6-21的S-N磁场)。此时若在工件表面撒上导磁率很高的磁性铁粉，在漏磁场处就会有磁粉被吸附，聚集形成磁痕，通过对磁痕的分析即可评价缺陷。

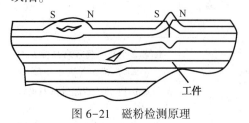

图6-21　磁粉检测原理

磁粉检测的磁场由电源感应产生，可采用直流电、脉冲电流和交流电磁化工件。用直流电或脉冲电流磁化时可检测表面下5~6mm的缺陷；用交流电磁化时，只能检测到表面下1~1.5mm的缺陷。

（2）磁粉检测的特点

① 适用于能被磁化的材料(如铁、钴、镍及其合金等)，不能用于非磁性材料(如不锈钢、铜、铝、铬等)；

② 适用于材料和工件的表面和近表面的缺陷，该缺陷可以是裸露于表面，也可以是未裸露于表面。不能检测较深处的缺陷(内部缺陷)；

③ 能直观地显示出缺陷的形状、尺寸、位置，进而能做出缺陷的定性分析；

④ 检测灵敏度较高，能发现宽度仅为0.1μm的表面裂纹；

⑤ 可以检测形状复杂、大小不同的工件；

⑥ 检测工艺简单，效率高、成本低。

6.6.2　磁粉检测技术要点

（1）磁粉

磁粉是在缺陷处形成缺陷磁痕的重要材料，正确选用磁粉可以使检测灵敏度提高，为最后的缺陷评定提供直接保证。磁粉应具有高磁导率、低矫顽力和低剩磁，并应与被检工件表面颜色有较高的对比度。磁粉大致可分为荧光磁粉和非荧光磁粉两大类。

① 荧光磁粉　一般的荧光磁粉在紫外光的激发下发出人眼敏感的黄绿色荧光。在黑光灯下，其色泽鲜明，容易发现，可见度、对比度好，可在任何颜色的被检表面上使用。一般情况下，荧光磁粉只在湿法检测中使用，即把荧光悬浮在煤油或水的载液中制成湿粉(磁悬液)。

② 非荧光磁粉　这种磁粉既可以用于湿法，又可以用于干法检测。在检测过程中，直接在白光下观察磁痕。专用于干法的非荧光磁粉的表面上常涂有一层旨在增加对比度的染料，常见的颜色有浅灰、黑、红或黄几种。

（2）检测方法及选择

根据不同的条件，磁粉检测方法分类如表6-17所示。

表6-17　磁粉检测方法分类

分 类 条 件	磁粉检测方法
施加磁粉的载体	干法(荧光、非荧光)、湿法(荧光、非荧光)
施加磁粉的时机	连续法，剩磁法
磁化方法	轴向通电法、触头法、线圈法、磁轭法、中心导体法、交叉磁轭法

① 干法：通常用于交流和半波整流的磁化电流或磁轭进行连续法检测的情况，采用干法时，应确认检测面和磁粉已完全干燥，然后再施加磁粉。磁粉的施加可采用手动或电动喷粉器以及其他合适的工具来进行。磁粉应均匀地撒在工件被检面上。

② 湿法：主要用于连续法和剩磁法检测。采用湿法时，应确认整个检测面被磁悬液湿润后，再施加磁悬液。磁悬液的施加可采用喷、浇、浸等方法，不宜采用涂刷法。

（3）磁痕的分类和处理

磁痕显示分为相关显示、非相关显示和伪显示。

① 长度与宽度之比大于 3 的缺陷磁痕，按条状磁痕处理；长、宽之比不大于 3 的磁痕按圆形磁痕处理；长度小于 0.5mm 的磁痕不计。

② 两条或两条以上缺陷磁痕在同一直线上且间距不大于 2mm 时，按一条磁痕处理，其长度为两条磁痕长之和加间距。

③ 缺陷磁痕长轴方向与工件轴线或母线的夹角大于等于 30°时，按横向缺陷处理，其他按纵向缺陷处理。

（4）退磁要求

工件经磁粉检测后会产生剩磁，剩磁的存在会影响仪表的精度；运转零件的剩磁会吸附铁屑和磁粉，加快磨损；管路的剩磁会吸附铁屑和磁粉，影响管路畅通。有些工件经过磁粉检测后，不允许有剩磁存在或有相应的剩磁要求时，则需要退磁。退磁就是将被检工件内的剩磁减小，达到相应的剩磁要求，以至不妨碍工件的使用性能。

磁粉检测后进行加热 700℃ 以上热处理的工件，一般可不进行退磁。在下列情况下工件应进行退磁：当检测需要多次磁化时，如认定上一次磁化将会给下一次磁化带来不良影响；如认为工件的剩磁会对以后的机械加工产生不良影响；如认为工件的剩磁会对测试或计量装置产生不良影响；如认为工件的剩磁会对焊接产生不良影响等场合。

6.6.3 磁粉检测质量分级

（1）不允许存在的缺陷

不允许存在任何裂纹和白点；紧固件和轴类零件不允许任何横向缺陷显示。

（2）焊接接头的磁粉检测质量分级

按表 6-18 的规定。

表 6-18 焊接接头的磁粉检测质量分级

等　级	线性缺陷磁痕	圆形缺陷磁痕 （评定框尺寸 35mm×100mm）
I	不允许	$d \leqslant 1.5$，且在评定框内不大于 1 个
II	不允许	$d \leqslant 3.0$，且在评定框内不大于 2 个
III	$l \leqslant 3.0$	$d \leqslant 4.5$，且在评定框内不大于 4 个
IV		大于 III 级

注：l 表示线性缺陷磁痕长度，mm；d 表示圆形缺陷磁痕长径，mm。

（3）受压加工部件和材料的磁粉检测质量分级

按表 6-19 的规定。

表 6-19　受压加工部件和材料磁粉检测质量分级

等　级	线性缺陷磁痕	圆形缺陷磁痕 （评定框尺寸 2500mm^2，其中一条矩形边长最大为 150mm）
Ⅰ	不允许	$d \leqslant 2.0$，且在评定框内不大于 1 个
Ⅱ	$l \leqslant 4.0$	$d \leqslant 4.0$，且在评定框内不大于 2 个
Ⅲ	$l \leqslant 6.0$	$d \leqslant 6.0$，且在评定框内不大于 4 个
Ⅳ		大于Ⅲ级

注：l 表示线性缺陷磁痕长度，mm；d 表示圆形缺陷磁痕长径，mm。

（4）综合评级

在圆形缺陷评定区内同时存在多种缺陷时，应进行综合评级。对各类缺陷分别评定级别，取质量级别最低的级别作为综合评级的级别；当各类缺陷级别相同时，则降低一级作为综合评级的级别。

6.7　渗透检测及质量等级评定

渗透检测是利用液体的毛细现象检测非多孔性固体材料表面开口缺陷的一种无损检方法。在过程设备制造、安装、使用和维修过程中，渗透检测是检验焊接坡口、焊接接头等是否存在开口缺陷的有效方法之一。

6.7.1　渗透检测基本原理及特点

（1）基本原理

渗透检测分着色检测和荧光检测两种，其基本原理和检测操作相似，区别仅在于荧光检测时的渗透剂是荧光液，而着色检测时的渗透剂是用着色剂。荧光法较着色法有较高的检测灵敏度。

渗透检测基本原理是：当被检工件表面存在有细微的肉眼难以观察到的裸露开口缺陷时，将含有有色染料或者荧光物质的渗透剂，用浸、喷或刷涂方法涂覆在被检工件表面，保持一段时间后，渗透剂在存在缺陷处的毛细作用下渗入表面开口缺陷的内部，然后用清洗剂除去表面上滞留的多余渗透剂，再用浸、喷或刷涂方法在工件表面上涂覆薄薄一层显像剂。经过一段时间后，渗入缺陷内部的渗透剂又将在毛细作用下被吸附到工件表面上来，若渗透剂与显像剂颜色反差明显(如前者多为红色，后者多为白色)或者渗透剂中配制有荧光材料，则在白光下或者在黑光灯下，很容易观察到放大的缺陷显示。

当渗透剂和显像剂配以不同颜色的染料来显示缺陷时，通常称为着色渗透检测(着色检测、着色探伤)。当渗透剂中配以荧光材料时，在黑光灯下可以观察到荧光渗透剂对缺陷的显示，通常称为荧光渗透检测(荧光检测、荧光探伤)。因此，渗透检测是着色检测和荧光检测的统称。其基本检测原理相同。

（2）渗透检测的特点

① 适用材料广泛，可以检测黑色金属、有色金属，锻件、铸件、焊接件等；还可以检测非金属材料如橡胶、石墨、塑料、陶瓷、玻璃等的制品。

② 是检测各种工件裸露处表面开口缺陷的有效无损检测方法，灵敏度高，但未裸露的内部深处缺陷不能检测。

③ 设备简单、操作方便，尤其对大面积的表面缺陷检测效率高，周期短。

④ 所使用的渗透检测剂（渗透剂、显像剂、清洗剂）有刺激性气味，应注意通风。

⑤ 若被检表面受到严重污染，缺陷开口被阻塞且无法彻底清除时，渗透检测灵敏度将显著下降。

6.7.2 渗透检测技术要点

（1）渗透检测方法分类

根据渗透剂和显像剂种类不同，渗透检测方法按表 6-20 进行分类。

表 6-20 渗透检测方法分类

渗透剂		渗透剂的去除		显像剂	
分类	名称	方法	名称	分类	名称
I II III	荧光渗透检测 着色渗透检测 荧光、着色渗透检测	A B C D	水洗型渗透检测 亲油型后乳化渗透检测 溶剂去除型渗透检测 亲水型后乳化渗透检测	a b c d e	干粉显像剂 水溶解显像剂 水悬浮显像剂 溶剂悬浮显像剂 自显像

注：渗透检测方法代号示例：IIC-d 为溶剂去除型着色渗透检测（溶剂悬浮显像剂）。

（2）渗透检测方法的选用

渗透检测方法的选用，首先应满足检测缺陷类型和灵敏度的要求。在此基础上，可根据被检工件表面粗糙度、检测批量大小和检测现场的水源、电源等条件来决定。

① 对于表面光洁且检测灵敏度要求高的工件，宜采用后乳化型着色法或后乳化型荧光法，也可采用溶剂去除型荧光法；

② 对于表面粗糙且检测灵敏度要求低的工件宜采用水洗型着色法或水洗型荧光法；对现场无水源、电源的检测宜采用溶剂去除型着色法；

③ 对于批量大的工件检测，宜采用水洗型着色法或水洗型荧光法；

④ 对于大工件的局部检测，宜采用溶剂去除型着色法或溶剂去除型荧光法。

（3）渗透显示的分类

渗透检测显示分为相关显示、非相关显示和虚假显示。非相关显示和虚假显示不必记录和评定。

① 小于 0.5mm 的显示不计，除确认显示是由外界因素或操作不当造成之外，其他任何显示均应作为缺陷处理。

② 缺陷显示在长轴方向与工件轴线或母线的夹角大于或等于 30 时，按横向缺陷处理，其他按纵向缺陷处理。

③ 长度与宽度之比大于 3 的缺陷显示，按线性缺陷处理；长度与宽度之比不大于 3 的缺陷显示，按圆形缺陷处理。

④ 两条或两条以上缺陷线性显示在同一条直线上且间距不大于 2mm 时，按一条缺陷显示处理，其长度为两条缺陷显示长之和加间距。

6.7.3 渗透检测质量分级

渗透检测显示中，不允许任何裂纹和白点，紧固件和轴类零件不允许任何横向缺陷显示。焊接接头和坡口的质量分级按表 6-21 的规定进行。其他部件的质量分级按表 6-22 的规定。

表 6-21 焊接接头盒坡口的质量分级

等　级	线性缺陷	圆形缺陷（评定框尺寸 35mm×100mm）
Ⅰ	不允许	$d \leqslant 1.5$，且在评定框内少于或等于 1 个
Ⅱ	不允许	$d \leqslant 4.5$，且在评定框内少于或等于 4 个
Ⅲ	$L \leqslant 4$	$d \leqslant 8$，且在评定框内少于或等于 6 个
Ⅳ	大于Ⅲ级	

注：L 为线性缺陷长度，mm；d 为圆形缺陷在任何方向上的最大尺寸，mm。

表 6-22 其他部件的质量分级

等　级	线性缺陷	圆形缺陷（评定框尺寸 2500mm²，其中一条矩形边的最大长度为 150mm）
Ⅰ	不允许	$d \leqslant 1.5$，且在评定框内少于或等于 1 个
Ⅱ	$L \leqslant 4$	$d \leqslant 4.5$，且在评定框内少于或等于 4 个
Ⅲ	$L \leqslant 8$	$d \leqslant 8$，且在评定框内少于或等于 6 个
Ⅳ	大于Ⅲ级	

注：L 为线性缺陷长度，mm；d 为圆形缺陷在任何方向上的最大尺寸，mm。

6.8　涡流检测简介

涡流检测也是以电磁感应原理为基础的一种无损检测方法，适用于导电性金属材料和焊接接头表面和近表面缺陷检测。涡流检测主要用于管材的缺陷检测，能有效地识别钢管内外表面的不连续性缺陷，如裂纹、未焊透、夹渣、气孔、点腐蚀等，对开放性线性缺陷最为敏感。

（1）涡流检测原理及特点

由电磁感应定律可知，当导电体靠近变化着的磁场或导体作切割磁力线运动时，导电体内必然会感生出旋涡状流动的电流，称为涡流。当通以交变电流的检测线圈靠近导电材料时，由于电磁场的作用。在材料中就会产生涡流，涡流的大小、相位及流动形式受导电材料导电性能及其制造工艺性能的影响，而涡流产生的感应磁场又反作用于原磁场。使得检测线圈的阻抗发生改变。因此，通过监测检测线圈阻抗的变化即可评价被检测材料或工件的表面状况，发现某些工艺性缺陷。

涡流检测适用于各种金属和非金属导电材料。由于涡流是电磁感应产生的，所以检测时检测线圈不必与被检测材料或工件紧密接触，也不必在线圈和工件之间填充任何耦合剂，检测过程也不影响被检测材料或工件的使用性能。工业生产中，涡流检测主要用于管、棒和线材等型材的检测，与其他无损检测方法比较，对表面和近表面缺陷的检测灵敏度较高，且更容易实现检测的自动化。

（2）涡流检测方法

涡流检测系统一般包括涡流检测仪、检测线圈及辅助装置（如磁饱和装置、机械传动装置、记录装置、退磁装置等）。根据工件与线圈的相互位置关系涡流检测分穿过式、旋转式和放置式三种方法。

① 穿过式涡流检测法，如图 6-22 所示。被检工件穿过线圈在工件中产生涡流进行检测。主要用于检测管材、棒材、线材等可以从线圈内部通过的导电工件或材料、容易实现高速、大批量自动化检测。钢管最大外径一般不大于 180mm。

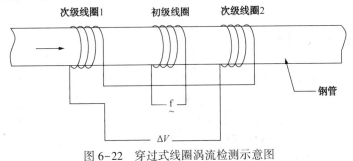

图 6-22 穿过式线圈涡流检测示意图

② 旋转式涡流检测法：采用此法时，钢管和线圈彼此相对移动，其目的是使整个钢管表面都被扫查到，图 6-23 所示为两种典型旋转方式。使用这种技术时，钢管的外径没有限制，主要用于检测外表面上的裂纹。

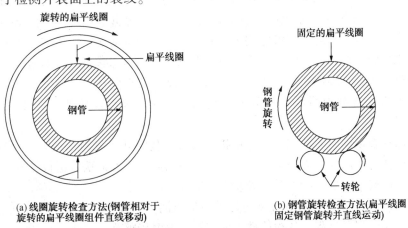

(a) 线圈旋转检查方法(钢管相对于旋转的扁平线圈组件直线移动)

(b) 钢管旋转检查方法(扁平线圈固定钢管旋转并直线运动)

图 6-23 旋转的钢管/扁平式线圈检测示意图

注：(a)和(b)中的扁平线圈可以采用多种形式，例如单线圈、多线圈等多种配置

③ 放置式涡流检测法：将通电线圈插入圆筒、圆管内进行检测，可用于检测安装好的管件、小直径的深钻孔、螺纹孔或厚壁管内表面缺陷。放置式线圈应有足够的宽度，通常做成扇形或平面形，以满足焊接接头在偏转的情况下得到扫查，如图 6-24 所示。

（3）检测结果的评定与处理

检测结果可根据缺陷响应信号的幅值和相位进行综合评定。缺陷深度应依据缺陷响应信号的相位角进行评定。经检验未发现尺寸（包括深度）超过验收标准缺陷的管材为涡流检测

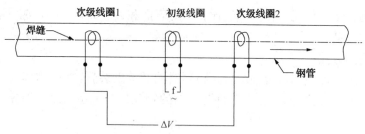

图 6-24　扇形线圈涡流检测示意图

合格品；经检验发现有尺寸（包括深度）超过验收标准缺陷的管材，可复探或用其他检测方法加以验证，若仍发现有超过验收标准的缺陷，则该管材为涡流检测不合格品。

6.9　声发射检测简介

声发射技术是 20 世纪 60 年代发展起来的一种利用声波对材料和构件进行评价的新方法，已成为一种重要的检测手段。声发射检测的主要目的是检测由金属过程设备壳体母材、焊缝、连接的零部件等表面和内部因不连续产生的声发射源，确定声发射源的部位及划分综合等级，并应根据源的综合等级划分结果决定是否采取其他无损检测方法进行复验。

（1）发射检测原理及特点

材料或结构件在外力或内力作用产生变形或断裂时释放出声波的现象称为声发射。声发射是一种物理现象，大多数金属材料塑性变形和断裂时都有声发射产生。但其信号的强度很弱，需要采用特殊的具有高灵敏度的仪器才能检测到。不同材料的声发射频率范围也不同，有次声频、声频和超声频。利用仪器检测、分析声发射信号并利用声发射信息推断声发射源的技术称为声发射技术。与超声波检测不同的是，它不是主动地发射声波，而是被动地接受声波，是利用材料变形或断裂时释放出声波，来判断材料内部状态。缺陷通常是以脉冲的形式将能量释放出来。释放能量的大小与缺陷的微观结构特点以及外力的大小有关。而单位时间内所发射出来的脉冲数目既与释放的能量大小有关，也与释放能量的微观过程的速率有关。

工件内部存在缺陷时，缺陷处于静止状态没有变化时并不发射声波。如果在力、电磁、温度等因素的作用下缺陷扩展则会发射声波，利用仪器对声发射信号进行分析就可了解缺陷的当前状态。因此，声发射检测是一种动态的无损检测方法。

金属设备（压力容器）声发射检测通常采用加压的方式在加载过程中进行检测。加压过程一般包括升压、保压过程。在被检件表面布置声发射传感器，接收来自活性缺陷的声波并转换成电信号，经过检测系统识别、处理、显示、记录和分析声源的位置及声发射特性参数。

（2）声发射检测加压程序

声发射检测前，应根据被检件有关安全技术规范、标准、设计文件等要求来确定声发射检测最高试验压力和加压程序。升压速度一般应不大于 0.5MPa/min。保压时间一般应不小于 10min。

① 在制压力容器的加压程序　声发射检测在制压力容器的加压程序按图 6-25 所示进行。最高试验压力为耐压试验压力。声发射应在试验压力达到设计压力的 50% 前开始进行，并至少在压力分别到达设计压力 p_D 和最高试验压力 p_T 时进行保压。如果声发射数据指示可

能有活性缺陷存在或不确定，应从设计压力开始进行第二次加压检测，第二次加压检测的最高试验压力 p_{T0} 应不超过第一次加压的最高试验压力，一般取 $p_{T0} = 0.97 p_T$。

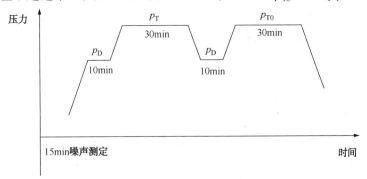

图 6-25　在制压力容器的加压程序

② 在用压力容器的加压程序

对于在用压力容器的声发射检测，试验压力一般不小于最高工作压力的 1.1 倍。对于压力容器的在线检测和监测，当工艺条件限制声发射检测所要求的试验压力时，其试验压力不应低于最高工作压力，并在检测前一个月将操作压力至少降低 15%，以满足检测时的加压循环需要。

在用压力容器的加压程序按图 6-26 所示进行。声发射检测在达到容器最高工作压力 p_W 的 50% 前开始进行，并至少在压力分别到达最高工作压力和最高试验压力 p_T 时进行保压。如果声发射数据指示可能有活性缺陷存在或不确定，应从最高工作压力开始进行第二次加压检测，第二次加压检测的最高试验压力 p_{T0} 应不超过第一次加压的最高试验压力 p_T，一般取 $p_{T0} = 0.97 p_T$。

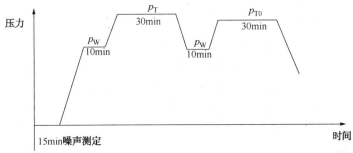

图 6-26　在用压力容器的加压程序

（3）声发射定位源的综合分级与检测结果评价

① 声发射定位源的综合分级按表 6-23 进行。

表 6-23　声发射定位源的综合分级

声发射定位源的强度等级	活 性 等 级			
	超强活性	强活性	中活性	弱活性
高强度	IV	IV	III	II
中强度	IV	III	II	I
低强度	III	III	II	I

② 检测结果评价

Ⅰ级声发射定位源不需要采用其他无损检测方法复验；Ⅱ级定位源由检测人员根据被检件的使用情况和定位源部位的实际结构来确定是否需要采用其他无损检测方法复验；Ⅲ、Ⅳ级的定位源应采用其他无损检测方法进行复验。经过其他无损检测方法复验确定的缺陷，可按相关规则进行评价。

6.10 耐压试验与泄漏试验

过程设备在制造过程中，可能会产生各种缺陷、各种连接密封面的可能泄漏，均会影响设备的安全可靠性。为考核设备的整体强度和致密性，在设备制造完工后时，都需要对设备质量进行综合性考核试验，即进行耐压试验和泄漏试验。

6.10.1 耐压试验

耐压试验是一种采用静态超载方法对设备质量进行综合性考核的试验。如果设备存在比较严重而又未被检测发现的缺陷或质量问题，通过耐压试验可使其暴露出来。因此，耐压试验是过程设备产品竣工验收必需的和最重要的试验项目，耐压试验合格，产品才能出厂。

（1）耐压试验种类及介质

耐压试验分为液压试验、气压试验、气液组合压力试验三种类型。

① 液压试验　凡在试验时不会导致发生危险的液体，在低于其沸点的温度下，都可以作为液压试验介质。生产实际中液压试验最常用的介质是水，所以，液压试验通常被称为水压试验。以水为介质进行液压试验时，水质应当符合设计图样和相关标准的要求，试验合格后应当立即将水渍去除干净。

② 气压试验　由于结构或者支承原因，不能向设备内冲灌液体，以及运行条件不允许残留试验液体的设备，可按照设计图样规定采用气压试验。气压试验所用气体应当为干燥的空气、氮气或者其他惰性气体。在实际生产中大多用压缩空气进行气压试验。

③ 气液组合压力试验　对因承重等原因无法注满液体的设备，可根据承重能力先注入部分液体，然后注入气体，进行气液组合压力试验。试验用液体和气体与液压试验和气压试验的要求相同。

（2）耐压试验压力

① 内压容器　内压容器耐压试验的压力应符合设计图样要求，且不小于式(6-7)的计算值。

$$p_{\mathrm{T}} = \eta p \frac{[\sigma]}{[\sigma]'} \tag{6-7}$$

式中　p_{T}——耐压试验压力，MPa；

　　　η——耐压试验压力系数，按照表6-24选用；

　　　p——压力容器的设计压力或者铭牌上规定的最大允许工作压力，MPa；

　　$[\sigma]$——试验温度下材料的许用应力，MPa；

　　$[\sigma]'$——设计温度下材料的许用应力，MPa。

压力容器各元件(圆筒、封头、接管、法兰等)所用材料不同时，计算耐压试验压力应当取各元件材料$[\sigma]/[\sigma]'$比值中最小者。

表 6-24 耐压试验的压力系数 η

压力容器的材料	压力系数 η	
	液(水)压	气压、气液组合
钢和有色金属	1.25	1.10
铸铁	2.00	—

② 外压容器和真空容器

外压容器和真空容器按内压容器进行耐压试验，试验压力为：

$$p_{\mathrm{T}} = \eta p \tag{6-8}$$

式中 p——设计外压力，MPa。

对于立式容器采用卧置进行液压试验时，试验压力应计入立置试验时的液柱静压力。对于由 2 个或 2 个以上压力室组成的多腔容器，每个压力室的试验压力按其设计压力确定，各压力室分别进行耐压试验。

(3)耐压试验温度

规定试验时的介质温度是为了防止因试验温度过低而造成压力容器在试验过程中发生低应力脆性破坏。

Q345R、Q370R、07MnMoVR 制容器进行液压试验时，液体温度不得低于5℃；其他碳钢和低合金钢制容器进行液压试验时，液体温度不得低于15℃；低温压力容器液压试验时，液体温度不得低于壳体材料及焊接接头的夏比冲击试验温度再加20℃。如果由于板厚等因素造成材料无延性转变温度升高，则需相应提高液体温度。

当有试验数据支持时，可使用较低温度液体进行试验，但试验时应保证试验温度(容器器壁金属温度)比容器器壁金属无塑性转变温度至少高30℃。

(4) 耐压试验要求

① 试验前，容器须经单项检查和总装检查合格，并将内部的残留物清除干净，特别是与水接触后能引起容器壁腐蚀的物质必须彻底除净。

② 试验时封闭容器接管用的盲板压力等级应大于或等于试验容器的设计压力(或最高工作压)，所配用的螺栓、螺母的数量、材质、规格应按相应的标准选用。试验前应将各部位的紧固螺栓装配齐全，紧固妥当。

③ 如果采用压力表测量试验压力，试验系统至少应有两块量程相同、并经校验合格的压力表，一块置于容器本体安放位置的顶部，另一块置于试验系统的缓冲器上。压力表的量程应为1.5~3.0 倍的试验压力，一般为试验压力的 2 倍。压力表的精度不应低于 1.5 级；表盘直径不应小于100mm。

④ 耐压试验保压期间不得采用连续加压以维持试验压力不变，试验过程中不得带压紧固螺栓或对受压元件施加外力。在试验压力下严禁碰撞和敲击试验容器。在确认容器内无压力后方可拆卸试验系统和临时附件。

⑤ 压力试验场地应有可靠的安全防护设施，压力试验过程中，不得进行与试验无关的工作，无关人员不得在试验现场停留。试验时场地周围应有明显的标志。

(5) 耐压试验程序和步骤

① 液压试验：试验容器内的气体应当排净并充满液体，试验过程中应保持容器观察表

面的干燥。当试验容器器壁金属温度与液体温度接近时，方可缓慢升压至设计压力，确认无泄漏后继续升压至规定的试验压力，保压时间一般不少于30min；然后降至设计压力，保压足够时间进行检查，检查期间压力应当保持不变。

② 气压试验和气液组合压力试验：试验时应先缓慢升压至规定试验压力的10%，保压5min，并且对所有焊接接头和连接部位进行初次检查；确认无泄漏后，再继续升压至规定试验压力的50%；如无异常现象，其后按规定试验压力的10%逐级升压，直到试验压力，保压10min；然后降至设计压力，保压足够时间进行检查，检查期间压力应保持不变。

(6) 耐压试验合格标准

① 液压试验：试验过程中，无泄漏，无可见变形，无异常声响为合格。

② 气压试验：试验过程中，无异常声响，经肥皂液或其他检漏液检查无漏气，无可见变形即为合格。

③ 气液组合压力试验：试验过程中，应保持容器外壁干燥，经检查无液体泄漏后，再以肥皂液或其他检漏液检查无漏气，无异常声响，无可见变形为合格。

6.10.2 泄漏试验

对于介质毒性程度为极度、高度危害或者设计上不允许有微量泄漏的压力容器，在耐压试验合格后，还应当进行泄漏试验。泄漏试验根据试验介质的不同，分为气密性试验、氨检漏试验、卤素检漏试验和氦检漏试验等。试验方法的选择。按照设计图样和相关标准要求执行。

(1) 气密性试验

气密性试验所用气体应符合气压试验的有关规定，气密性试验压力为压力容器的设计压力。

进行气密性试验时，一般应当将安全附件装配齐全。

压力应缓慢升至试验压力后，保压足够时间，对试验系统和容器的所有焊缝和连接部位进行泄漏检查，确认无泄漏即为合格。

(2) 氨检漏试验

根据设计图样的要求，可采用氨—空气法、氨—氮气法、100%氨气法等氨检漏方法。氨的浓度、试验压力、保压时间，按设计图样规定。

(3) 卤素检漏试验

卤素检漏试验时，容器内的真空度要求、采用的卤素气体种类、试验压力、保压时间以及试验操作程序，均按照设计图样的要求执行。

(4) 氦检漏试验

氦检漏试验时，容器内的真空度要求、氦气的浓度、试验压力、保压时间以及试验操作程序，按照设计图样的要求执行。

复习题

6-1 质量检验的目的是什么？

6-2 何为宏观检测？

6-3 无损检测主要有哪几种方法?

6-4 过程设备制造过程中可能出现的缺陷有哪些?

6-5 射线检测适用范围?

6-6 射线检测技术分为哪三级?

6-7 说明射线检测焊接接头时,对焊接接头透照缺陷等级评定的焊缝质量级别是怎样划分的。

6-8 超声检测适用范围?

6-9 探头的作用是什么?

6-10 距离-波幅曲线的用途是什么?

6-11 何为 TOFD 检测法?

6-12 磁粉检测适用范围?

6-13 磁粉检测的特点。

6-14 磁粉检测的磁化方法及其应用。

6-15 渗透检测原理和特点。

6-16 渗透检测方法的选用。

7 典型过程设备制造过程简介

在本书绪论中已经介绍，过程设备根据在生产工艺过程中的作用原理可为四大类，即储存设备、反应设备、换热设备、分离设备，其共同特点是都具有一个承受介质压力的封闭的外壳，即压力容器。从压力容器制造的角度，过程设备制造工艺基本相同（如第4章介绍的组装工艺过程），但因总体结构特点不同、内部构件不同，其制造工艺过程和制造技术要求有所不同，如球形容器大多是在制造厂将球瓣压制成形、开坡口、预组装，然后分瓣运送到现场再组装焊接；管壳式换热器制造中，管板和折流板等零部件机械加工量较大，加工精度要求也较高；长径比较大的塔设备制造，要求保证塔体的直线度，保证塔内件的加工精度、塔盘安装水平度，等等。本章就几种典型过程设备——高压容器、塔设备、管壳式换热器、球形储罐的制造过程作简要介绍。

7.1 高压过程设备制造

高压过程设备（以下简称为高压设备）广泛应用于化工、炼油等许多过程工业装置中，如石油炼制、乙烯生产、煤制油（气）、合成氨、甲醇合成、尿素合成等。其中高压设备包括加氢裂化反应器、尿素合成塔、氨合成塔、甲醇合成塔、聚乙烯反应器、水压机的蓄能器，等等。高压设备因其设计压力较高，则壳体壁厚较厚，就其壳体而言又称为厚壁容器（或高压容器）。

高压容器按筒体结构可分为单层结构和多层结构两种形式。单层常见结构形式有单层卷焊式和单层锻造式；多层容器是指筒体由两层以上（含两层）板材或带材、层间以非焊接方法组合构成的容器。多层容器常见结构有多层包扎式、钢带错绕式、套合式等。

7.1.1 单层卷焊式高压容器

单层卷焊式高压容器的制造与中、低压容器基本相同，即先用厚钢板在大型卷板机上卷制成筒节（必要时需要将板坯加热），经纵焊缝的组焊、环焊缝的坡口加工后，将各个筒节的环焊缝逐个组焊即可成型。

单层卷焊式高压容器因壁厚较厚，材料多为高强度低合金钢，由于合金成分使得焊接裂纹敏感性增加，因而合理的焊接工艺是保证单层卷焊式容器制造质量的关键，其焊接工艺评定制度较中、低压容器更严格、更完整。

先进的钢板轧制技术，使得板厚在150mm以上的钢板质量得以保证，可以用于压力容器制作；成形设备的研制，冷卷150mm以上的钢板成为可能；新型焊接设备（如窄间隙焊机）的研制和焊接技术的进步，采用单层卷焊式结构的高压容器越来越多，目前，单层卷焊式结构已成为高压设备的主导结构。

7.1.2 单层锻造式高压容器

锻造是厚壁容器最早采用的一种结构形式。其制造过程是：首先在钢坯中穿孔，加热后在孔中穿一芯轴，接着在水压机上锻造成所需尺寸的筒节，然后进行内、外壁机械加工，筒节与筒节采用环缝对接焊接而形成筒体。容器的顶、底部可以与筒体一起锻出，也可以采用锻件经机械加工后成形，以焊接（或螺纹）连接于筒体上。锻造式高压容器如图 7-1 所示。

锻造式容器中最常见的是锻焊式结构，锻焊式容器是指筒形或其他形状的锻件经机械加工制成筒节或封头（或筒体端部），通过环向焊接接头连接而成的容器。

锻造式筒体的优点是强度高，因为钢锭中有缺陷的部分已经被切除，而剩下金属经锻压后组织很紧密；缺点是材料消耗大，大型筒体制造周期长，一般适于直径和长度都较小的筒体。

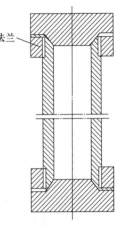

图 7-1　整体锻造式
高压容器

7.1.3　多层包扎式高压容器

多层包扎式容器是指在内筒上逐层包扎层板形成的容器。

多层包扎式高压容器是目前我国使用较多的一种结构，这种容器一般选用厚度为 12 ~25mm 的优质钢板（或者厚度为 8 ~13mm 的不锈钢板）卷焊内筒，焊缝经射线检测和机械加工后，再将预先弯成半圆形或者瓦片形的厚度为 6 ~12mm 的钢板（层板）覆盖在内筒上，用钢丝索扎紧并点焊固定，松去钢索，焊接纵缝，然后铣平焊缝，磁粉检测后用同样的方法逐层包扎，直至厚度达到设计要求。内筒要求严密不漏，并且有抵抗介质腐蚀的能力。层板要贴合在内筒上，并借助焊接收缩力使层板包住内筒。

7.1.3.1　多层包扎式容器的结构

多层包扎容器有两种结构形式：多层筒节包扎结构和多层整体包扎结构。

（1）多层筒节包扎容器

指在单节内筒上逐层包扎层板形成多层筒节，通过环向焊接接头组焊后形成的容器，如图 7-2 所示。一段一段的包扎筒节，如图 7-2（a）所示，单个筒节包扎完备后，对两端进行机械加工，车出环焊缝坡口，再将各筒节组对焊接成所需长度的筒体，外筒的纵焊缝要错开 75°，如图 7-2（b）所示。筒体质量的好坏，往往取决于层板间的贴合程度和环焊缝装配及焊接的质量。

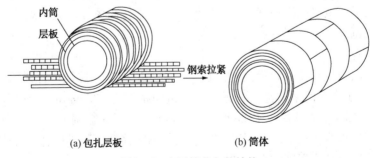

内筒
层板
钢索拉紧

(a) 包扎层板　　　　　　　(b) 筒体

图 7-2　多层筒节包扎结构

（2）多层整体包扎容器

指在整体内筒上逐层包扎层板形成的容器。该结构是先将内筒节与封头（或筒体端部）

焊接，然后在整体内筒全长范围内逐层包扎层板直至所需的筒体厚度，层板的环向焊接接头也是互相错开，同样外筒的纵焊缝要错开 75°。这种工艺可以避免深的环焊缝，但是下料很麻烦。

7.1.3.2 多层包扎式容器制造工艺和技术要求要点

多层包扎式容器制造工艺过程：内筒制造—层板弯卷—层板与内筒结合（拉紧、点焊、焊接纵缝）—修磨焊缝—松动面积检查—加工检漏孔。

（1）内筒制造

多层容器筒节的内筒制造与单层容器基本相同，但是要求更高。这是由于多层容器的密封性靠内筒保证，如果内筒有局部泄漏，则很容易腐蚀穿透整个筒壁，因此，对腐蚀性很强的介质（如尿素）常用不锈钢制作内筒。内筒制造技术要求主要有如下几点：

① 内筒成形允差：A 类焊接接头的对口错边量 b 不大于 1.0mm；A 类焊接接头处形成的棱角 E 不大于 1.5mm；同一断面上最大直径和最小直径之差不大于 $0.4\%D_i$，且不大于 5mm。

② 内筒组装允差：内筒筒节之间的 B 类焊接接头对口错边量 b 不大于 1.5mm；内筒与封头或筒体端部法兰的连接，其对口错边量应不大于 1.0mm；内筒 B 类焊接接头在轴向形成的棱角 E，用长度不小于 300mm 的直尺检查，其 E 值不得大于 1.5mm；组装内筒的直线度不得大于筒体长度的 0.1%，且不大于 6mm。

③ 内筒焊接与热处理要求：内筒或组装内筒焊缝不得有咬边；内筒或组装内筒 A、B 类焊接接头外表面应进行加工或修磨，使之与母材表面圆滑过渡；碳钢和低合金钢内筒的 A 类焊接接头应进行焊后热处理。

④ 内筒的 A 类焊接接头应进行 100% 射线或超声检测，并符合相应标准的合格级别要求。

（2）层板制造

包扎筒体的每一层层板均由两块以上的瓦块组成，由于多层筒节每层直径均不相同，因而每块层板的尺寸和弧度各不相同，带来了层板制造的复杂性。其制造工序依次如下：钢板、检验、矫平、划线、下料、卷圆、边缘加工。

用于制造层板的钢板除进行化学分折和力学性能检查外，还需对其表面进行检查，不得有裂纹、划痕、大面麻点、凹坑等缺陷。表面弯曲的钢板要进行桥平。划线时，要根据每层的周长和分块数量、坡口间隙仔细进行。实际生产中常按筒体外圆周长划线，卷圆后，再根据每一层的周长割除余量，同时加工出坡口。

（3）层板包扎

层板包扎在层板包扎拉紧装置（包扎机）上进行，层板包扎拉紧装置如图 7-3 所示。

图 7-3（a）所示为龙门架式包扎装置。由两组间距约为 500mm 的扁平钢丝绳捆扎层板，绳宽 100mm，厚 5mm。先从筒节中部捆起，钢丝绳拉力由油缸调节，筒节在翻转台可以翻转，捆紧后在钢丝绳两侧点焊。龙门架可以沿筒节轴向移动，逐段捆扎、点焊，直至完成纵缝焊接。这种装置自动化程度较高，包扎后的松动较少。

图 7-3（b）所示为另一种包扎装置，结构与图 7-3（a）相似。只是翻转台 5 下有轮子，可以在轨道 4 上移动，捆紧是固定的，可顺利完成拉紧、点焊直至全部纵缝的焊接。

层板包扎技术要求主要有如下几点：

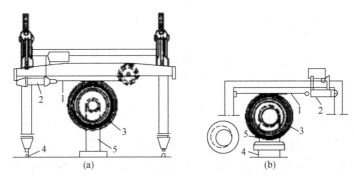

图 7-3 大型层板包扎拉紧装置

1—钢带；2—液压缸；3—层板；4—轨道；5—翻转台

① 包扎前应清除内筒、已包扎和待包扎层板外表面的铁锈、油污和其他影响贴合的杂物。

② 内筒纵向焊接接头与各层层板 C 类焊接接头应均匀错开；多层整体包扎容器内筒环向焊接接头与各层层板环向焊接接头应相互错开，且相邻环向接头间的最小距离应大于图样要求。

③ 包扎下一层层板前，应将前一层焊缝修磨平滑。层板的焊接接头修磨后应进行外观目视检查，不得存在裂纹、咬边和密集气孔。

④ 每层层板包扎后应进行松动面积检查。对内筒内径 D_i 不大于 1000mm 的容器，每一松动部位，沿环向长度不得超过 30%D_i，沿轴向长度不得超过 600mm；对于内筒内径 D_i 大于 1000mm 的容器，每一松动部位，沿环向长度不得超过 300mm，沿轴向长度不得超过 600mm。

⑤ 多层整体包扎容器的各层层板与封头或筒体端部法兰的连接，其对口错边量不得大于 0.8mm。

⑥ 为了安全起见，在每一个多层筒节的层板上应按图样要求加工检漏孔和通气孔，且在内筒和层板间增加一层内表面并有半圆形槽的盲板，如图 7-4 所示。当内筒由于腐蚀而泄漏时，由检漏孔可监测到泄露的介质，从而及时发现，采取相应的措施。通气孔则用于排除层板间的气体。

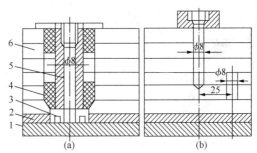

图 7-4 检漏孔与通气孔

1—内筒；2—盲板；3—通气环座；4—焊缝；5—管；6—层板

多层包扎式高压容器具有制造简单、筒体的安全性高、内筒与层板用不同材料制造可节省贵金属材料等优点。但其生产周期长、材料利用率较低。

7.1.4 钢带错绕式高压容器

钢带错绕式(简称绕带式)容器是指在整体内筒上沿一定缠绕角度,逐层交错缠绕钢带形成的多层容器。钢带错绕式容器是浙江大学朱国辉教授提出的一种新型结构容器,现已实现工业化生产。主要用于氨合成塔、甲醇合成塔、氨冷凝塔、铜液吸收塔、油水分离器、水压机蓄能器、氨或甲醇分离器及各种高压气体(空气、氦气、氮气和氢气)储罐等装备。

绕带式高压容器的筒体是在内筒外面以一定的预紧力缠绕数层钢带而制成。

钢带有两种形式:一种是有特殊断面形状的槽型钢带;另一种是普通的扁平钢带。前者称为槽型钢带式,后者则称扁平钢带式。

绕带式的内筒制造工艺与多层包扎高压容器的内筒制造工艺相同,只是钢带缠绕和层板包扎工艺不同。

(1) 槽型钢带式容器制造工艺

内筒厚度为总厚的 25%,经检测合格后,在其外表面加工出三处螺纹槽,以便与第一

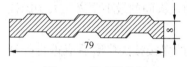

图 7-5 槽型钢带断面

层钢带下面的凹槽和凸槽相啮合,型槽是螺旋形结构,常用的钢带尺寸为 79mm×8mm,用优质钢板制成,断面形状如图7-5所示。这种钢带可以保证钢带与内筒之间的啮合,同时可以使绕带层能够承受一定的轴向力。

钢带的缠绕过程是在专用的机床上进行。槽型钢带式容器的缠绕装置如图7-6所示。钢带在缠绕之前,要用电加热器预热到 800~900℃,并把钢带的一端按所需的角度焊接在内筒端部,拉紧钢带开始缠绕。内筒旋转时,钢带轮立即顺着与容器轴线平行的方向移动,以便将钢带绕紧在内筒上。钢带绕到筒身上后,用槽型压辊(图7-7)紧紧压在内筒上,压辊同时也是钢带加热的第二个电极。绕到另一端后切断钢带,将钢带头焊在内筒端部。绕第二层时应与第一层错开 1/3(即一个槽的宽度)缠绕在第一层上,这时第一层绕带外层的型面便与内筒型槽的作用相同。钢带绕上几圈后,用水冷却,由于钢带冷却收缩产生的预紧力使钢带与内筒或前一层钢带紧贴在一起。缠绕过程中,内筒要用水或者空气冷却。每层缠绕钢带要足够长,不够长时必须事先接好,不许在筒身中间部位焊接钢带。

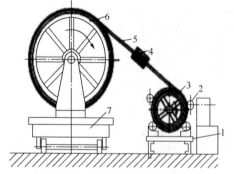

图 7-6 槽型钢带式容器的缠绕装置

1—绕带机床;2—槽型压滚;3—绕带筒体;

4—电加器;5—槽型钢带;6—钢带轮;7—移动式车架

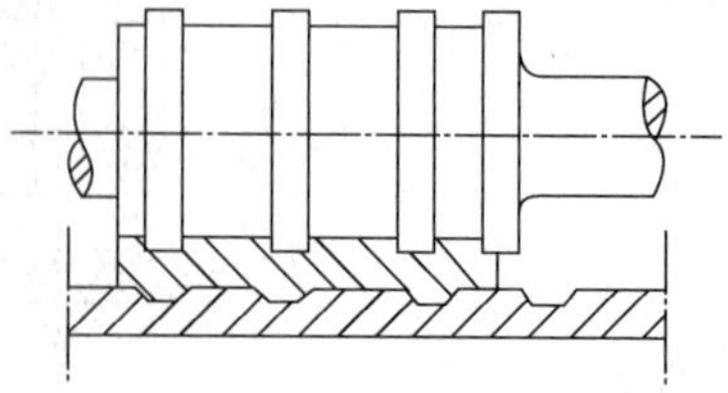

图 7-7 槽型压辊

槽型钢带式容器,其制造工艺大部分为机械化操作,生产效率高,适于制造大型容器。具有不存在深环焊缝的焊接和检验的困难、内压下筒壁应力分布均匀等优点。缺点是内筒上

开槽较困难，在筒壁上开孔困难，周向强度有所削弱。

（2）扁平钢带式容器制造工艺

扁平钢带式高压容器全称为"倾角错绕扁平钢带式高压容器"。其筒体的结构是在内筒的外面绕上数层扁平钢带所制成。如图7-8所示。

内筒一般是单层，用16~25mm厚的低合金钢板经检验合格后卷焊成筒节，再将筒节与筒节焊接在一起。内筒厚度也为总厚的1/4。筒节的纵缝应错开，相邻两纵缝间距不小于200mm。环焊缝应预热，内筒焊好后，用砂轮将焊缝磨平，然后与封头焊接在一起，无损检测和热处理后，缠绕钢带。

图7-8所示上面的端部法兰和下面的底部封头都是锻制的，具有35°~45°的斜面，使每层钢带的始末两段与其焊接。扁平钢带缠绕是在专用的设备上进行，如图7-9所示。钢带厚度约为4~8mm，宽为80~120mm。为了保证钢带始绕端能够很好地贴紧，对始绕端要进行预弯，为方便起见可以用内筒作模具。钢带与筒体径向倾角为15°~30°，作螺旋形缠绕。绕完一层后又以与上一层交错的倾角缠绕第二层，如图7-10所示。这样，逐层以一定倾角交错缠绕，直到构成所需壁厚。最外层用一层厚度约为3~6mm的优质薄板包扎，可在其上装设在线介质泄漏报警处理与安全状态自动监控装置。

扁平钢带式容器制造工艺流程如图7-11所示。

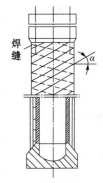

图7-8 扁平钢带式高压容器

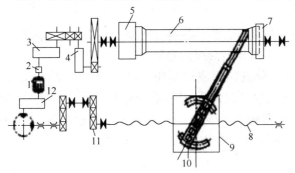

图7-9 扁平钢带式容器缠绕示意图

1—电动机；2—刹车装置；3，4，12—减速箱；5—床头；6—容器；7—尾架；8—丝杠；9—小车；10—压紧装置；11—挂轮

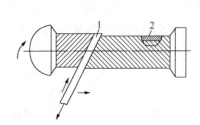

图7-10 扁平钢带式错绕式结构

1—扁平钢带；2—内筒

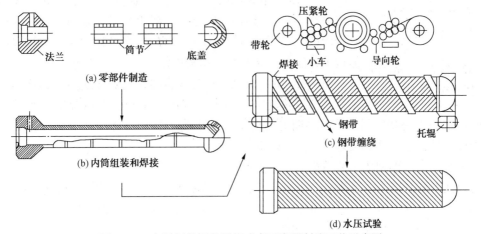

图7-11 扁平钢带倾角错绕式高压容器制造工艺示意图

（3）钢带错绕式容器制造技术要求

钢带错绕式容器制造技术要求主要有如下几点：

① 内筒的成形允差、内筒组装允差、内筒焊接与热处理要求与多层包扎式相同。

② 内筒制作完毕后，应进行泄漏试验，试验合格后方可缠绕钢带。

③ 缠绕钢带前应将内筒、钢带外表面的铁锈、油污及影响贴合的杂物清除干净。

④ 各层钢带应按图样规定的缠绕角度和预拉应力进行缠绕，并记录测力装置读数。缠绕钢带过程中，应实测并记录各层钢带的实际厚度，并确保各层钢带的实际厚度总和大于钢带层设计厚度，否则应增加缠绕钢带层数。

⑤ 同层钢带中，相邻钢带间距应均匀分布且小于3mm，不得因间距不均匀而切割钢带侧边。

⑥ 每层钢带缠绕后应进行松动面积检查，每根钢带上的松动面积应不超过该钢带总面积的15%。

⑦ 每层钢带的始、末两端应尽量与前一层贴合，并通过焊接钢带端部长度大于等于2倍钢带宽度的带间间距使之得到加强与箍紧。每层钢带端部焊缝处均应修磨平整，并用不小于5倍的放大镜对焊缝进行外观检查，不得有咬边、密集气孔、夹渣、裂纹等缺陷。必要时可进行磁粉或渗透检测。

7.1.5 套合式高压容器

套合式容器是指由数层具有一定过盈量的筒节，经加热逐层套合，并经热处理消除其套合预应力形成套合筒节，再通过环向焊接接头组焊后形成的容器。

套合式高压容器是按容器所需总壁厚，分成相等或近似相等的2~5层圆筒，用25~50mm的中厚板分别卷制成筒节，并控制其过盈量在合适范围内，然后将外层筒加热，内层筒迅速套入成为厚壁筒节，热套过程如图7-12所示。热套好的筒节经环焊缝坡口加工和组焊以及消除应力热处理等，即成为高压容器的筒体。

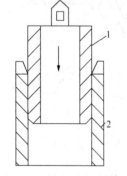

图7-12 筒节热套示意图
1—内筒；2—外筒

（1）套合式容器结构

套合式高压容器的结构有两种，如图7-13和图7-14所示。

图7-13所示为双层套合式容器（氨合成塔），是热套式高压容器的一种结构。分段热套合成，利用热套法制成一段一段筒节，套合后通过对环焊缝的组焊制体容器。虽然要焊接较深的环焊缝，但这种方法技术成熟，应用较广泛。

图7-14所示为三层热套式容器，是套合式高压容器的另一种结构。整体热套合，即先焊好内筒全长，然后分层热套外筒。外筒之间（轴向）不焊接，因此容器轴向力完全由内筒承受。这种方法使环焊缝较薄，容易保证环焊缝质量，但容器太长时，整体套合不方便进行。

（2）套合式容器制造工艺与技术要求要点

套合式容器制造工艺过程与多层包扎式容器制造基本一致，套合式容器制造的关键问题在于如何保证设计所规定的过盈量和套合面之间的均匀紧密贴合，以使筒体套合应力均匀。即需要保证套合面的尺寸和几何形状准确。

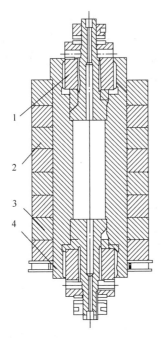

图 7-13　双层套簧式容器

1—顶塞；2—套簧；3—底塞；4—内筒

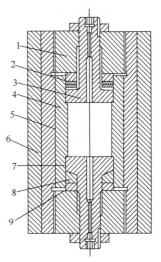

图 7-14　三层热套式容器

1—螺塞；2—垫片；3—自紧塞头；4—内筒壁；

5—中筒壁；6—外筒体；7—密封圈；8—楔形垫；9—垫圈

当前生产中，有套合面机械加工和不机械加工两种方法。前者需要大型立式车床，而且费时，用于小直径超高压及不进行热处理消除预应力的容器。一般大容器，采用不机械加工的方法。

① 套合层数选择。套合式容器的层数增多，可以减薄各层圆筒的厚度，提高筒体的承载能力和抗脆性断裂能力，但会影响筒壁的传热，增加制造的复杂性，费用高，因此以 2~3 层较普遍，一般不超过 5 层。生产中选用相同的厚度更为方便。

② 过盈量的选择。套合式容器制造的关键工艺是热套时过盈量的选择。通常是控制过盈量在一定的范围内，然后将外层筒加热，内层筒迅速套入外层筒内成为厚壁筒节。理想的设计应该是承载时内筒内壁与其外各层的内壁同时进入屈服，这是等强度设计原则，此时的过盈量是最佳过盈量。从理论上说这个最佳过盈量是可以求出的，但在实际套合过程中，由于存在一定的公差，往往不易达到预期的最佳过盈量。目前过盈量的选择，大部分在套合直径的 0.1%~0.2% 范围内。选择较大的过盈量范围，可以降低加工精度，方便加工，甚至可以不进行机加工，同时使套合面更加紧密。对套合后所产生的较大套合应力，应作消除套合应力热处理。

③ 单层圆筒成形允差：单层圆筒成形后沿其轴向分上、中、下 3 个断面测量内径，同一断面最大内径与最小内径之差应不大于该圆筒内径的 0.5%；单层圆筒的直线度用不小于筒体长度的直尺检查，将直尺沿轴向靠在筒壁上，直尺与筒壁之间的间隙不大于 1.5mm；A 类接头表面均应进行机加工或修磨，不允许保留余高、错边、咬边，并使接头区的圆度和筒身一致。

④ 套合组装要求：套合操作前应对各单层圆筒进行喷砂或喷丸处理，清除铁锈、油污及影响层间贴合的杂物；套合操作加热温度的选择，应以不影响钢材的性能为准；套合操作

应靠筒身自重自由套入，不允许强力压入；套合中应将各单层圆筒的 A 类接头相互错开，错开角度不小于30°；除内筒外，每个套合圆筒上应按图样要求钻泄放孔；套合圆筒两端坡口加工后，用塞尺检查套合面的间隙，间隙径向尺寸在 0.2mm 以上的任何一块间隙面积，不得大于套合面面积的 0.4%，径向尺寸大于 1.5mm 的间隙应进行补焊。

⑤ 套合后的圆筒应作消除应力热处理。

7.2 塔设备制造

塔设备是化工、石油化工和炼油等过程工业生产中最重要的过程设备之一。它可使气（或蒸汽）—液或液—液两相之间进行紧密接触，达到相际传质及传热的目的。可在塔设备中完成的常见的单元操作有：精馏、吸收、解吸和萃取等。此外，塔设备还能完成工业气体的冷却与回收、气体的湿法净制和干燥，以及兼有气液两相传质和传热的增湿、减湿等工艺过程。

7.2.1 塔设备的结构特点

塔设备按其内件结构可以分为两大类，即板式塔和填料塔。板式塔是在塔体内安装若干层塔板(或称塔盘)，气体以鼓泡或喷射的形式穿过塔盘上的液层使两相密切接触，进行传质、传热。在过程工业生产中，应用较多的板式塔塔板主要是泡罩、筛板和浮阀结构。

为了支承固定塔板以及溢流和抽取的需要，在板式塔的内壁上焊装有支承圈、降液板和受液盘等部件。板式塔内各部件相对位置的尺寸及塔板水平度直接影响到塔的分离效果和效率，因此板式塔内件的制造和安装也是塔器制造的主要内容。

填料塔是在塔内部装填一定高度和一定段数的填料层，液体沿填料表面呈膜状向下流动，作为连续相的气体自下而上流动，与液体逆流传质、传热。在填料塔内除填料外主要有填料支承装置、液体分布器等结构零部件。

塔设备外形结构与其他过程设备一样，其外壳都是由圆筒体和封头组成。其特点是长径比较大，绝大多数为直立设备；无论是板式塔还是填料塔，除了种类繁多的各种内部构件外，其余构件则是大致相同的，总体结构如图 7-15 所示。

(1) 塔体(塔壳)

塔体是塔设备的外壳。常见的塔体是由等直径、等壁厚的圆筒和封头所组成。随着过程装备的大型化，亦有采用不等直径、不等壁厚的塔体。塔体除满足工艺条件(如温度、压力等)下的强度、刚度外，还应考虑风载荷、地震载荷、偏心载荷所引起的强度、刚度问题。对于板式塔来说，塔体的不垂直度和弯曲度，将直接影响塔盘的水平度，这对板式塔效率的影响非常明显，为此，在塔体的制造、运输、安装等环节中，都应严格保证达到有关要求，不许超差。

(2) 塔体支座

塔体支座是塔体安装到地面基础上的连接部件。塔必须保证塔体坐落在确定的位置上进行正常的工作。为此，它应当具有足够的强度和刚度，能承受各种操作情况下的全塔重量，以及风、地震等引起的载荷。最常用的塔体支座是裙式支座(简称裙座)。裙座根据承受载荷情况不同，可分为圆筒形和圆锥形两种类型。圆筒形裙座制造方便，经济合理，故应用广泛。但对于受力情况比较差，塔径小且很高的塔设备，为防止风载荷或地震载荷引起的弯矩造成塔翻到，则需要配置较多的地脚螺栓及具有足够大承载面积的基础环。这时，圆筒形裙座的结构尺寸往往满足不了要求，则只能采用圆锥形裙座。

无论是圆筒形还是圆锥形裙座，其结构均由裙座壳、基础环、地脚螺栓、人孔（检查孔）、引出孔（引出管通道）、排气孔（管）等组成（图7-15）。

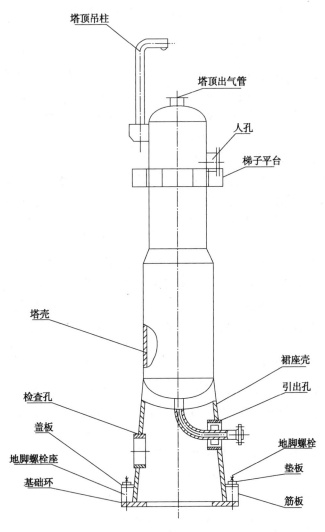

图7-15　塔设备结构示意图

（3）接管

塔设备的接管是用以连接工艺管路，把塔设备与相关设备连成系统。按照用途区分，塔体上至少有进液管、出液管、进气管、出气管、回流管、侧线抽出管、仪表管等接管。一般接管由短管和管法兰组成。

（4）人孔和手孔

人孔和手孔一般都是为了安装、检修、检查和装填填料的需要而设置的。在板式塔和填料塔中，各有不同的设置要求。

（5）塔顶吊柱

在塔顶部设置吊柱是为了在安装和检修时，方便塔内件的运送。吊柱的方位应使吊柱中心线与人孔中心线间有合适的角度，使人能站在平台上操纵手柄，使吊柱的垂直线可以转到人孔附近，以便从人孔装入或取出塔内件。

（6）扶梯和平台

为安装内件、检修等操作，塔设备外都设有扶梯和操作平台。

7.2.2 塔设备制造工艺过程

塔设备的制造工艺总体包括如下工序过程：塔体筒节卷制；组对和焊接各段塔体；塔体组装；塔体划线、开孔；安装塔盘零部件及其他要焊接在壳体上的塔内件；组装塔下部封头及裙座；在塔体上焊接接管、人孔、手孔和凸缘等接口件；安装塔内可拆零部件。如果是分段运输到现场进行最后组装，则塔体的组装工作在制造厂只进行一部分。然后，经过检查、修磨后涂漆，做好运输和现场组装的准备。

塔设备筒节的卷制，按照第 2 章方法进行，塔盘和填料一般是由专业生产厂制造。塔设备制造的关键是要保证塔体的直线度及安装的直线度和铅垂度，保证塔内件的加工精度和塔盘安装的水平度。本章就塔设备制造过程中的一些特殊工艺和技术要求进行介绍。

7.2.2.1 塔体的组装

由于塔设备一般均较长（通常为 10~60m 以上），所需筒节为十几节甚至几十节，因此，必须从组装、焊接、吊装、运输等诸多方面考虑其制造的合理性和可靠性。根据塔设备的总长度不同，塔体组装分为整体组装和分段组装两种方式。整体组装就是在制造厂将塔体全长组装完毕，整塔运输到现场；分段组装是将塔体分成几段组装，然后分段运输到现场或后，再组装成一个整体。

塔体整体组装过程与第 4 章中介绍的筒体组装一致，这里不重述。塔体分段组装存在累积误差和焊接变形等问题，所以分段组装的工艺过程较整体组装复杂，技术要求也比整体组装的要求高。下面主要对塔体分段组装的工艺与技术要求要点作以介绍。

（1）塔体分段组装的分段原则

确定塔体的分段线位置时，应考虑下列因素：

① 根据塔体的形状特征，恰当的分段；

② 材质不同的部分应分开制造，可作为一个分段线；

③ 形状和材质一致的塔体，按制造厂的场地面积、起重能力、工艺装备的允许尺寸等，确定分成几段制造，各段长度尽量不要相差太多；

④ 考虑塔体的结构特征，分段线应避免选在有内部焊接附件处，否则这些部件只能在塔段对接之后再焊，这将带来额外的麻烦；

⑤ 如果塔的总长超过运输限度，则有的分段线必须在安装现场最后组焊，这时每段长度都应符合铁路运输的规定；内部可拆的零部件全拆掉后，每段塔体的总重都不得超过制造厂和使用单位的起重吊装能力。

（2）塔体分段组装技术要求

塔体的各筒节都要按技术要求制造，焊接坡口应按图纸要求进行机械加工或修磨。首先按照塔体排版图，在环缝组焊滚胎上把筒节逐个依次点焊在一起，组对成塔段。进行塔段组对工作之前，先要校验滚胎各托辊的安装精度。利用激光器可达到±0.5mm的调准精度，使90m长塔的母线弯曲度在15mm以内。塔段组焊工作与第4章筒体组焊的工作并无原则差别。但是由于塔在操作时处于直立位置，对于塔体的垂直度、弯曲度有一定的要求(表7-1)。

表7-1　外形尺寸公差表　　　　　　　　　　　　　　　mm

符号	检查项目		允许偏差
①	筒体圆度		按 GB 150 规定
②	筒体直线度		1. 任意 3000 长度筒体直线度偏差≤3 2. 圆筒体总长度 $L \leq 15000$ 时，总偏差≤$L/1000$；$L>15000$ 时，总偏差≤$0.5L/1000 \pm 8$
③	上下两封头焊缝之间的距离		每长度 1000 时为±1.3，当 $L \leq 30000$ 时，不超过±20；$L>30000$ 时，不超过±40
④	基础环底面至塔釜封头与塔壳连接焊缝的距离		每长度 1000 为±2.5，且不超±6
⑤	接管法兰面至塔体外壁距离		±2.5
⑥	设备开口中心标高及周向位置	接管	±5
		人孔	±10
		液面计接口	±3
⑦	与外部管线连接的法兰面垂直度或平行度		$DN \leq 200$ 时为±1.5；$DN \geq 200$ 时为±2.5
⑧	接管中心线到塔盘的距离		±3(人孔为±6)
⑨	液面计对应接口间的距离		±1.5
⑩	液面计对应接口周向位置		±1.5
⑪	液面计对应接管外伸长度差		≤1.5
⑫	液面计法兰面垂直度		≤法兰外径的 0.5%
⑬	塔壳分段处端面平行度		$DN/1000$，且不大于 2
⑭	地脚螺栓相等或任意两孔弦长		±2
⑮	地脚螺栓孔中心圆直径		±2

直线度测量可以采用激光测定法、经纬仪测定法和拉线测定法等方法，经纬仪测定法和拉线测定法是较为常用的方法。对于直线度超差的筒体，若组装中已不便再行矫正，还可以利用焊接变形或焊缝的收缩来达到要求，例如先焊凸弯侧的环焊缝部分，再焊接其余环焊缝部分。若焊接后仍需要矫直时，也可通过安装人孔接管的办法，矫正筒体的轴向弯曲。如图7-16 所示。

图 7-16　装焊接管进行筒体轴向矫直

塔体在组对和焊接过程中，应注意经常测量检查，以便采取相应的工艺措施。

7.2.2.2　塔体划线

塔体划线是在塔体组装完成后进行的工序，主要是确定各种开孔的位置及开孔线、内部构件的位置线等。划线是重要的工艺步骤，它对设备内部构件、人手孔、接管、凸缘和其他零部件的组装精度有重大影响。划线方法有几种：用直线测量工具及线锤；用经纬仪和水平仪；用激光器进行光学划线，等等。使用光学划线工艺能提高塔设备组装精度和制造质量，节省繁重的划线工作量。

塔体上接管的组装和塔体内件的组装以壳体上的划线为依据，划线的精度直接影响塔体的制造质量。对于板式塔来说，不仅要求各塔板间保持必需的距离，以避免雾沫夹带，而且各层塔板的水平度也是必须控制的质量指标之一，否则将直接影响塔器的塔板效率。

无论填料塔还是板式塔，是整体组装还是分段组装，其划线总是由下而上进行。所有接管、塔板支持圈及其他内件的高度位置线，都是以同一条基准线为依据。该基准线往往设置在塔器的筒体与底封头连接的环焊缝的中心线上，当塔体为分段组装时，该基准线可分散移植到各段筒节距下端口适当距离（如 50～100mm）处。以作为分段测量的参照基准。内件和接管的方位则是以塔体圆周的四等分线来确定。

塔器内件位置的划线是一项非常繁琐而精细的工作，为使塔盘水平度、板间距及总体装配尺寸的精度符合图样以及相关标准、规范的要求，必须以同一基准线为准划出每一层的安装位置线。

7.2.2.3 塔体外部附件组装

塔体划线完毕后，进行外部附件组装。首先，切割出组装人手孔、接管、凸缘接口及其他附件所需的孔。靠近封头与塔体对接接头和现场安装对接接头的孔，要在这些接头焊完后再切割，以避免大量金属熔化使塔体局部变形，对组装附件产生不良影响。切割开孔后进行附件组对，然后进行焊接。先从里面焊接，为了减少焊缝金属熔化带来的变形影响到塔体的精度，待塔内焊完塔盘等不可拆零部件之后，再从外面焊完上述附件的焊缝。

有的接管和凸缘接口的焊缝，安上塔内构件后是被盖住的。这样，它们与塔体的焊接和焊缝的质量检查就比较困难，甚至不可能进行。这种情况不能按上述程序处理。必须按图纸要求焊完，并在塔内构件焊上去以前进行必要的焊缝检验（如水压试验、泄漏试验或表面渗透检验等）。

塔体外部构件组装的形状尺寸偏差应符合表 7-1 的要求。

7.2.2.4 塔体内部构件组装

塔体内部构件组装是指焊接在塔体内壁上的一些零部件的组装。如塔盘的支承件和一些塔盘零件（如弓形板）、填料支承装置等。弓形板外形应与焊接处的塔体内壁形状一致，如果间隙太大，焊接质量就会受到影响，甚至不可能焊接。为此弓形板的划线可以使用专用靠模装置，它同时还可以完成气割工序。

（1）塔体内件组装过程

下面以浮阀塔塔盘内部构件安装过程为例，介绍塔体内部构件组装过程。

先在塔内装一根吊装用的工字梁，挂上一个手动电葫芦。吊装梁可以用间断焊缝焊在塔体上，梁的两端要装设止动挡板。将浮阀塔盘上要焊在塔体上的零件装入塔中进行组装，组装必须遵循下述程序：

① 将弓形塔板与支承梁和连接板装成一体，送入塔体中，并按整个塔体内面的划线记号摆成一列。送入塔体前，弓形板要划线或按样板修整外形，切掉多余部分。样板事先要拿到弓形板的安装位置上，使它的中心线与塔体中心线重合，按塔体截面的实际形状进行校正。

② 逐块将弓形板连同支承梁按划线位置安装好，使其中心线位置和间隔距离都符合要求。安装后将弓形板点焊在塔体上。

③ 按划的线将弓形板与塔体的连接角板放好，将它与塔体和弓形板点焊住。

④ 将堰板与支承梁连接，按划线位置安装好，将堰板点焊在塔体上。

⑤ 将塔体旋转180°，重新装设吊装梁，安装对面的一列弓形板。弓形板上也先连接上塔盘支承梁和连接板。安装这一列堰板时，堰板也先与塔盘支承梁连接。

⑥ 将塔体转到方便位置，拆除吊装梁，按划线标记安装塔盘支承圈和连接角板，支承圈和支承梁的支承平面应该吻合。

图7-17是一种装备，可使在 $\phi2200\sim4000\text{mm}$ 的塔内吊运、划线和修割弓形板的工作机械化。在塔体内铺两条导轨，小车4在上面移动。门式吊车在塔端附近将弓形板放到小车上，推进塔体内。在塔内按弓形板安装位置的塔内壁实际形状划出切割线，然后将小车推回到门式吊车处，门式吊车把弓形板吊到工作台1上，用切割器2修切弓形板。

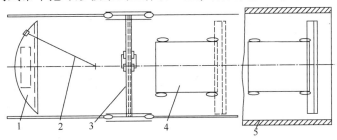

图7-17 在塔体内切割和安装弓形板的装置
1—工作台；2—切割器；3—门式吊车；4—小车；5—塔体

（2）塔体内件组装技术要求

在内件组装过程中，应仔细检查内部构件组焊到塔体上的质量，必须注意下述要求：

① 内部构件焊到塔体上的纵向焊缝和环向焊缝，与塔体本身的纵焊缝和环焊缝相距不应小于20mm；

② 塔盘支承件间距的偏差应符合技术条件的规定，下塔盘距塔体端面的高度偏差不应大于13mm，上塔盘则不应大于±15mm（利用基准圆周线测量）；

③ 塔内支承件的支承面对塔体的垂直度应该符合图纸要求；

④ 塔盘零件与塔体间的间隙不应超过相应的焊接接头标准的允许值。

（3）塔体内件的焊接

塔内支承件与塔体的焊接以及支承件之间的焊接，除按图纸规定的焊接要求外，最好按下列程序进行：

用反向分段焊法焊弓形板和塔体；焊弓形板支承梁与塔体；焊连接角板与塔；焊连接角板与弓形板；用反向分段焊法焊堰板与塔体；焊堰板支承梁与塔体；用反向分段法焊支承圈和塔体，焊连接角板和支承圈。

在支承件的焊接过程中，要不断清理焊缝。塔内件焊完后，再焊人（手）孔、接管、凸缘接口及其他附件与塔体间的外部焊缝。这些焊接接头的试验和质量检查，应该在安装内部可拆构件之前进行。

作为塔设备制造的完整过程，还包括支座的制作与组装、塔内部可拆构件的组装等工序内容。塔设备的裙座制作与组装按塔体要求进行，支座与塔体连接形成整体后的形状尺寸公差要满足表7-1的要求。塔体内部可拆构件，对于填料塔主要是指填料等构件；板式塔主要指塔盘等构件。相对来讲塔盘的安装过程比较复杂而且安装精度要求高，而且塔盘安装分为整体装入和分块装入两种方法，具体视塔体直径和塔盘结构而定。塔体内部可拆构件(如填料、塔盘、除沫器等)大多为专业厂生产制造，一般都有具体安装要求，塔设备制造厂按构件安装说明书和相关标准要求进行安装即可。

7.2.2.5 塔设备制造总体技术要求

我国标准 JB/T 4710—2005《钢制塔式容器》对塔设备的制造、检验和验收提出如下要求。

① 组装完的塔设备外形尺寸偏差应符合图7-18和表7-1的规定。

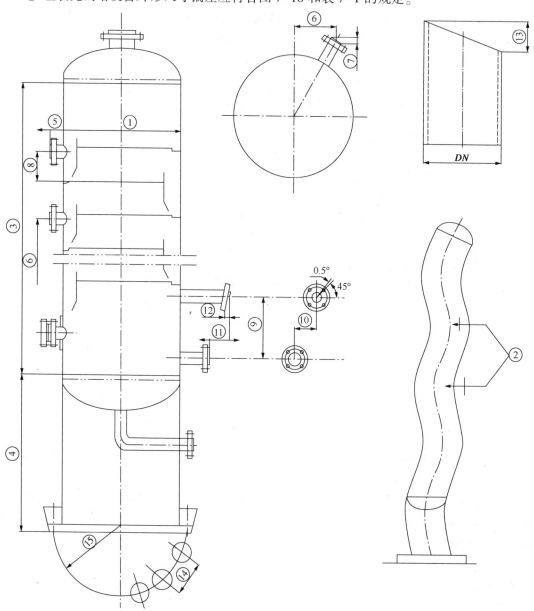

图7-18 塔设备外形尺寸偏差图

② 需进行热处理的塔设备，连接件(如梯子、平台连接件、保温圈、防火层固定件、吊耳等)与塔体的焊接应在热处理前完成，热处理后不得在塔壳上施焊。

③ 符合下列条件之一的焊接接头应做磁粉或渗透检测，合格级别应按 GB150 受压元件的规定：

（a）塔壳材料标准抗拉强度大于等于 540MPa 时，裙座与塔壳之间的焊接接头；

（b）吊耳与塔壳之间的焊接接头；

（c）其他链接件与塔壳之间需做局部应力校核计算的焊接接头。

④ 分段交货的塔设备要求：制造厂应进行预组装，组装后的外形尺寸偏差应符合应符合图 7-18 和表 7-1 规定；现场组焊的对接接头坡口应由制造厂加工、检验、清理，并在坡口表面及内、外边缘 50mm 的范围内涂可焊性防锈涂料；与分段处相邻塔盘的支撑圈和降液板应在制造厂点焊，以便于现场组装；制造厂应采取加固支撑措施以防止分段筒体在运输中变形。

7.2.3　塔设备压力试验注意事项

塔体组装完毕后要进行压力试验(一般为水压试验)。水压试验可以在制造厂进行卧置式试验，也可在现场吊装就位后进行。卧置式试验时必须注意卧式支座的数量、间距及各支座的水平度对塔体壳壁的轴向弯矩的影响。必要时还需校核各截面的轴向弯曲应力，同时支座必须设置在安装有塔板支撑圈的地方，以保证塔体接触处有足够的刚度。当立置式进行水压试验时，必须考虑充水重量对装置的基础有无影响，以及焊缝检验与返修的可行性。

当塔体按分段出厂运输时，如果必须在制造厂进行水压试验，则应在分段处的焊缝两侧，预先留出 50 ~100mm 的分段切割余量，以便水压试验后进行切割分段，去除原焊缝和热影响区的不良影响。现场组装完成后需要再次进行水压试验，试验方法及过程与制造时基本相同。

7.3　管壳式换热器制造

在化工、炼油、石油化工等过程工业生产中，几乎所有的工艺过程都有加热、冷却或冷凝的热交换过程，完成这些热交换过程的设备统称为热交换器(习惯上称为换热设备或换热器)。

换热设备种类繁多、结构各异，其中按结构形式分类的管壳式换热器又称为列管式换热器，是最典型的换热设备，在所有换热设备中占有主导地位。

管壳式换热器的工业生产历史悠久，制造工艺成熟。具有可靠性高、适应性强、处理量大、尤其适于在高温、高压下应用等优点。这种换热设备的制造技术不但具有压力容器的特点，还有其特殊性，是压力容器制造的典型代表。我国国家标准 GB 151—1999《管壳式换热器》规定了管壳式热交换器的材料、设计、制造、检验和验收等要求。

7.3.1　管壳式换热器的结构

管壳式换热器结构形式很多，根据其结构特点可分为固定管板式、浮头式、U 形管式、填料函式和釜式重沸器五类，如图 7-19 ~图 7-24 所示。

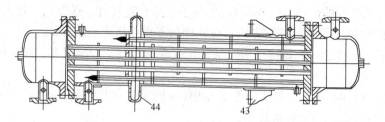

图 7-19　BEM 立式固定管板式换热器

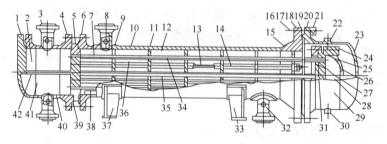

图 7-20　AES、BES 浮头式换热器

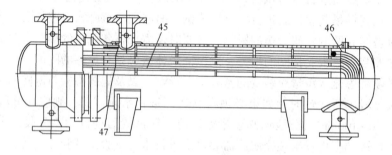

图 7-21　BIU U 形管式换热器

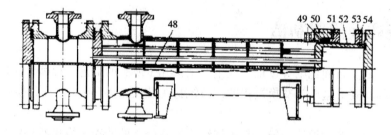

图 7-22　AEP 填料函数双壳程换热器

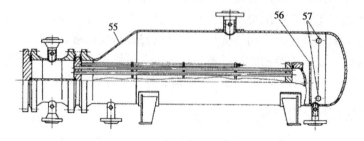

图 7-23　AKT 釜式重沸器

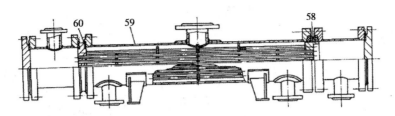

图 7-24　AJW 填料函分流式换热器

7.3.1.1　管壳式换热器主要零部件

管壳式换热器主要零、部件名称见表 7-2 和图 7-19~图 7-24。

表 7-2　管壳式换热器零部件名称

序号	名称	序号	名称	序号	名称
1	平盖	21	吊耳	41	封头管箱（部件）
2	平盖管箱（部件）	22	放气口	42	分程隔板
3	接管法兰	23	凸形封头	43	耳式支座（部件）
4	管箱法兰	24	浮头法兰	44	膨胀节（部件）
5	固定管板	25	浮头垫片	45	中间挡板
6	壳体法兰	26	球冠形封头	46	U 形换热管
7	防冲板	27	浮动管板	47	内导流筒
8	仪表接口	28	浮头盖（部件）	48	纵向隔板
9	补强圈	29	外头盖（部件）	49	填料
10	壳体（部件）	30	排液口	50	填料函
11	折流板	31	钩圈	51	填料压盖
12	旁路挡板	32	接管	52	浮动管板裙
13	拉杆	33	活动鞍座（部件）	53	部分剪切环
14	定距管	34	换热管	54	活套法兰
15	支持板	35	挡管	55	偏心锥壳
16	双头螺柱或螺栓	36	管束（部件）	56	堰板
17	螺母	37	固定鞍座（部件）	57	液面计接口
18	外头盖垫片	38	滑道	58	套环
19	外头盖侧法兰	39	管箱垫片	59	圆筒
20	外头盖法兰	40	管箱圆筒（短节）	60	管箱侧

7.3.1.2　管壳式换热器型号

管壳式换热器的结构形式用三个字母依次表示主要前端管箱、壳体、后端管箱（包括管束）三大部分。详细分类型式及代号见表 7-3。

表 7-3　主要部件的分类及代号

前端管箱形式		壳体形式		后端结构形式	
A	平盖管箱	E	单程壳体	L	与A相似的固定管板结构
B	封头管箱	Q	单进单出冷凝器壳体	M	与B相似的固定管板结构
C	用于可拆管束与管板制成一体的管箱	F	具有纵向隔板的双程壳体	N	与C相似的固定管板结构
		G	分流	P	填料函式浮头
		H	双分流	S	钩圈式浮头
N	与管板制成一体的固定管板管箱	I	U形管式换热器	T	可抽式浮头
		J	无隔板分流(或冷凝器壳体)	U	U形管束
D	特殊高压管箱	K	釜式重沸器	W	带套环填料函式浮头
		O	外导流		

型号由形式、公称直径、设计压力、换热面积、公称长度、换热管外径、管壳程数、管束等级等字母代号组合表示。国家标准 GB 151 规定换热器型号表示方法见图 7-25。

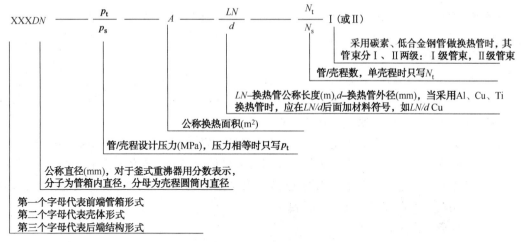

图 7-25　换热器型号表示方法

封头管箱，公称直径 700mm，管程设计压力 2.5MPa，壳程设计压力 1.6MPa，公称换热面积 200mm²，碳素钢较高级冷拔换热管外径 25mm，管长 9m，4 管程，单壳程的固定管板式换热器，其型号为：

$$BEM700-\frac{2.5}{1.6}-200-\frac{9}{25}-4\ \text{I}$$

7.3.1.3　管壳式换热器的结构特点与应用

图 7-19~图 7-24 所示为 GB 151 给出的五种管壳式换热器结构形式：固定管板式、浮头式、U 形管式、填料函式、釜式重沸器。这五种形式的结构特点及应用场合各不相同。

（1）固定管板式换热器

固定管板式换热器的典型结构如图 7-19 所示，它是由一圆筒形外壳和在壳体内部平行装设的许多管子(管束)所组成。管束连接在管板上，管板与壳体焊接(不可拆)，故称为固定管板式换热器。其优点是结构简单、紧凑，能承受较高的压力，造价低，管程清洗方便，管子损坏时易于堵管或更换。缺点是当管束与壳体的壁温或材料的线膨胀系数相差较大时，壳体和管束中将产生较大的热应力，在管子与管板连接处易产生裂纹，造成泄漏。这种换热器适用于壳程介质清洁且不易结垢并能进行清洗，管、壳程两侧温差不大或温差较大但壳侧压力不高的场合。

为减少热应力，通常在固定管板式换热器中设置柔性元件(如膨胀节、挠性管板等)，来吸收热膨胀差。

（2）浮头式换热器

浮头式换热器的典型结构见图 7-20 所示，其结构特点是两端管板中只有一端与壳体固定，另一端可相对壳体自由移动，称为浮头。浮头由浮动管板、钩圈和浮头端盖组成，是可拆连接，管束可从壳体内抽出。由于浮头可以随着冷、热流体温差变化自由伸缩，管束与壳体的热变形互补约束，因而不会产生热应力。

浮头式换热器的优点是管间和管内清洗方便，不会产生热应力；但其结构复杂，造价比

221

固定管板式换热器高，设备笨重，材料消耗量大，且浮头端盖在操作中无法检查，制造时对密封要求较高。适用于壳体和管束之间壁温较大或壳程介质易结垢的场合。

（3）U形管式换热器

U形管式换热器的典型结构如图7-21所示，这种换热器的结构特点是，将所有管子都弯成U形，管端全部连接在一块管板上，管子可以自由伸缩。当壳体与U形换热管有温差时，不会产生热应力。

U形管式换热器结构比较简单、价格便宜，承压能力强，适用于管、壳壁温差较大或壳程介质易结垢需要清洗，又不适宜采用浮头式和固定管板式的场合。特别适用于管内走清洁而不易结垢的高温、高压、腐蚀性强的物料。

但这种换热器也存在很大不足：由于受弯管曲率半径的限制，其换热管排布较少，管束最内层管间距较大，管板的利用率较低；壳程流体易形成短路，对传热不利；当管子泄漏损坏时，只有管束外围处的U形管才便于更换，内层换热管坏了不能更换，只能堵死，而坏一根U形管相当于坏两根管，报废率较高。

（4）填料函式换热器

填料函式换热器的典型结构见图7-22所示，这种换热器的结构特点与浮头式换热器相类似，浮头部分露在壳体以外，在浮头与壳体的滑动接触面处采用填料函式密封结构。由于采用填料函式密封结构，使得管束在壳体轴向可以自由伸缩，不会产生温差应力。填料函式结构较浮头式换热器简单，加工制造方便，节省材料，造价比较低廉，且管束可以从壳体内抽出，管内、管间都能进行清洗，维修方便。

但因填料处易产生泄漏，填料函式换热器一般适用于壳程压力较低的工作条件，且不适用于易挥发、易燃、易爆、有毒且贵重介质，使用温度也受填料的物性限制。

（5）釜式重沸器

釜式重沸器的结构如图7-23所示。这种换热器的管束可以为浮头式、U形管式和固定管板式结构，所以它具有浮头式、U形管式换热器的特性。在结构上与其他换热器不同之处在于壳体上部设置一个蒸发空间，蒸发空间的大小由产气量和所要求的蒸气品质所决定。产气量大、蒸气品质要求高者蒸发空间大，否则可以小些。此种换热器与浮头式、U形管式换热器一样，清洗维修方便，可处理不清洁、易结垢的介质，并能承受高温、高压。

7.3.2　管壳式换热器主要零部件制造

管壳式换热器的主要承压零部件（如筒体的制造、封头的制造及管子弯曲等）的制造，与其他压力容器制造工艺内容大体一致。但是管壳式换热器的制造还有一些较突出的工艺特点，如管板加工、管子和管板的连接、管束的制造、折流板加工、整体装配等。另外，有些技术要求也比其他容器制造严格。

7.3.2.1　壳体圆筒制造要求

考虑管束组装和经常抽装，对管壳式换热器的壳体圆筒制造有更加严格的技术要求。根据GB 151规定，壳体圆筒制造应满足如下要求。

（1）内直径允许偏差

用钢板卷制的圆筒，其内直径允许偏差可通过外周长测量，外周长允许上偏差为10mm；下偏差为零。

（2）圆度允许偏差

圆筒同一截面上最大内径与最小内径之差，应不大于该截面公称直径 DN 的 0.5%，且应符合下列规定：

① $DN \leqslant 1200$mm 时，不大于 5mm；

② $DN > 1200 \sim 2000$mm 时，不大于 7mm；

③ $DN > 2000 \sim 2600$mm 时，不大于 12mm；

④ $DN > 2600 \sim 3200$mm 时，不大于 14mm；

⑤ $DN > 3200 \sim 4000$mm 时，不大于 16mm。

（3）直线度允许偏差

圆筒直线度允差，应不大于圆筒长度 L 的 1‰，并且 $L \leqslant 6000$mm 时，不大于 4.5mm；$L > 6000$mm 时，不大于 8mm。

凡是有碍管束拆装的壳体内壁焊缝余高均应磨至与母材表面平齐；除图样另有规定外，插入式接管等结构，不应妨碍管束拆装。

7.3.2.2 管箱组装

管箱的作用是把管道来的管程流体均匀分布到每根换热管和把管内流体汇集在一起送出换热器，在多管程换热器中，管箱还起改变流体流向的作用。

管箱短节与接管和管箱法兰组装时，应以法兰端面为基准，且螺栓孔应与设备主轴线跨中。对于带有分程隔板的管箱，管箱隔板组装前，应将管箱内和隔板接合的环焊缝部位铲磨齐平，并把隔板和管箱经测量、划线、调整好间隙后再进行焊接。分程隔板应与管箱双面连续焊接，最小焊脚尺寸为 3/4 倍的分程隔板厚度；必要时隔板与管箱内壁焊接边缘可开坡口。

7.3.2.3 管板加工制造

管板属于典型的群孔结构。由于管板工作时承受管程和壳程的压力差和与管箱法兰的连接力（固定管板），受力情况比较复杂，同时它还要保证与管子连接的严密性，管板上单孔质量的好坏决定了管板的整体质量，特别是孔间距和管孔直径公差、垂直度、粗糙度等都极大地影响换热器的组装和使用性能。所以，各国的相关标准和规范中，都对管板及其上的管孔的加工制造有明确的技术要求。

管板的加工是管壳式换热器制造中非常重要的一道工序。

（1）管板毛坯加工要求

管板毛坯可以是钢板、锻件、焊制及复合钢板。管板毛坯厚度由制造厂根据图样规定，再考虑留出加工余量而定。当采用钢板或复合钢板作为管板坯料时，$DN \leqslant 2600$mm 时不宜采用拼接结构，对于大直径换热器，管板可以采用拼接，但应满足下列要求：

① 管板采用板材拼接时，对接接头应为全焊透结构，接头应按 JB 4730 进行 100% 射线或超声检测。射线检测合格级别不低于 Ⅱ 级，检测技术等级不低于 AB 级；超声检测合格级别为 Ⅰ 级，检测技术等级不低于 B 级；采用可记录的脉冲反射法超声检测时应符合 JB/T 4730.3 规定的 Ⅰ 级，采用衍射时差法超声检测时应符合 JB/T 4730.3 的 Ⅱ 级。

② 碳素钢和低合金钢管板应作消除应力热处理。

③ 对于采用堆焊（复合）管板，堆焊前应按相关标准作堆焊工艺评定；基层材料的待堆焊面和复层材料加工后（管板钻孔前）的表面，应进行表面无损检测，检测结果不得有裂纹、成排气孔，表面检测合格级别为 Ⅰ 级；管板不得采用换热管与管板焊接后加管间空隙补焊的

方法代替管板堆焊。

（2）管板机加工

管板毛坯按照第 5 章机械加工方法，进行外圆、凸台、管板平面和隔板沟槽等面的加工，并保证图样要求的各个表面的加工精度要求，这些表面加工完毕后，开始加工管孔。尽管各个厂家加工管孔的工艺略有差别，总体上都是先划线，打样冲点，用中心钻钻小孔，再正式钻孔，若孔壁粗糙度要求高，还要绞孔，最后倒角。目前，很多制造厂已经用数控钻床加工管板孔，免去了划线、打样冲点等工序，效率高、精度高。

管板孔加工是管板制造中最为重要的一个环节，因此，除应满足第 5 章关于孔的加工精度要求外，管板管孔加工还应满足如下技术要求：

① 管板管孔及偏差要求。钢制 I 级管束的管板管孔公称直径及允许偏差应符合表 7-4；钢制 II 级管束的管板管孔公称直径及允许偏差应符合表 7-5。管板钻孔后应抽查不小于 60° 管板中心角区域内的管孔，在这一区域内允许有 4% 的管孔上偏差比表 7-4 与表 7-5 中的数值大 0.15mm。未达到上述合格率时，应 100% 检查。

表 7-4 I 级管束管板管孔直径及允许偏差　　　　　　　　　　　　　　　　mm

换热管外径	14	16	19	25	30	32	35	38	45	50	55	57
管孔公称直径	14.25	16.25	19.25	25.25	30.35	32.40	35.40	38.45	45.50	50.55	55.65	57.65
允许偏差	+0.05 −0.10		+0.10 −0.10		+0.10 −0.15			+0.10 −0.20		+0.15 −0.25		

表 7-5 II 级管束管板管孔直径及允许偏差　　　　　　　　　　　　　　　　mm

换热管外径	14	16	19	25	30	32	35	38	45	50	55	57
管孔公称直径	14.30	16.30	19.30	25.30	30.40	32.40	35.40	38.45	45.55	50.55	55.75	57.75
允许偏差	+0.05 −0.10		+0.10 −0.10		+0.10 −0.15			+0.10 −0.20		+0.15 −0.25		

② 孔桥宽度偏差要求。管板终钻面（一般为壳程侧），其相邻两管孔之间的允许孔桥宽度 B、最小孔桥宽度 B_{min} 分别按式（7-1）和式（7-2）计算。常用的钢制管束管板孔桥见表 7-6 和表 7-7。

$$B = (S - d_h) - e_1 \tag{7-1}$$

式中　S——换热管中心距，mm；

　　　d_h——管孔直径，mm；

　　　e_1——孔桥偏差，$e_1 = 2e_2 + C$，mm；

　　　e_2——钻头偏移量，$e_2 = 0.041 \times \delta/d$，mm；

　　　C——附加量，mm；当 $d < 16mm$ 时，$C = 0.5mm$；

　　　　　　当 $d \geqslant 16mm$ 时，$C = 0.76mm$；

d——换热管外径，mm；

δ——管板厚度，mm。

表 7-6　钢制 I 级管束孔桥宽度　　　　　　　　　　　　　　　mm

换热管外径 d	换热管中心距 S	S/d	管孔直径 d_h	名义孔桥宽度 $S-d_h$	允许孔桥宽度 B(≥96%的孔桥宽度不得低于下列值)								B_{min}允许的最小宽度(≤4%的孔桥数)
					管板厚度 δ								
					20	40	60	80	100	120	140	≥160	
14	19	1.36	14.25	4.75	4.12	4.01	3.89	3.77	3.65	3.54	3.42	3.30	2.85
16	22	1.38	16.25	5.75	4.89	4.79	4.68	4.58	4.48	4.38	4.27	4.17	3.45
19	25	1.32	19.25	5.75	4.90	4.82	4.73	4.64	4.56	4.47	4.39	4.30	3.45
20	26	1.30	20.25	5.75	4.91	4.83	4.74	4.66	4.58	4.50	4.42	4.33	3.45
22	28	1.27	22.25	5.75	4.92	4.84	4.77	4.69	4.62	4.54	4.47	4.39	3.45
25	32	1.28	25.25	6.75	5.92	5.86	5.79	5.73	5.66	5.60	5.53	5.47	4.05
30	38	1.27	30.35	7.65	6.84	6.78	6.73	6.67	6.62	6.56	6.51	6.45	4.59
32	40	1.25	32.40	7.60	6.79	6.74	6.69	6.64	6.58	6.53	6.48	6.43	4.56
35	44	1.26	35.40	8.60	7.79	7.75	7.70	7.65	7.61	7.56	7.51	7.47	5.16
38	48	1.26	38.45	9.55	8.75	8.70	8.66	8.62	8.57	8.53	8.49	8.44	5.73
45	57	1.27	45.50	11.50	10.70	10.67	10.63	10.59	10.56	10.52	10.48	10.45	6.90
50	64	1.28	50.55	13.45	12.66	12.62	12.59	12.56	12.53	12.49	12.46	12.43	8.07
55	70	1.27	55.65	14.35	13.56	13.53	13.50	13.47	13.44	13.41	13.38	13.35	8.61
57	72	1.26	57.65	14.35	13.56	13.53	13.50	13.47	13.45	13.42	13.30	13.36	8.61

表 7-7　钢制 II 级管束孔桥宽度　　　　　　　　　　　　　　　mm

换热管外径 d	换热管中心距 S	S/d	管孔直径 d_h	名义孔桥宽度 $S-d_h$	允许孔桥宽度 B(≥96%的孔桥宽度不得低于下列值)								B_{min}允许的最小宽度(≤4%的孔桥数)
					管板厚度 δ								
					20	40	60	80	100	120	140	≥160	
14	19	1.36	14.30	4.70	4.07	3.96	3.84	3.72	3.60	3.49	3.37	3.25	2.82
16	22	1.38	16.30	5.70	4.84	4.74	4.63	4.53	4.43	4.33	4.22	4.12	3.42
19	25	1.32	19.30	5.70	4.85	4.77	4.68	4.59	4.51	4.42	4.34	4.25	3.42
20	26	1.30	20.30	5.70	4.86	4.78	4.69	4.61	4.53	4.45	4.37	4.28	3.42
22	28	1.27	22.30	5.70	4.87	4.79	4.72	4.64	4.57	4.49	4.42	4.34	3.42
25	32	1.28	25.30	6.70	5.87	5.81	5.74	5.68	5.61	5.55	5.48	5.42	4.02
30	38	1.27	30.40	7.60	6.79	6.73	6.68	6.62	6.57	6.51	6.46	6.40	4.56
32	40	1.25	32.40	7.60	6.79	6.74	6.69	6.64	6.58	6.53	6.48	6.43	4.56
35	44	1.26	35.40	8.60	7.79	7.75	7.70	7.65	7.61	7.56	7.51	7.47	5.16
38	48	1.26	38.45	9.55	8.75	8.70	8.66	8.62	8.57	8.53	8.49	8.44	5.73
45	57	1.27	45.55	11.45	10.65	10.62	10.58	10.54	10.51	10.47	10.43	10.40	6.87
50	64	1.28	50.55	13.45	12.66	12.62	12.59	12.56	12.53	12.49	12.46	12.43	8.07
55	70	1.27	55.75	14.25	13.46	13.43	13.40	13.37	13.34	13.31	13.28	13.25	8.55
57	72	1.26	57.75	14.25	13.46	13.43	13.40	13.37	13.35	13.32	13.29	13.26	8.55

$$B_{min} = 0.6(S-d) \qquad (7-2)$$

钻孔完毕后应抽检不小于60°管板中心角区域内的孔桥宽度，B值的合格率应不小于96%，B_{min}值的数量应控制在4%之内，未达到上述合格率时，则应100%检查。

③ 管孔表面粗糙度R_a值要求。管子与管板焊接连接时，R_a值不大于$25\mu m$；管子与管板胀接连接时，R_a值不大于$12.5\mu m$。

④ 管板孔表面应清理干净，不应有影响胀接接或焊接连接质量的毛刺、铁屑、锈斑、油污等；胀接孔表面不应有影响胀接严密性的缺陷，如贯通的纵向或螺旋状刻痕等。

7.3.2.4 换热管加工要求

换热管的加工质量是保证换热器制造质量的重要因素之一，GB 151 规定换热管加工应符合以下要求。

① 换热管的外观和尺寸偏差应符合设计文件和 GB 151 的要求。

② 碳钢、低合金钢换热管管端外表面应除锈，铝、铜、钛、镍、锆及其合金换热管的管端应清除表面附着物及氧化层。对于管子与管板焊接的接头，管端清理长度应不小于管子外径，且不小于25mm。对于胀接接头，管端应呈金属光泽，直管穿管端清理长度应不小于2倍的管板厚度，引管端应不小于管板厚度；U 形换热管管端清理长度应不小于管板厚度；双管板换热器的换热管管端清理长度应按设计文件规定。

③ 用于胀接的换热管管端的硬度宜低于管板材料的硬度；如不能满足时，应采取措施予以保证胀接质量。

④ U 形换热管的弯制，除按第 4 章弯管方法进行外，还应满足如下要求：

（a）U 形管弯管段的圆度偏差，当弯曲半径大于或等于 2.5 倍换热管名义外径时，圆度偏差应不大于换热管名义外径的 10%；弯曲半径小于 2.5 倍换热管名义外径时，圆度偏差应不大于换热管名义外径的 15%。

（b）U 形管不宜热弯。

（c）冷弯时，当碳钢、低合金钢的钢管，弯管后的受拉面伸长率大于等于钢管标准规定的断后伸长率的一半时，或受拉面的剩余伸长率大于等于 10%；对于有冲击韧性要求的钢管，受拉面的剩余伸长率大于等于 5% 时；应对 U 形弯管段及至少包括 150mm 的直管段进行恢复性能热处理。

（d）U 形管组装前应逐根水压试验，试验压力按设计文件的规定。

⑤ 换热管的拼接

换热管直管或直管段长度大于 6000mm 时，允许拼接，拼接时应符合如下要求：

（a）拼接管的对接接头应作焊接工艺评定。试件的数量、尺寸、试验方法按 NB/T 47014《承压设备焊接工艺评定》的规定。

（b）直管换热管的对接接头不得超过一条；U 形管的对接接头不得超过两条；最短直管长不得小于 300mm；包括至少 50mm 直管段的 U 形弯管段范围内不得有拼接接头。

（c）对接接头的管端坡口应采用机械方法加工，焊前应清理干净。

（d）对口错边量应不超过换热管壁厚的 15%，且不大于 0.5mm；并不得影响穿管。

（e）对接后，应进行通球检查，以钢球通过为合格；钢球直径应按表 7-8 选取。

表 7-8　钢球直径　　　　　　　　　　　　　　　　　　mm

换热管外径 d	$d \leqslant 25$	$25 < d \leqslant 40$	$d > 40$
钢球直径	$0.75d_i$	$0.8d_i$	$0.85d_i$

注：d_i—换热管内径。

（f）对接焊接接头应按 JB/T 4730.2 进行射线检测，合格级别不低于Ⅲ级，检测技术等级不低于 AB 级；抽查数量应不少于接头总数的 10%，且不少于一根换热管。如有不合格时，应加倍抽查；再出现不合格时，应 100%检查。

（g）对接后的换热管，应逐根进行液压试验，试验压力为设计压力的 2 倍。

7.3.2.5　换热管与管板的连接

换热管与管板的连接是管壳式换热器制造中最为重要的工序，两者之间的连接处通常是最容易泄漏的部位，其连接质量的好坏直接影响换热器的使用性能及寿命，有时甚至影响过程生产工艺操作的正常运行。因此，要求连接具有良好的密封性能、足够的抗拉脱力。影响连接质量的因素很多，最主要的是连接方法的选择和连接过程的质量控制。换热管与管板的连接方式有焊接、胀接、胀焊连接、内孔焊接等。

（1）焊接连接

① 焊接连接就是把换热管直接焊在管板上，常见焊接接头形式和焊脚尺寸如图 7-26 所示。焊脚高度 l 取值为：图 7-26（a），$l = a_f$；图 7-26（b），$l = a_g$；图 7-26（c），$l = a_c$。

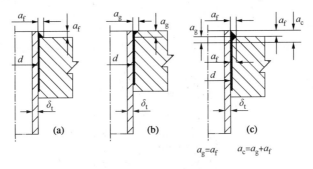

图 7-26　强度焊接的焊缝形式

注：图中（a）（c）中的尺寸 a_f 不包括管头伸出焊缝的尺寸；

若要保留完整的管头，则应根据管径、壁厚及焊接工艺适当增加管子外伸长度。

② 焊缝表面的焊渣及凸出于换热管内壁的焊瘤均应清除。焊缝缺陷的返修，应清除缺陷后焊补。

③ 对强度焊焊接接头及内孔焊，焊接前应按 JB/T 47014 进行焊接工艺评定。

（2）胀接连接

胀接是利用专用工具伸入换热管口强制使穿入管板孔内的管子端部胀大发生塑性变形，载荷去除后管板产生弹性恢复，使管子与管板的接触面产生很大的挤压力，从而将管子与管板牢固结合在一起，达到既密封又抗拉脱力两个目的。图 7-27 为胀管前后管子的变形与受力情况。常用胀接方法有滚柱胀接（又称机械胀接）和液压胀接，图 7-28 所示为斜柱式胀管器的结构，图 7-29 所示为翻边胀管器结构。

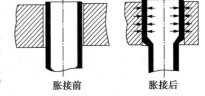

图 7-27　管子胀接原理图

227

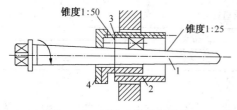

图 7-28　斜柱式胀管器结构

1—胀杆；2—外壳；3—滚柱；4—盖

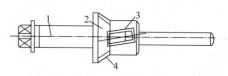

图 7-29　翻边胀管器结构

1—胀杆；2—外壳；3—滚柱；4—周边滚柱

为了增加管子在管板上的强度，提高抗拉脱能力，常在管板孔内开设沟槽，当管子胀大产生塑性变形时管内金属被挤压嵌入槽内，以提高抗拉脱能力。常见胀接管板管孔结构按图 7-30 和表 7-9 的规定。

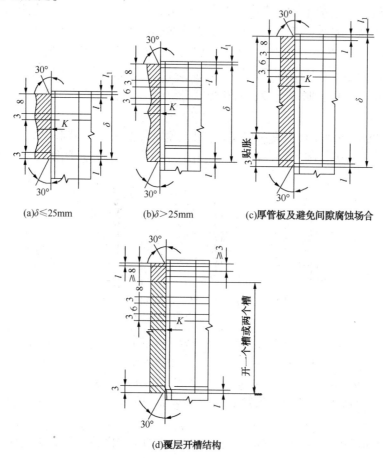

(a)$\delta \leqslant 25$mm　　(b)$\delta > 25$mm　　(c)厚管板及避免间隙腐蚀场合

(d)覆层开槽结构

图 7-30　强度胀接（机械胀接）管孔结构

表 7-9　胀接连接尺寸

mm

换热管外径 d	≤14	16~25	30~38	45~57
伸出长度 l_1	3^{+1}		4^{+1}	5^{+1}
槽深 K	可不开槽	0.5	0.6	0.8

为了保证胀接质量，在管子与管板的连接结构和胀管操作方面还应符合以下要求。

① 胀管率应适当。胀管率又称胀紧度(简称胀度),常用式(7-3)计算:

$$k = (d_2 - d_i - b)/(2\delta) \times 100\% \quad\quad\quad (7-3)$$

式中　　k——胀度(管壁减薄率),%;

　　d_i——换热管胀前内直径,mm;

　　d_2——换热管胀后内直径,mm;

　　δ——换热管壁厚,mm;

　　b——换热管与管板管孔的径向间隙(管孔直径减换热管的外径),mm。

机械胀接的胀度可按表 7-10 选用;当采用其他胀接方法或材料超出表 7-10 时,应通过试验确定合适的胀度。

表 7-10　胀度

换热管材料	胀度 k/%	换热管材料	胀度 k/%
碳钢、低合金钢(铬含量不大于9%)	6~8	钛和冷作硬化的其他金属	4~5
不锈钢和高合金钢	5~6	非冷作硬化的其他金属	6~8

注:需要时胀度可增加2%。

② 胀接连接时,其胀接长度不应伸出管板背面(壳程侧),换热管的胀接部分与非胀接部分应圆滑过渡,不应有急剧的棱角。

③ 对强度胀胀接接头,胀前应进行胀接工艺试验,确定合适的胀度。

④ 对有冷作硬化倾向的换热管、管程有耐腐蚀要求的其他金属和不锈钢换热管,宜采用柔性液压胀接方法。

(3)胀焊并用连接

胀焊并用连接是对同一管口进行胀接再加焊接,因此胀焊连接同时具备了胀接和焊接的优点。胀焊连接在生产中又有先胀后焊和先焊后胀的两种工艺,各有特长,但大多采用先焊后胀工艺,只是要注意避免后胀可能产生裂纹的问题。对于高温、高压以及易燃、易爆的流体,应采用焊接或胀焊并用的连接方法。

(4)内孔焊接连接

内孔焊接连接的接头形式如图 7-31 所示。

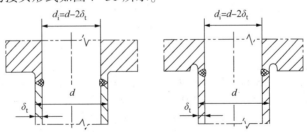

图 7-31　内孔焊接接头形式

内孔焊接适用于换热管轴向载荷较大及避免间隙腐蚀的场合。要求对接接头应为全焊透的结构形式;对接接头的拉伸许用应力应不小于换热管和管板材料许用应力较小者的 0.85 倍。内孔焊接接头应按 NB/T 47014 进行焊接工艺评定。

7.3.2.6　折流板(支持板)加工要求

由于折流板上各对应孔都将被同一根管子所穿过,所以要求各折流板的对应孔应有一定

229

的尺寸和位置精度。考虑到装夹和外圆切削加工的方便，弓形折流板下料时，除在直径方向留出一定的加工余量外，要求按整圆下板坯料。在钻孔时常常将圆板坯料按8~10块组成一叠，其边缘点焊，涂油漆做好标记，进行钻孔和切削加工。各折流板按组叠的顺序，分别将其对应剪切成弓形，以避免孔间相对位置改变而造成较大安装误差。

折流板的管孔直径及允许偏差按表7-11、表7-12的规定；允许超差0.1mm的管孔数不得超过4%。

折流板的最大外径(公称外径+上偏差)应该不影响管束装入筒体，其最小外径(公称直径+下偏差)也不能过小，以免壳程流体发生"短路"现象，影响传热效果。折流板外圆直径及允许偏差按表7-13规定；机械加工表面粗糙度 R_a 值不大于25m；外圆面两侧的尖角应倒钝；应去除折流板上的毛刺。

表7-11 Ⅰ级管束折流板和支持板管孔直径及允许偏差 mm

换热管外径 d，无支撑跨距 l	$d>32$ 或 $l≤900$	$l>900$ 或 $d≤32$
管孔直径	$d+0.7$	$d+0.4$
允许偏差	$+0.3$ 0	

表7-12 Ⅱ级管束折流板和支持板管孔直径及允许偏差 mm

换热管外径 d，无支撑跨距 l	$d>32$ 或 $l≤900$	$l>900$ 或 $d≤32$
管孔直径	$d+0.7$	$d+0.5$
允许偏差	$+0.4$ 0	

表7-13 折流板外径及允许偏差 mm

公称直径 DN	<400	400~ <500	500~ <900	900~ <1300	1300~ <1700	1700~ <2100	2100~ <2300	2300~ ≤2600	>2600~ 3200	>3200~ 4000
折流板名义外直径	$DN-2.5$	$DN-3.5$	$DN-4.5$	$DN-6$	$DN-7$	$DN-8.5$	$DN-12$	$DN-14$	$DN-16$	$DN-18$
折流板外直径允许偏差	0~0.5	0~0.8		0~1.0			0~1.4	0~1.6	0~1.8	0~2.0

注：(1) 用 $DN≤426$mm 无缝钢管作圆筒时，折流板名义外直径为无缝钢管实测最小内径减2mm。

(2) 对传热影响不大时，折流板外径的允许偏差可比表中值大1倍。

(3) 换热器采用内导流结构时，支持板与圆筒内径的间隙应比表中值小。

7.3.2.7 其他零部件

定距管长度偏差为-1mm，定距管两端应去除毛刺。

防冲板、导流筒尺寸应符合设计文件的要求，应焊接牢固。

7.3.3 管束的组装

管束由管板、折流板(支持板)、定距管、拉杆、换热管等零件组成，不同结构形式换热器的管束组装过程有所不同。

（1）固定管板式换热器管束的组装过程

① 当折流板直径不超过1400mm时，一般管束在筒体外进行卧式组装，如图7-32所示。先将第一块管板竖直放置，拧好拉杆，依次装上定距管、折流板，上紧螺母，同时在管板和折流板孔中穿入适当数量的换热管作为基准管，然后整体装入设备筒体内，再将第一块管板与筒体对好后作定位焊。将管板上的十字中心线引至筒体，划出四条组对线，同时在管板和折流板孔中穿入4~6根左右的基准管，这几根管实际上起到了定位销的作用，使各孔中心对准。装上第二块管板，并进行定位焊，同时使基准管子的端部穿过第二块管板的孔，校正管板与筒体的相对位置和焊接间隙后，作定位焊，随即焊完环缝。然后，在管板和折流板孔中穿入全部换热管，最后进行管端与管板的联接。

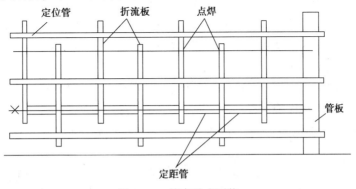

图7-32 管束卧式组装

② 当折流板直径大于1600mm时，管束一般采用在筒体内组装。

先将第一块管板与设备筒体对好后作定位焊，拧好拉杆，依次装上定距管、折流板，上紧螺母，逐一地把折流板装入筒体中，同时在管板和折流板孔中穿入10根左右的基准管。全部折流板及支持板都装好后，装上第二块管板，并进行定位焊，同时使基准管子的端部穿过第二块管板的孔。其余管子从管板孔中插入，并穿过各折流板。管子穿满后，从第一列开始先用压缩空气吹扫管板孔后，然后从插入方向把管子推到管板里面去。

由于孔的不同心和管子的挠曲，需在管端塞进一个导向锥才能顺利穿管。管子越长，穿管越困难。有时采用立式穿管较为方便，但立式组装管束需要高大的厂房及升降式工作台。

（2）U形管式换热器管束的组装过程

如图7-33所示，将管板放在组装工作台上，把拉杆拧紧在管板上，按图纸规定依次装上定距管和折流板，拧紧拉杆端部的螺母就能使折流板位置固定，然后从弯曲半径最小的管子开始顺次穿入U形管。穿管时使管端伸出管板面40~50mm，第一排穿完后找平管端，使它凸出管板不超过3mm，焊接（或胀接）固定，再顺序穿第二排，第三排……最后将管子与管板连接（焊接或胀接）。

（3）浮头式换热器管束的组装方法

用型钢做一个框架，上面安设平台，下面用螺栓固定轴和轮子，构成一个管束组装架。把固定管板立放在组装架上。并装卡固定，拧好拉杆，按标号依次装上定距管、折流板，上紧螺母。穿管过程与固定管板式穿管过程相同。

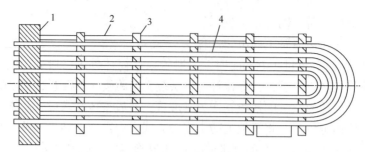

图 7-33　U 形管束组装

1—管板；2—拉杆和定距管；3—支持板；4—管子

管子穿满后，把浮动管板装上去，为了对中心，先向周边的孔里均匀穿入 20 根左右的管子。引管时注意管孔要对正，校正两管板的距离，使管端伸出管板约 3~5mm。这个管子构成的骨架组装好后，再从下面管排起逐排将管子引入浮动管板中，按图纸要求校正管子伸出管板长度，采用规定的方法将管子与管板联接起来。

（4）管束组装技术要求

① 要求管子与管板应垂直；拉杆应牢靠固定，拉杆上的螺母应拧紧，以免在装入或抽出管束时，因折流板窜动而损伤换热管。

② 穿管时不应强行组装，不能用铁器直接敲打管端；换热管表面不应出现凹瘪或划伤。

③ 除换热管与管板间以焊接连接外，其他任何零件均不准与换热管相焊。

④ U 形管管束非外围的换热管，若水压试验出现泄漏时，允许堵管；堵管根数不许超过 1%，且总数不许超过 5 根。

7.3.4　换热器整体装配技术要求

换热器整体装配是指将管束、管箱与壳体连接形成完整换热器的工艺过程。一般是指完成可拆连接的安装过程。在装配过程中应该满足如下要求。

① 换热器零、部件在装配前应进行检查和清理，不得留有焊疤、焊条头、焊接飞溅物、浮锈及其他杂物等。

② 吊装管束时，应防止管束变形和损伤换热管。

③ 管箱与壳体(管板)直接焊接连接时，要求保证管箱与壳体的同轴度，注意管口方位的正确性。

④ 管箱与壳体(管板)密封面(可拆)连接时，检查密封面尺寸是否符合图样要求，螺栓长短是否合适，检查垫片和两侧密封面是否干净无缺陷，确认无误后方可装配。装配时垫片要放平，紧固螺栓要对角进行，使垫片均匀受力，严禁沿周向顺序紧固。螺栓的紧固至少应分三遍进行，每遍的起点应相互错开 120°，紧固顺序可按图 7-34 的规定。

⑤ 装配尺寸允许偏差。换热器整体装配尺寸的允许偏差见图 7-35。

图 7-34　螺栓紧固顺序

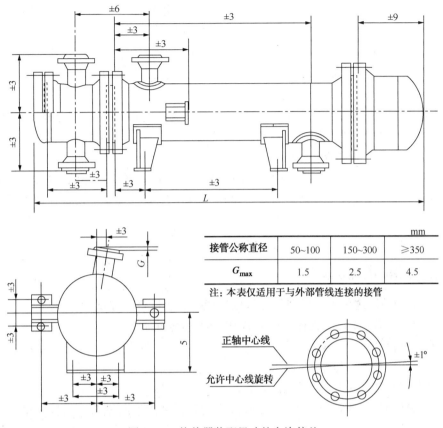

接管公称直径	50~100	150~300	≥350
G_{max}	1.5	2.5	4.5

注：本表仅适用于与外部管线连接的接管

图 7-35　换热器装配尺寸的允许偏差

7.3.5　热处理与无损检测要求

（1）管箱、浮头盖的热处理

① 碳钢、低合金钢制的焊有分程隔板的管箱和浮头盖，以及侧向开孔超过1/3圆筒内径的管箱，在施焊后作消除应力的热处理；设备法兰和分程隔板密封面应在热处理后加工。

② 除图样另有规定，奥氏体不锈钢制管箱、浮头盖可不进行热处理。

（2）管板与换热管焊接接头的热处理

换热管与管板的焊接接头根据材料类别必须进行焊后热处理时，可以采用局部热处理方法，但应保证整个管板面加热均匀，测温点不少于4个，每个象限至少1个。

（3）无损检测

换热器的焊接接头无损检测的检查要求和评定标准，应根据换热器管、壳程不同的设计条件，按 GB 150 中第 10 章的规定和图样要求执行。

7.3.6　耐压试验工序

换热器装配完后应进行耐压试验，试验的方法和要求应按 GB 150.4 的规定。换热器结构形式不同其耐压试验的顺序和要求还有所不同。

① 固定管板式换热器耐压试验顺序：先壳程试压，同时检查换热管与管板连接接头（以下简称接头）；然后进行管程试压。

② U 形管式换热器、釜式重沸器(U 形管管束)及填料函式换热器耐压试验顺序：先用试验压环进行壳程试验，同时检查接头；然后进行管程试验。

③ 浮头式换热器、釜式重沸器(浮头式管束)耐压试验顺序：先用试验压环和浮头专用试压工具进行管头试压，对釜式重沸器尚应配备管头试压专用壳体；然后进行管程试压；再进行壳程试压。

④ 按压差设计的换热器耐压试验要求：按图样规定的最大试验压力差进行接头试压；按图样规定的试验压力和步进程序进行管程和壳程步进试压；要有相应控制压差措施，保证整个试压期间(包括升压和降压)不超过压差。

⑤ 当管程试验压力高于壳程试验压力时，接头试压应按图样规定的方法进行。

⑥ 重叠换热器，允许单台进行管接头试压；当各台换热器管、壳间分别连通时，管程及壳程试压应在重叠组装后进行。

⑦ 换热器耐压试验后，内部积水应排净、吹干。

7.3.7　换热器的泄漏试验

① 具有下列情况之一者，换热管与管板连接接头应进行泄漏试验：

(a) 管程或壳程(或管、壳程)介质为极度和高度危害介质；

(b) 有真空度要求时；

(c) 投入使用后无法维护修理；

(d) 管程设计压力大于壳程设计压力。

② 泄漏试验可以采用气密性试验、氨检漏试验、卤素检漏试验、氦检漏试验，或按设计文件规定的其他方法和要求进行。

7.4　球形储罐制造

球形储罐(以下简称球罐)是最典型的储存设备。球罐作为大容量、有压储存容器，主要用于各个工业领域的液化石油气、液化天然气、液氧、液氮、液氢、液氨及其他中间介质的储存；也用于压缩空气、压缩气体(氧气、氮气、城市煤气等)的储存。在原子能工业中球罐还作为安全壳(分为有辐射和无辐射区的大型保护壳)使用。

球罐与一般圆筒形储罐相比，在相同直径和压力下，壳壁厚度仅为圆筒形的一半；在容积相同的情况下，球罐的表面积最小，因此球罐的钢材消耗比同样容量、同样压力的圆筒形容器少得多。除此以外，球罐还具有占地面积小、底座基础工程量少及受风面小等优点。但球罐的制造、焊接和组装要求严格，检验工作量大，制造费用较高。

鉴于球罐的上述优点和工艺装置的日益大型化，球罐的直径也越来越大，目前国内已投入使用的最大球罐是 10000 m³ 液化气球罐。从发展趋势看，制造大型球罐将成为过程设备制造的重要任务之一。

7.4.1　球罐的结构

球罐的结构形式是多种多样的，根据不同的使用条件(介质、容量、压力、温度等)、不同的使用材料和设计制造水平的差异，有不同的结构形式。我国现行使用的球罐，多以球壳板组合方案不同分为桔瓣式和混合式两种结构形式。两种结构外形及各零部件名称是一样的，其总体结构和各部位名称如图 7-36 所示。

球罐主体结构包括球壳体、支柱及平台梯子等附属设备。球壳体由上、下极板，上、下温带板，赤道板等板壳组成（图 7-36）；支柱由上、下段支柱，上、下吊耳等件组成，各部位名称如图 7-37 所示；附属设备有顶部操作平台、外部及内部的扶梯、接管、人孔、安全附件、保温或保冷层以及阀门、仪表等。

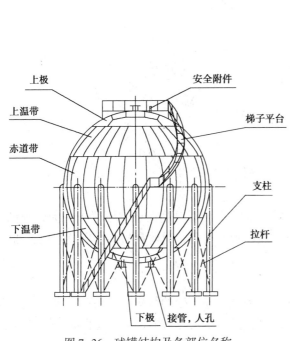

图 7-36　球罐结构及各部位名称

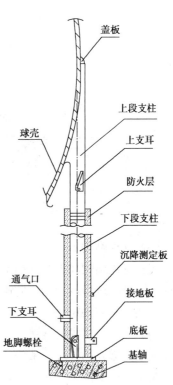

图 7-37　支柱结构及各部位名称

（1）桔瓣式球壳结构

桔瓣式球壳体结构是由桔瓣形球片组成，组装焊缝较为规则，施工简便。橘瓣式分瓣法，根据球罐直径大小，可做成单环带、多环带。应用较多的是三环带（上、下温带和赤道带），支座与赤道带成正切支承，赤道瓣数为支柱数的两倍或其他整数倍，以有利于支柱与球瓣焊缝错开布置。球壳体各带组成结构及名称见图 7-38。

桔瓣式球壳结构较灵活，按照原材料的大小及压机跨度的尺寸，可设计成不同球心夹角的分带和分块，以满足结构和制造工艺要求。该结构受力均匀，焊缝质量易于保证。它的优点是焊缝只有水平和垂直两种，现场组焊方便，可利于自动焊。该结构适用于任何大小的球罐，是世界各国普遍采用的结构。

桔瓣式结构也有缺点：由于球片在各带位置尺寸大小不一，只能在本带内或上下对称带之间互换，即互换性差；下料成形较复杂，原材料利用率低。

（2）混合式球壳结构

混合式球壳体是由足球瓣和桔瓣球片组成，其赤道带和温带采用桔瓣式球片，上、下极板采用足球瓣式球片。此结构取桔瓣式和足球瓣式两种结构的优点，所以材料利用率较高，焊缝长度缩短，球壳板数量减少，赤道带为纯橘瓣式，适合于支柱焊接。适合大型球罐结构。

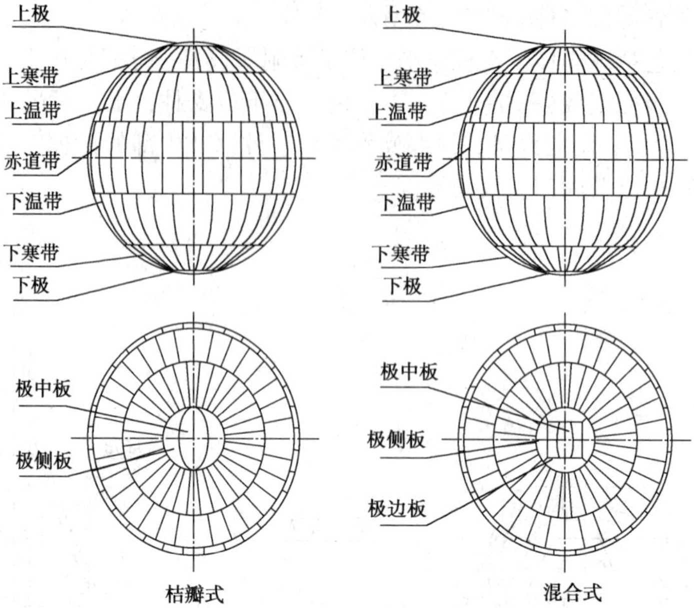

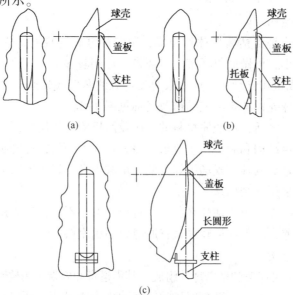

图 7-38　球壳体各带组成结构

（3）支柱结构

支柱总体结构如图 7-37 所示。支柱采用钢管或钢板卷制而成。下段支柱为整根结构；支柱顶部设有球形或椭圆形防雨盖板；支柱还设置通气孔，对储存易燃介质及液化石油气的球罐，还设置防火层。

（4）支柱与球壳的连接

支柱与球壳的连接一般为赤道正切或相割型式。连接处的结构可采用三种形式：直接连接结构形式，如图 7-39(a) 所示；加 U 形托板结构形式，如图 7-39(b) 所示；长圆形结构形式，如图 7-39(c) 所示。

图 7-39　支柱与球壳的连接结构

（5）拉杆结构

拉杆结构有可调式和固定式两种。可调式拉杆的立体交叉处不得相焊，如图7-40(a)所示；固定式拉杆的交叉处采用十字相焊或与固定板相焊，如图7-40(b)所示。

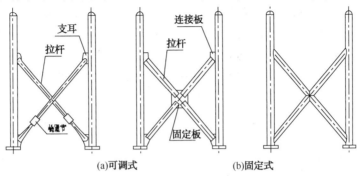

(a)可调式　　　(b)固定式

图 7-40　拉杆结构

球罐是一种典型的超大、超限设备，一般是在制造厂完成球片（球瓣）的制作，经预组装后，分瓣运抵现场再整体组装焊接。在运输条件许可的情况下，200m³以内的球罐也可在厂内制造。球壳板的分片方案和制造质量必须充分满足现场组装的要求。各零件制造工艺也应与现场组装工艺结合起来进行统一考虑。

7.4.2　球壳板（球片）的制造

球板壳（又称球片）的制造过程包括放样、平面划线、切割、成型、球面划线，精切割、开坡口、检验、与附件焊接、部件热处理、检验、涂漆等工序。

（1）球片放样划线

球片的划线一般要分两次进行。一次是在板材上进行平面划线。画出近似的展开形状，切割出来板坯（留出精切割的余量）；另一次是成型后在球壳板上进行球面立体划线，求得精确的球壳板边界，再进行一次精切割。这样可使球壳板尺寸准确，符合设计要求。

① 平面划线　球壳板是球面的一部分，从理论上讲不能展开成为平面图形，因此应先经过计算求出若干点的放样尺寸。在薄铁板上标出其位置，连接各点构成平面曲线图形，剪成净样板。这一平面曲线图形本身并不十分准确，而且未考虑具有一定厚度的板坯在成型过程中各点金属塑性流动的情况不同而带来的偏差，所以还不能直接用于下料。而是要通过试压成型的球壳板进行校正后，才能做出实际下料用的样板。

② 球面划线　板坯成型后，可以采用多种方法进行球面划线。球面上的线分为经线、纬线两种。纬线是与球径垂直的平面与球面的交线，经线是通过球心的平面与球面的交线，任何划线方法都必须能精确划出这两种线来。

球片展开放样方法很多。这里介绍球心角弧长计算法，该法是利用球心角来计算弧长值。球片上任意两点间球面弧长的计算公式为：

$$L = R\theta \tag{7-4}$$

式中　R——球面中心层或外壁半径，mm；

　　　θ——两点间的球心角，rad。

球片上任意两点间球面中心层弧长值用于下料，而球片上任意两点间外球面弧长值用于检验。

（2）球片成形

球片成形方法有模压法和卷制法两种，目前主要采用模压成形法。球片的模压成形在压力机上完成，根据压制前坯料是否加热可分为冷压和热压两种，我国国家标准 GB 12337—2010《钢制球形储罐》规定球片应采用冷压成形。

冷压成形过程是多次局部成形过程，按每次成型范围的大小可分为局部成形法和点压成形法。局部成形时，板料一端先送进模中压制，然后从前到后依次压一遍。第一遍不能压到底，以免发生局部过度变形，相继的两次加压范围要有一定的重叠面积，整个过程中重叠面积要尽量保持相等，以使变形情况尽可能一致。板料送到头后返回压第二遍，第二遍可压到底。

注意防止工件曲率半径小于样板曲率半径的过压现象，否则矫形很困难。一般压三遍便可以成形，操作熟练时两遍亦可。屈强比大的高强度钢回弹大，需加大压力压制，为了防止钢板变薄和局部变形过大，压制遍数不宜过少。

点压成形过程如图 7-41 所示，第一遍也不能压到底。各遍的压点位置不宜重复，以免产生积累性的形状误差。点压法可以用一套模具压制不同曲率的球壳板，边压边用样板校正曲率。可以省去模具的制造费用和更换模具的辅助时间。

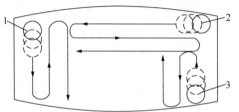

图 7-41　点压成形压延轨迹
1—第一遍压延轨迹；2—第二遍压延轨迹；3—第三遍压延轨迹

（3）坡口加工

焊接接头坡口是保证球罐质量的重要环节之一。球壳板的坡口一般为不对称形状的 X 形坡口，这样可以减少不利位置的焊接和检验工作量。当采用手工焊接不对称 X 形坡口时，一般可以把上温带（包括上寒带）、上极板的纵缝及赤道带上环缝以下所有环缝，大坡口放于球罐的内侧，小坡口在外侧；而赤道带及下温带以下的纵、环焊缝则与此相反。这样有利于电弧气刨清理焊根（或修磨焊根）及表面无损检测的操作。

图 7-42 所示为球片的典型坡口尺寸图。图中的 V 形坡口需要在背面清根后再焊接，所以实质上也是一种不对称的 X 形坡口。

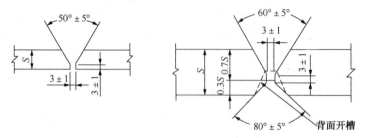

图 7-42　典型球片坡口尺寸

球罐的球壳板不可能像圆筒形筒节那样，先开坡口后成形，而需要在成形后再进行第二次下料，并且坡口的加工也必须在此次下料中进行。为此，坡口加工还必须适应三维曲面的形状特点。坡口的加工可以采用火焰切割、打磨及机械加工等方法。但无论采用何种加工方法，都必须采用与球壳板曲率相适应的工装，例如钟摆式、圆心拉杆式或可调弧轨式切割工装等。

（4）球壳板质量技术要求

① 球壳板的型式和尺寸应符合图样要求；球片实际厚度不得小于设计厚度。

② 球壳板不得拼接且表面不允许存在裂纹、气泡、结疤、折叠和夹杂等缺陷；球壳板不得有分层。

③ 几何尺寸允许偏差：球壳板几何尺寸允许偏差见图 7-43，对刚性差的球壳板几何尺寸宜在托架上测量。长度方向弦长允差不大于 ±2.5mm；宽度方向弦长允差不大于 ±2mm；对角线弦长允差不大于 ±3mm；两条对角线应在同一平面上，用两直线对角测量时，两直线的垂直距离偏差不得大于 5mm。

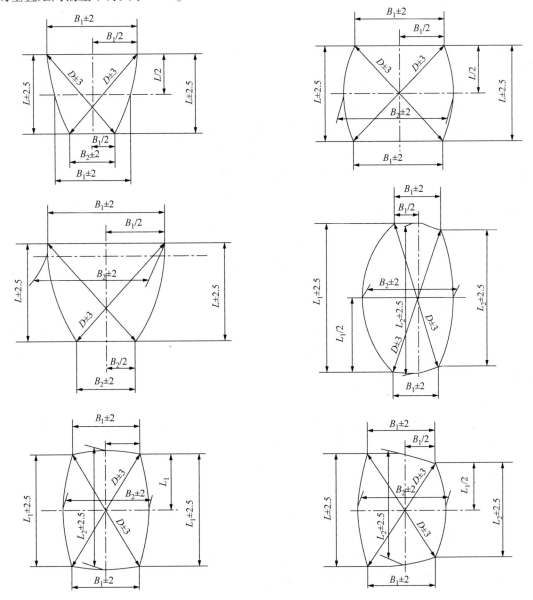

图 7-43 球壳板几何尺寸允许偏差

④ 曲率允许偏差：当球壳板弦长大于等于 2000mm 时，样板的弦长不得小于 2000mm；当球壳板弦长小于 2000mm 时，样板的弦长不得小于球壳板的弦长。样板与球壳板的间隙 E 不得大于 3mm。如图 7-44 所示。

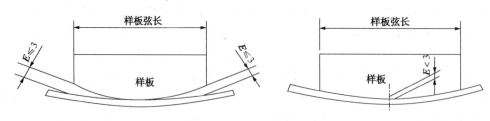

图 7-44 球壳板曲率测量

⑤ 坡口表面要求：坡口表面应平滑，表面粗糙度 R_a 值应不大于 25μm；平面度不大于 0.04δ（钢板厚度），且不大于 1mm；熔渣与氧化皮应清除干净，坡口表面不得有裂纹和分层等缺陷存在，若有缺陷应修磨或焊补。

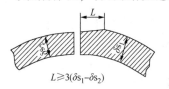

$L \geqslant 3(\delta s_1 - \delta s_2)$

图 7-45 不等厚板边缘削薄

⑥ 球壳板周边 100mm 范围内应进行超声检测，检测方法和质量等级按 JB/T 3730.3 的规定。

⑦ 相邻两板的厚度差大于薄板厚度的 25%，或大于等于 3mm 时，厚板边缘应按图 7-45 所示削成斜边，削边后的端部厚度应等于薄板厚度。

7.4.3 球罐整体组装

球罐因其结构尺寸比较大、运输困难等因素的影响，很难借助于制造厂内的设备进行建造。一般在制造厂只能完成球片和附件的制造，整体组装要在安装现场完成。球罐组装方法常用的有三种：整体组装法、分段组装法和混合组装法。

（1）整体组装

整体组装是指在球罐支柱的基础上，将球片的单片或组片用工具、夹具逐一组对成球形，然后焊接的方法。整体组装具有连接尺寸精度较高，节省工装辅助材料，组装速度快等优点。但高空作业多，对操作人员的技术要求较高。

（2）分段组装

分段组装是指分别按照赤道带、上下温带、上下极板在平台上组装成各自的环带，焊接后再组装成球形的组装方法。这种方法需要有平台和重型机械，适于小型球罐的制造。分段组装是把纵缝放置于平台上组焊的，又因部分高空作业变为地面上进行，因此组装精度易于保证，纵缝的焊接质量好。但是最后的叠装难于保证对口尺寸精度，而且环带的刚性大，环带间的组装较为困难。球罐分段组装的总装工艺流程如表 7-14 所示。

（3）混合组装

它是综合了整体组装和分段组装的方法，以充分利用现场的现有条件，如平台、起重机械等，而采用的一种较为灵活的方法。它兼备了上述两种方法的优点，一般适宜于中小型球体的组装。

表 7-14　球罐总装典型工艺流程

工序号	工作内容	要求
1	汇集全部构件和零部件	
2	清理球片及焊接区	
3	组装球带	分组组装，点固
4	球带纵缝焊接	预热、焊缝两端先焊 100～150mm 以保证两端焊缝质量，由两名焊工同时施焊
5	尺寸、形状及焊缝质量检验	形状尺寸精度影响组装精度，焊缝 100% 射线探伤按 GB 3323—2005 或 JB 4730—2005 规定Ⅱ级合格
6	安装底部平台	平台标高以下寒带的底面标高为基准确定
7	球体组装	下寒带吊装→下温带吊装→下部柱脚吊装→赤道带吊装→上温带吊装→上寒带吊装
8	焊接	焊缝 100% 射线探伤按 GB 3323—2005 或 JB 4730—2005 规定Ⅱ级合格
9	尺寸、形状质量检查	
10	组焊上下极板	拆除底部平台→下极板吊装→上极板吊装
11	划各接管的开孔线、割孔、修坡口	
12	组焊焊接各人孔、接管及加强圈等	各焊缝表面探伤，加强圈按规定试压
13	组焊焊接各平台、扶手等	
14	消除应力、整体热处理	
15	水压试验	按技术要求
16	气密性试验	按技术要求
17	表面处理	
18	装焊铭牌、油漆、包装	
19	总体检验、包扎、入库	

　　球罐的现场组装是球罐建造过程中十分重要的环节，从表 7-14 可知，在整个总装过程中，还有焊接、检验与检测、热处理、水压试验等诸多工序。为保证球罐的建造质量，国内外对球罐制造都制定了相应的标准和规范，对各个制造工序都提出了详细的质量和技术要求。我国国家标准 GB 12337—2010《钢制球形储罐》，对球罐的现场安装建造提出了详尽的要求和规定，本章不再赘述。

7.5　过程设备的出厂要求

7.5.1　设备出厂资料

　　过程设备(压力容器)制造单位在设备制造完毕出厂时，应当向使用单位(设备采购方)提供出厂文件资料；对设备使用有特殊要求时，还应提供使用说明书。设备出厂资料至少应包括以下内容：

① 设备竣工图，竣工图样上应当有设计单位许可印章，并且加盖竣工图章，竣工图章上标注制造单位名称、制造许可证编号、审核人的签字和"竣工图"字样。

② 设备产品合格证（含产品数据表）。

③ 产品质量证明文件，包含主要受压元件材质证明书、材料清单、封头和锻件等外购件的质量证明文件、质量计划或检验计划、结构尺寸检查报告、焊接记录、无损检测报告、热处理报告及温度自动记录曲线、耐压试验报告及泄漏试验报告，等等。

④ 产品铭牌的拓印件或复印件。

⑤ 对需要监督检验的设备，要提供特种设备制造监督检验证书。

⑥ 设备设计文件，包括强度计算书或者应力分析报告、按相关规定要求的风险评估报告，以及其他必要的设计文件。

7.5.2　产品铭牌要求

设备产品铭牌应固定在明显的位置，其中低温容器的铭牌不能直接铆固在壳体上。产品铭牌至少应包括如下内容：

①产品名称；

②制造单位名称；

③制造单位许可证编号/级别；

④产品标准；

⑤主体材料；

⑥介质名称；

⑦设计温度；

⑧设计压力或最高允许工作压力；

⑨耐压试验压力；

⑩产品编号；

⑪ 设备代码；

⑫ 制造日期；

⑬ 压力容器类别；

⑭ 设备容积（或换热面积）。

7.5.3　设备的涂敷与运输包装

设备的涂敷与运输包装出应符合 JB/T 4711—2003《压力容器涂敷与运输包装》的规定外，还应符合设计文件的要求。

复习题

7-1　高压容器按筒体结构可分为哪几种结构形式？

7-2　简述单层锻造式高压容器的制造过程。

7-3　锻造式筒体的优点有哪些？

7-4　多层包扎容器的结构形式有哪些？

7-5 多层包扎式容器制造工艺过程包括哪些工序?

7-6 何为钢带错绕式容器?

7-7 简述钢带错绕式容器制造技术要求。

7-8 何谓套合式容器?

7-9 塔设备按其内件结构可以分哪几类?

7-10 简述塔设备的制造工艺包括哪些工序过程?

7-11 简述塔体分段组装的分段原则。

7-12 塔设备压力试验注意事项有哪些?

7-13 简述常用管壳式换热器结构形式。

7-14 简述管箱的作用及其组装过程。

7-15 管板的加工包括哪些工序?

7-16 换热管与管板的连接方式有哪几种?

7-17 简述固定管板式换热器管束的组装过程。

7-18 简述固定管板式换热器、U 形管式换热器、浮头式换热器的耐压试验顺序。

7-19 以球壳板组合方案不同将球罐分哪几类? 简述其特点。

7-20 球板壳的制造过程包括哪些工艺步骤?

7-21 常用球罐组装方法有哪几种?

7-22 过程设备出厂资料至少应包括哪些内容?

8 过程设备制造质量管理和质量保证体系

在绪论中已经提到，过程设备是指过程工业生产中的"静设备"，过程设备的外壳统称为压力容器，所以本章中的"压力容器"一词即指过程设备。由于过程设备里面的工作介质往往具有毒性、易燃易爆性、腐蚀性等，所以它是一种具有发生中毒危险、爆炸危险的特种承压设备。为保障过程设备安全可靠性，制造单位必须按照相应的法规、规范、标准对产品进行质量控制。

产品的质量是指反映实体满足明确和隐含需要的能力和特性的总和。过程设备种类繁多、结构各异，大多属于单件小批量生产，即使是最简单的结构，也要经过许多道工序才能完成，最终的质量受到许多主观、客观因素错综复杂的影响。要保证设备在使用寿命期内安全、可靠，仅仅从完善设计、制造和检验技术等方面着手是不够的，还要采用相对无缺陷的质量控制方法、加强质量管理。

质量管理就是确定质量方针、目标和职责，并在质量体系中通过诸如质量策划、质量控制、质量保证和质量改进使其实施全部管理职能的所有活动。

作为从事过程设备制造的工程技术人员，不仅熟悉生产技术，还要熟悉生产管理和质量管理。在过程设备制造中，要熟悉质量保证体系和有关的法规、规定、标准和技术条件。做到一切工作依照有关法律性质的文件办事，努力提高产品质量意识和企业管理水平。

过程设备质量管理不仅是提高产品质量的有效途径，而且对于减少返工和检验工时、节省原材料和能耗、保障生命财产安全，都具有十分重要的意义。

8.1 我国特种设备法规体系概述

由于压力容器的危险性和特殊性，世界各国均建立有锅炉和压力容器的安全监察机构，统管制定规程、批准设计、制造和使用压力容器，并实行严格的技术质量监督制度。

我国于1955年成立了锅炉检查总局，专门负责锅炉压力容器安全监察。

1960年制定了第一个特种设备安全监察规范，即第一版的《蒸汽锅炉安全监察规程》。以后颁布了《压力容器安全技术监察规程》等一系列安全技术规范。

1982年2月6日国务院颁布了《锅炉压力容器安全监察暂行条例》。并于2003年修订为《特种设备安全监察条例》。2009年又对《特种设备安全监察条例》进行了修订。

我国将涉及生命安全、危险性较大的设备统称为特种设备，主要包括：锅炉、压力容器（含气瓶）、压力管道、电梯、起重机械、客运索道、大型游乐设施和场（厂）内专用机动车辆。压力容器（即过程设备）为特种设备之一。目前，我国国家质量监督检验检疫总局设立特种设备安全监察局，各省质量技术监督局设有专门的特种设备安全监察机构，负责特种设备的立法及安全监察。

8.1.1 我国特种设备法规标准体系框架

我国特种设备法规标准体系框架为"法律→行政法规→行政规章制度(部门规章)→安全技术规范性文件→引用标准"五个层次。特种设备法规标准体系表述了特种设备安全监察法规体系的构架和基本内容，规划出"国家法律→行政法规→部门规章→安全技术规范→引用标准"的五个层次的法规体系结构，逐步建立和完善了特种设备安全技术监察法规体系。实现的目标是：反映市场经济的要求，促进资源优化配置的市场趋向；反映科技进步要求，代表科技进步水平；反映境内外统一的要求，与国际通行的做法接轨，统一国内外特种设备制造许可监督管理与安全性能检验工作。

法规体系为：法律、行政法规和地方法规、部门规章和地方政府规章、规范性文件(安全技术规范)。

标准体系为：按《标准化法》规定，中国标准分为国家标准、行业标准、地方标准和企业标准四个层次。国家标准、行业标准又分为强制性和推荐性标准两类。保障人体健康、保障人身财产安全的标准和法律、法规规定强制执行的标准是强制性标准，其他标准是推荐性标准。

特种设备法规标准体系框架的五个层次简述如下。

(1)国家法律

特种设备法规标准体系框架的第一层次为国家法律。我国目前与特种设备相关的法律有《中华人民共和国安全生产法》、《中华人民共和国产品质量法》、《中华人民共和国商品检验法》、《中华人民共和国行政许可法》、《中华人民共和国计量法》、《中华人民共和国标准化法》、以及由中华人民共和国第十二届全国人民代表大会常务委员会第三次会议于2013年6月29日通过，自2014年1月1日起施行的《中华人民共和国特种设备安全法》。

(2)行政法规

特种设备法规标准体系框架的第二层次为行政法规。《特种设备安全监察条例》(以下简称《条例》)是国务院发布的行政法规，是从事特种设备相关业者的最高法规。该《条例》的实施对于加强特种设备的安全监察，防止和减少安全事故的发生，保障人民生命和财产安全，促进经济发展具有非常重要的意义，对特种设备实施管理提供了法律依据。

特种设备生产单位，应当依照本条例规定以及国务院特种设备安全监督管理部门制订并公布的安全技术规范(以下简称安全技术规范)的要求，进行生产活动。

(3)部门规章

特种设备法规标准体系框架的第三层次为行政规章或部门规章。

部门规章：是指以特种设备安全监督管理部门首长签署部门令，予以公布的并经过一定方式向社会公告的"办法"、"规定"。目前以"部门令"形式发布的与过程设备相关的特种设备部门法规主要有：

《小型和常压热水锅炉安全监察规定》(2000年6月15日国家质量技术监督局令第11号发布)。

《特种设备质量监督与安全监察规定》(国家质量技术监督局令第13号发布)。

《锅炉压力容器压力管道特种设备事故处理规定》(2001年9月17日国家质检总局令第2号发布)。

《锅炉压力容器压力管道特种设备安全监察行政处罚规定》(2001年12月29日国家质检总局令第14号发布)。

《锅炉压力容器制造监督管理办法》(2002年7月12日国家质检总局令第22号发布)。

《气瓶安全监察规定》(2003年4月24日国家质检总局令第46号发布)。

《特种设备作业人员监督管理办法》(2005年1月10日国家质检总局令第70号发布)。

(4) 安全技术规范

特种设备法规标准体系框架的第四层次为安全技术规范。

特种设备安全技术规范:是指规定强制执行的特种设备安全性能和相应的设计、制造、安装、修理、改造、使用管理规定和检验检测方法,以及许可、考核条件、考核程序的一系列规范性文件。安全技术规范包括有关的管理规则、核准规则、考核规则及程序规定和有关的安全技术监察规程、技术检验规则、审查评定细则、人员考核大纲等。如《固定式压力容器安全技术监察规程》(以下简称《容规》)、《蒸汽锅炉安全技术监察规程》、《超高压容器安全技术监察规程》、《锅炉压力容器制造许可条件》、《锅炉压力容器制造许可工作程序》、《锅炉压力容器制造监督管理办法》、《锅炉压力容器产品安全性能监督检验规则》等等。

随着形势的发展,今后各类设备的安全技术规范将形成一个大规范(法典),目前的各技术规范将成为大规范中的一个章或节。综合类规范以安全监察管理内容为主,并将适用于各类设备的综合性规范划入其中;其他各类设备规范以该类设备的全过程基本安全要求为主,包括管理要求和技术要求。特种设备安全技术规范体系的特点是全方位、全过程、全覆盖。

(5) 引用标准

特种设备法规标准体系框架的第五层次为引用标准。

引用标准:是指一系列与特种设备安全有关的、经法规和规章或安全技术规范引用的国家标准和行业标准。标准一旦被安全技术规范所引用,具有与安全技术规范同等的效力,具有强制属性,并成为安全技术规范的组成部分。标准是特种设备安全技术规范的技术基础,由标准化组织制定,通常安全监察机构派代表参与标准的制定。

目前,与特种设备有关的标准,包括特种设备产品标准、材料标准、性能标准、检测方法标准等共有1500余项。如压力容器现行标准主要有 GB 150《压力容器》、GB 151《管壳式换热器》、GB 12337《钢制球形储罐》、JB 4708《钢制压力容器焊接工艺评定分》、JB 4709《钢制压力容器焊接工艺规程》、JB 4710《钢制塔式容器》、JB 4730《承压容器无损检测》、JB 4731《钢制卧式容器》等国家标准和行业标准。此外还有涉及到压力容器的设计、结构、材料、焊接、热处理、无损检测、过程检验和零部件等方面的标准。压力容器标准大多为强制性标准,是压力容器设计、制造业者必须遵循的。

企业在遵循国家标准和行业标准的同时,可结合本企业压力容器产品的特点制定企业标准,但企业标准的技术要求不得低于国家标准和行业标准、法规的要求。

8.1.2 特种设备安全监察机构与职能

《中华人民共和国特种设备安全法》(以下简称《特种设备安全法》)规定:国家对特种设备的生产、经营、使用,实施分类的、全过程的安全监督管理。国务院负责特种设备安全监督管理的部门(国家质量监督检验检疫总局特种设备安全监察局),对全国特种设备安全实施监督管理。县级以上地方各级人民政府负责特种设备安全监督管理的部门(省、市质量技术监督局特种设备安全监察处),对本行政区域内特种设备安全实施监督管理。国务院和地方各级人民政府应当加强对特种设备安全工作的领导,督促各有关部门依法履行监督管理职责。县级以上地方各级人民政府应当建立协调机制,及时协调、解决特种设备安全监督管理中存在的问题。

我国《特种设备安全法》还规定:负责特种设备安全监督管理的部门依照本法规定,对特种设备生产、经营、使用单位和检验、检测机构实施监督检查。负责特种设备安全监督管理的部门实施本法规定的许可工作,应当依照本法和其他有关法律、行政法规规定的条件和程序以及安全技术规范的要求进行审查;不符合规定的,不得许可。

负责特种设备安全监督管理的部门对依法办理使用登记的特种设备应当建立完整的监督管理档案和信息查询系统;对达到报废条件的特种设备,应当及时督促特种设备使用单位依法履行报废义务。

负责特种设备安全监督管理的部门在依法履行监督检查职责时,可以行使下列职权:

① 进入现场进行检查,向特种设备生产、经营、使用单位和检验、检测机构的主要负责人和其他有关人员调查、了解有关情况;

② 根据举报或者取得的涉嫌违法证据,查阅、复制特种设备生产、经营、使用单位和检验、检测机构的有关合同、发票、账簿以及其他有关资料;

③ 对有证据表明不符合安全技术规范要求或者存在严重事故隐患的特种设备实施查封、扣押;

④ 对流入市场的达到报废条件或者已经报废的特种设备实施查封、扣押;

⑤ 对违反本法规定的行为作出行政处罚决定。

负责特种设备安全监督管理的部门在依法履行职责过程中,发现违反本法规定和安全技术规范要求的行为或者特种设备存在事故隐患时,应当以书面形式发出特种设备安全监察指令,责令有关单位及时采取措施予以改正或者消除事故隐患。紧急情况下要求有关单位采取紧急处置措施的,应当随后补发特种设备安全监察指令。

负责特种设备安全监督管理的部门在依法履行职责过程中,发现重大违法行为或者特种设备存在严重事故隐患时,应当责令有关单位立即停止违法行为、采取措施消除事故隐患,并及时向上级负责特种设备安全监督管理的部门报告。接到报告的负责特种设备安全监督管理的部门应当采取必要措施,及时予以处理。

对违法行为、严重事故隐患的处理需要当地人民政府和有关部门的支持、配合时,负责特种设备安全监督管理的部门应当报告当地人民政府,并通知其他有关部门。当地人民政府和其他有关部门应当采取必要措施,及时予以处理。

8.1.3 特种设备制造许可制度

我国《特种设备安全法》规定:国家按照分类监督管理的原则对特种设备生产实行许可制度。特种设备生产单位应当具备下列条件,并经负责特种设备安全监督管理的部门许可,方可从事生产活动:

① 有与生产相适应的专业技术人员;

② 有与生产相适应的设备、设施和工作场所;

③ 有健全的质量保证、安全管理和岗位责任等制度。

特种设备生产单位应当保证特种设备生产符合安全技术规范及相关标准的要求，对其生产的特种设备的安全性能负责。不得生产不符合安全性能要求和能效指标以及国家明令淘汰的特种设备。

特种设备出厂时，应当随附安全技术规范要求的设计文件、产品质量合格证明、安装及使用维护保养说明、监督检验证明等相关技术资料和文件，并在特种设备显著位置设置产品铭牌、安全警示标志及其说明。

8.1.4 特种设备制造质量监督检验

为保证特种设备的制造质量，除持证的制造单位自行按《压力容器制造质量保证手册》认真执行外，还必须接受制造单位所在地或上级特种设备安全监察机构的监督检验。

8.1.4.1 监督检验机构

我国目前在县级以上地区均设有特种设备监督检验机构，现名称为特种设备检测研究院(早期叫锅炉压力容器检验研究所，简称"锅检所")。国家《特种设备安全法》对从事监督检验的机构做出规定：从事监督检验、定期检验的特种设备检验机构，以及为特种设备生产、经营、使用提供检测服务的特种设备检测机构，应当具备下列条件，并经负责特种设备安全监督管理的部门核准，方可从事检验、检测工作：

① 有与检验、检测工作相适应的检验、检测人员；
② 有与检验、检测工作相适应的检验、检测仪器和设备；
③ 有健全的检验、检测管理制度和责任制度。

特种设备检验、检测机构的检验、检测人员应当经考核，取得检验、检测人员资格，方可从事检验、检测工作。特种设备检验、检测机构的检验、检测人员不得同时在两个以上检验、检测机构中执业；变更执业机构的，应当依法办理变更手续。

8.1.4.2 监督检验项目内容

国家《特种设备安全法》规定特种设备出厂需要监督检验证明。对于压力容器而言，凡是《容规》适用的产品均为实施监检的产品，必须逐台进行产品安全性能监督检验。压力容器安全性能监督检验的项目内容包括：

(1) 图样资料审查
① 设计总图上应有压力容器设计单位的设计资格印章，确认资格有效；
② 压力容器制造和检验标准的有效性；
③ 设计变更(含材料代用)审批手续。
(2) 材料
① 材料质量证明书、材料复验报告审查；
② 材料标记移植检查；
③ 审查主要受压元件材料的选用和材料代用手续。
(3) 焊接
① 审查焊接工艺评定及记录、确认产品施焊所采用的焊接工艺符合相关标准、规范；
② 焊接试板数量及制作方法确认；
③ 审查产品焊接试板性能报告，确认试验结果；

④ 检查焊工钢印；

⑤ 审查焊缝返修的审批手续和返修工艺。

（4）外观和几何尺寸

① 焊接接头表面质量；

② 检查母材表面的机械损伤、工装卡具损伤痕迹；

③ 检查焊缝最大内径与最小内径差；

④ 当直立容器壳体长度超过 30m 时，检查筒体直线度；

⑤ 检查焊缝布置和封头形状偏差，并记录实际尺寸；

⑥ 对球形容器的球片，主要抽查成形尺寸。

（5）无损检测

① 检查布片(排版)图和探伤报告，核实探伤比例和位置，对局部探伤产品的返修焊缝，应检查按有关规范、标准要求进行扩探情况。对超声波探伤和表面探伤除检查报告外，监检人员还应不定期到现场对产品进行实地监检；

② 底片抽查数量不少于设备探伤比例的 30%，且不少于 10 张(少于 10 张的全部检查)，检查部位应包括 T 形焊缝、可疑部位及返修片。

（6）热处理

检查确认热处理记录曲线与热处理工艺的一致性。

（7）耐压试验

耐压试验前，应确认需监检的项目均监检合格，受检企业应完成的各项工作均有见证。耐压试验时，监检人员必须亲临现场，检查试验装置、仪表及准备工作，确认试验结果。

（8）安全附件

安全附件数量、规格、型号及产品合格证应当符合要求。

（9）气密试验

检查气密性试验结果，应当符合有关规范、标准及设计图样的要求。

（10）出厂技术资料审查

① 审查出厂技术资料；

② 审查铭牌内容应符合有关规定，在铭牌上打监检钢印。

（11）监检资料

经监检合格的产品，监检人员应当根据《压力容器产品安全性能监督检验项目表》的要求及时汇总、审核见证资料，并由监检单位出具《锅炉压力容器产品安全性能监督检验证书》，并在产品铭牌上打监检钢印。

8.2　质量管理和质量保证体系 ISO 9000 族标准简介

ISO 是国际标准化组(International Organization for Standardization)的简称。ISO 是一个全球性的非政府组织，是世界上最大的、最具权威的国际标准制订、修订组织。ISO9000 族标准是指"由国际标准化组织质量管理和质量保证技术委员会(ISO/TC176)制定的所有国际标准"。ISO 9000 族标准是国际标准化组织（英文缩写为 ISO）于 1987 年制订。

随着国际贸易发展的需要和标准实施中出现的问题，特别是服务业在世界经济的比重所占的比例越来越大，ISO/TC176 分别于 1994 年、2000 年对 ISO 9000 质量管理标准进行了两次全面的修订。ISO 2000 版相对于 1994 版有较大的修改，整个标准按过程模式来编写，将质量体系要素简化为四大要素，从而体现了标准的兼容性、通用性，强调质量持续改进的指导思想。现在最新版本为 2008 年版，相对于 2000 年版没有多大变化。ISO 9000 族标准 2008 年版有四个核心标准：

ISO 9000：2008《质量管理体系 基础和术语》

ISO 9001：2008《质量管理体系 要求》

ISO 9004：2008《质量管理体系 业绩改进指南》

ISO 19011：2008《质量和(或)环境管理体系审核指南》

其中，ISO 9001：2008《质量管理体系 要求》是认证机构审核的依据标准，也是想进行认证的企业需要满足的标准。ISO 9001：2008 标准适用于各行各业，且不限制企业的规模大小。国际上通过认证的企业涉及到国民经济中的各行各业。

质量是由人去控制的，只要是人，难免犯这样或那样的错误。那么如何预防少犯错、或者尽量不给犯错的机会，这就是 ISO 9000 族标准的精髓。预防措施是一项重要的改进活动，它是自发的、主动的、先进的。可以说：组织采取预防措施的能力，是管理实力的表现。

由于 ISO 9000 族标准吸收国际上先进的质量管理理念，对于产品和服务的供需双方具有很强的实践性和指导性。所以，标准一经问世，立即得到世界各国普遍欢迎，到目前为止世界已有 90 多个国家直接采用或等同转为相应国家标准，有 50 多个国家建立质量体系认证/注册机构，形成了世界范围内的贯标和认证"热"。全球已有几十万家工厂企业、政府机构、服务组织及其他各类组织导入 ISO 9000 并获得第三方认证。

8.3 过程设备制造质量保证体系的建立

压力容器(即过程设备)是一种安全可靠性要求非常高的特种设备。多年来，国家要求压力容器制造企业必须达到规定的产品质量、质量管理、人员素质、技术装备等四大方面的条件，实施定期审查、随时监督、按期换证的管理模式。这样既对产品质量进行了检查，同时还对保持持久稳定产品质量的质量保证体系进行评审，并对质量保证体系评审过程存在的问题提出具体的整改意见，责成企业限期进行整改。

质量保证体系是企业实行管理的法规，它明确了与从事设备制造直接相关的各类人员和机构的职能、所承担的责任和享有的权利。

建立质量保证体系是一项运用系统工程的概念和方法的工作，它围绕提高产品质量的共同目标，把企业各部门、各环节的生产经营活动严密地组织起来，规定他们在质量管理工作中的职责、任务和权限，并建立起计划、组织、指挥、协调、控制、监督、检查等各种功能的机构。在生产的全过程中实现一个环节衔接一个环节，保证质量控制的系统性和追踪性。每一个环节都明确规定它的工作任务、工作程序、工作依据、工作标准和工作见证。这里的工作依据可以是各种质量法规或技术标准的有关规定；工作标准则是各种应该达到的质量指标；工作见证多表现为各种书面的形式，如各种化验、试验、检测的报告或随工件在各工序间周转的工序流转卡、原材料的质量证明书、合格证、材料代用单等均可作为质量管理中的工作见证。

归纳起来说，质量保证体系的作用就是用全面质量管理的方法，通过建立质量法规和实施监督检查的途径，达到提高产品质量的目的。

从发达的工业国家和我国已有的经验看，建立质量保证体系对保证和提高产品质量发挥了积极作用。因此，我国有关压力容器的法令、法规或标准中，都列出压力容器制造单位必须具有健全的质量保证体系，作为审批和允许制造压力容器的条件之一。用法律的形式明确质量保证体系，是企业必不可少的一个组成部分。

8.3.1 压力容器制造质量管理的基本要素

根据多年来我国压力容器的管理经验，国家质检局在《锅炉压力容器制造许可条件》中，明确规定了 17 个质量控制的基本要素。它们是：管理职责、质量体系、文件和资料控制、设计控制、采购与材料控制、工艺控制、焊接控制、热处理控制、无损检测控制、理化检验、压力试验控制、其他检验控制、计量与设备控制、不合格品控制、质量改进、人员培训、执行中国锅炉压力容器制造许可制度的规定。

上述 17 个基本要素大致分为两大类：一类为公共管理要素，包括管理职责、质量体系、文件和资料控制、计量与设备控制、质量改进、人员培训、执行中国锅炉压力容器制造许可；另一类过程控制要素，包括 17 个基本要素中除一类要素的其余要素。17 个基本要素集中体现了压力容器制造管理的根本特点，如果压力容器制造企业将基本要素全部都落实到了实处，可以说该企业压力容器产品的制造质量就有了保证。

8.3.2 建立质量保证体系的原则

GB/T 19000 是我国在原国家标准局部署下组成的"全国质量保证标准化特别工作组"。发布的等效采用 ISO 9000 族标准的系列国家标准。

压力容器的制造企业应根据自身特点，对照有关的 ISO 9000 族标准的要求来选择和确定本企业所采用的质量管理要素和质量体系要素，建立质量保证体系。压力容器制造企业建立质量保证体系时应遵循以下基本原则：

① 必须参照 GB/T 19004、ISO 9004 质量管理和质量体系要素中阐述的要素，并根据本企业产品的特点、自身情况等因素，进行增删、裁剪，来选择和确定本企业的质量管理和质量体系要素。

② 选择质量体系要素时，必须考虑遵照国家有关法规、法令的要求，并与有关的国家标准、专业标准协调一致。

③ 要分析、研究企业主导产品的特点，使选择的要素能够覆盖企业的所有产品品种和主要质量活动，以保持要素的完整性。

④ 要根据企业和产品特点，认真分析和确定产品全部寿命周期各阶段对质量有影响的主要活动，来选择和确定本企业的质量体系要素。一般情况下，可以把主要生产环节作为要素。

8.3.3 质量保证体系的结构

结合压力容器制造行业的特点，我国压力容器制造质量保证体系采用质量体系组织结构、质量控制系统、质量控制环节、质量控制点的结构框架思路，依照 GB/T 19000、ISO 9000 族质量体系标准要求实施质量管理。

(1) 建立自上而下的各级质量保证机构、配置质量责任人员

企业的质量保证机构是由企业的行政负责人(厂长或经理)任命，但在质量管理上又独立于对口的行政和业务部门，是在厂长或经理领导下直接对产品的质量行使控制和监督权的机构。这个机构的层次和级别则依据企业的规模，主导产品的复杂性以及人员的技术状况而定。一般说来，在一个具有较大规模的压力容器制造企业，设有主管质量的最高机构，有的称为全面质量管理办公室，也有称为全面质量管理委员会或其他名称，它直属于企业行政负责人的直接领导，是主管全企业质量工作的最高一级指挥和决策机构。

从责任人员来讲，企业的一把手即总经理(或厂长)对产品质量负全责，并且行使批准质量管理体系和质量手册，设置完善组织机构，确定职责范围的权利；履行确定的质量方针和质量目标及质量管理职责。企业具体从事质量管理工作的最高负责人称为质量保证工程师(简称质保师)，也是 ISO 9000 质量标准体系中的管理者代表。

在各个职能部门和生产车间直至班组都有质量管理组或质量员。在质量保证体系的主要控制系统，包括设计、材料、工艺、焊接、检验等均要配置质量管理的责任人员(质量责任工程师，简称责任师)，各个系统的质量责任师应该具有助理工程师以上的技术职称；这些人员的行政关系可以隶属于各个职能部门。例如，设计责任师隶属于设计科室；检测和理化责任师隶属于检验科；材料责任师隶属于供应科等。但开展质量管理工作则直接对企业的质保工程师负责，本科室的行政领导人，如科长或主任无权干预或否决。质量负责人员就本职工作所做出的决定，即质量保证体系和职能体系形成双轨制。质量保证体系对职能体系在质量管理上起控制、监督作用。每一个控制系统的责任师在质量控制和监督的业务范围内又可以跨越职能部门去执行有关工作。

在中小企业，由于生产规模有限，技术力量也不充足，按我国现有条件，暂时也允许行政职能的人员兼有质量保证人员的作用。例如，负责焊接工艺的技术人员可以同时负责焊接质量的控制与监督工作，当质量与其他问题发生矛盾时，必须坚持"质量第一"的原则。

总之，不论企业的规模和技术水平如何，作为获得压力容器制造许可证的单位，必须从质量管理的体系上有一个自上而下的、有层次的、责任明确的质量保证机构和相应的责任人员。关于压力容器制造质量体系组织结构并没有统一的组织形式，一般都是根据各企业机构设置情况而设立。图 8-1 所示为某压力容器制造厂质量保证体系组织结构图。

(2) 建立质量控制系统

压力容器制造单位的质量保证体系是由若干个质量控制系统组成。设置质量控制系统的数量和职责要根据国家压力容器法规要求，并结合本企业所制造的压力容器产品特点及实际情况确定。

建立质量控制系统，实质就是要建立一套完整、有效、严密、可行的质量管理制度。

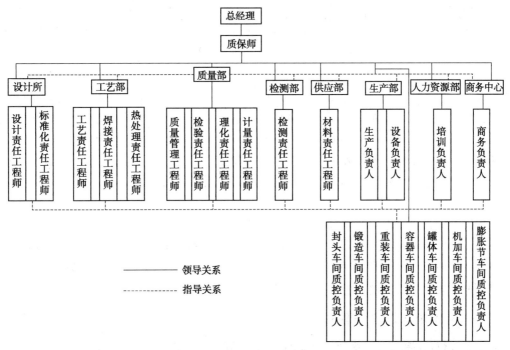

图 8-1　质量保证体系组织结构图

各种质量管理制度是质量管理责任人员执行工作的依据。将管理工作纳入质量法的轨道，使质量控制和监督工作有法可依，避免或减少因质量和其他工作发生矛盾而产生的各种纠纷。如果仅仅设置质量保证机构，配置质量保证责任人员，而没有一套完善的制度，则质量控制和监督工作实际无法开展。因此，我国有关压力容器制造的法规和标准都明确规定，具有健全的质量管理制度，作为压力容器制造单位具备的条件之一。主要的质量管理制度有：设计管理制度即设计质量控制、材料管理制度、工艺管理制度、焊接管理、焊接管理制度、检验管理制度、无损检测管理制度、热处理管理制度、计量管理制度、标准化管理制度，等等。

对于每一个具体企业来说，制定上述内容的制度时，其项目和名称可以根据本企业具体情况来划分和确定，但从整体上看至少应包括上述各项内容。制度中的具体条款、工作程序和工作标准则要考虑本单位的实际情况，既要防止过于繁琐，难以执行，又要防止过于简单，出现失控的可能。

（3）确定质量控制环节及质量控制点

组成质量控制系统的多个过程中需要控制的重点过程，又称之为质量控制环节。对质量控制环节的确定也要考虑企业的具体情况和产品制造过程的特点。控制环节的确定可采用系统流程图的方法。

质量控制环节中需要控制的重点活动，称之为质量控制点。控制点按其在生产过程中重要作用和控制程度的不同，可分为以下几类：

① 检查点(E 点)。也称检验点，是指产品制造过程中的主要工序、工步、工位或主要质量项目，必须由专职检验员进行检查的控制点。只有对产品质量有较大影响或质量波动较大的项目才被列为检查点。

② 审核点(R点)也称确认点、审阅点。其含义是指质量保证体系运转过程中，完成某项较为主要的活动或过程后，除操作者进行自查符合有关规定外，还应由质量保证体系中有关人员进行确认的点。

③ 停止点(H点)也称停止检查点。其含义是指当压力容器产品制造到对质量有重大影响的工序时，制造单位应暂时停止下一道工序施工，在驻厂监督检验员或业主派遣的驻厂监造代表在场的情况下，由企业专职检查责任人员进行检查，检查结果应得到驻厂监督检验员或业主派遣的驻厂监造代表的书面签字确认后，方可进行下道工序的实施。

④ 见证点(W点)，其含义是指顾客、监造单位对某压力容器重要要求所指定的控制点，当产品制造达到此点时，制造单位应通知约定者到现场见证。

(4) 编制一套质量体系文件

质量体系文件是企业质量保证体系的文字形式，是全体成员在处理质量事务时，具有权威性和法令性的依据。为加强质量管理、保证质量保证体系良好运行，压力容器制造企业应根据国家《安全法》、《条例》等相关法规、标准的规定，结合本企业的实际情况编制一套完整、可行的质量保证体系文件，完善和健全质量保证体系。

8.3.4 质量体系文件及编制要点

根据 ISO 9000 族标准，典型的质量体系文件分为三个层次：质量手册、管理标准、技术标准。

(1) 质量手册

质量手册是阐明一个单位(企业)的质量方针、质量目标，并描述质量体系的文件。对内是本企业质量体系运行中长期遵循的基本法规；对外(用户、体系认证、许可认证等)是本企业质量保证能力的证实文件，具有准确性、指令性、完整性、可操作性和可检查性的特点。

质量手册应根据国家法律、政府法规、行政规章、产品标准规范、合同要求、企业自身特点(企业规模、产品类型、生产特点等)的要求进行编制。质量手册应当描述质量保证体系文件的结构层次和相互关系，并应至少包括以下内容：

① 术语和缩写；
② 质量体系的适用范围；
③ 质量方针和质量目标；
④ 质量保证体系组织及管理职责；
⑤ 质量保证体系基本要素、质量控制系统、控制环节、控制点的要求。

质量手册之所以称为质量体系文件的第一个层次，主要是供企业中高层管理人员、各级质量控制负责人、压力容器制造许可认证部门、第三方监督检验单位和用户使用。要实现对各个系统(职能部门或工序)进行质量控制，还必须有供各职能部门、生产单位使用的质量控制文件。

(2) 管理标准(管理制度)

质量保证体系是以质量保证机构作为组织措施，各级质量责任人员作为执行者，以质量手册和各有关规章制度作为依据，对压力容器生产的各个环节和工序实行质量控制与监督，其目的在于确保压力容器的产品特性，特别是安全可靠性符合要求。为达到上述目的，必须对各主要系统进行控制。这就需要第二个质量体系文件—管理标准。管理标准为书面的质量体系程序，为实施质量体系要素，规定各个职能部门的活动，所以也称为管理制度。

压力容器制造的主要系统(即主要质量控制环节)有：设计质量控制系统、材料质量控制系统、焊接质量控制系统、工艺质量控制系统、无损检测控制系统、检验质量控制系统、理化质量控制系统、热处理质量控制系统、计量质量控制系统、标准化质量控制体系、设备质量控制系统，等等。针对设备制造的主要控制系统，编制相应的管理制度，形成第二个层次的质量体系文件。

① 设计管理制度要点　设计质量控制是压力容器制造质量保证体系中的重要组成部分。加强设计质量控制与管理，确保设计质量，是保证压力容器产品质量的先决条件。建立设计质量体系的关键，是落实本企业设计部门各级设计人员的岗位责任和控制程序，实施设计责任工程师负责制，并接受质保师监督检查，进而实施对设计系统的质量控制。

设计管理制度主要内容包括：各级设计人员的条件；各级设计人员的岗位责任制；设计工作程序；设计条件的编制与审查；设计文件的签署；设计文件的标准化审查；设计文件的质量评定；设计文件的管理；设计文件的更改；设计文件的复用；等等。

对于具有压力容器设计许可证的企业，需要另行建立一套设计质量管理制度，编制设计质量手册。

② 材料管理制度要点　加强材料质量控制与管理，确保材料的质量和正确使用，是保证压力容器制造质量的基本条件。建立材料质量控制体系，一般应明确材料质量控制的主管部门和配合部门，落实各级材料人员的岗位职责和控制程序，实施材料责任师负责制。材料质量控制系统一般设采购订货、验收入库、材料保管、材料代用、材料发放、材料使用等6个控制环节和若干个控制点。

材料管理制度的主要内容有：材料采购订货管理制度；材料验收入库管理制度；材料代用管理制度；材料保管、发放管理制度；材料使用管理制度。

③ 焊接管理制度要点　压力容器制造工艺中，焊接工艺占据着十分重要的地位。影响焊接质量的因素很多，除涉及焊接技术本身的问题外，更大量的则是焊接质量管理问题。加强焊接质量控制是保证压力容器制造质量的关键。焊接质量控制环节一般应设置5个环节，包括焊工、焊接材料、焊接工艺评定、焊接施工工艺及焊接设备等。

焊接质量管理制度主要内容包括：焊接材料管理制度；焊接工艺评定管理规定；焊接施工管理制度；焊接接头返修管理制度；焊接试板管理规定；焊前预热和焊后热处理规定；焊接试验室管理制度；焊工培训与资格评定及考核成绩档案管理制度等。

④ 无损检测管理制度要点　无损检测是利用各种物理方法检测材料及焊接接头质量的主要手段，对产品的内在质量和安全运行的保证起着重要作用。建立无损检测质量控制体系，一般应明确无损检测的主管部门和配合部门，落实各级无损检测人员的岗位职责和控制程序，实施无损检测责任师负责制。无损检测质量控制系统一般设4个控制环节，包括接受任务、无损检测前准备、无损检测实施、无损检测报告签发等。

无损检测管理制度主要内容包括：无损检测管理办法与委托制度；无损检测人员培训考核与持证上岗制度；无损检测仪器设备的使用、维护与周检制度；各种无损检测方法的通用工艺规程；无损检测档案资料管理办法；射线检测底片质量控制办法；无损检测安全操作规程等。

⑤ 工艺管理制度要点　工艺即制造产品的方法，是保证产品质量的重要手段。其基本出发点是要求科学、先进、经济和可靠。工艺质量控制体系一般应设置工艺准备和工装设计2个控制环节。工艺准备环节中设置5个控制点，包括图样审核、工艺方案、工艺文件、工艺规程、工艺更改。工装设计环节中设置3个控制点，包括工装设计任务书、工装图绘制、工装验证。

工艺管理制度的主要内容包括：压力容器图样审核制度；材料消耗工艺定额管理制度；标记移植制度；外购、外协件管理制度；工艺文件的编制及校核制度；工艺文件管理制度；工艺信息反馈制度；工艺装备管理制度等。

⑥ 质量检验管理制度要点　质量检验控制体系在企业质量保证体系中占有相当重要的地位，起着保证产品质量十分关键的作用。质量检验控制体系应作为一个独立的体系，不受行政干扰，独立行使企业内部的"监督检验"，监督操作者强制性地执行工艺纪律，对整个制造过程实施控制，同时通过检验获得质量信息和数据，从而为质量控制提供科学管理的依据，并起到预防的作用。

压力容器制造单位必须设置独立的产品质量检验机构(部门)，由总经理直接(或委托其他副总经理)领导；规定该机构各级责任人员的职、责、权及工作内容、工作标准、工作见证；要求各级人员在自己的职责范围内对生产过程中各环节、各工序进行检查，对规定的控制环节、控制点进行见证；实施检验责任师负责制并接受质保师的监督检查，从而建立一个能正常运行并能保证产品质量得以有效控制的质量检验控制体系。

质量检验控制的主要任务有：对原材料入厂、保管、发放、使用进行检查；对外协件、外购件、外配套件进行质量检查；对生产过程中各工序、各环节以及工艺纪律执行情况进行检查；对各零部件、产品几何尺寸、内外质量、产品总体质量进行检查；耐压试验综合性能检查；其他检查；产品出厂质量证明文件及产品档案的整理与归档，等等。

压力容器制造质量检验应遵循的原则是：未经检验合格的材料不许投料；上道工序未经检验合格不得转入下道工序；不合格的零件不得组装；对违反工艺纪律的行为不放过；不合格的产品不入库、不出厂。

质量检验控制体系一般应设置检验准备、过程检验、资料整理3个控制环节。

检验准备环节设置检验文件审核和检具校验2个控制点。

过程检验环节设置至少有以下17个控制点，即标记移植(下料)、坡口、错边、咬边、产品试板、棱角度、封头形状偏差、焊缝布置、内外表面质量、壳体大小直径差、直线度、壳体最小厚度、划线开孔、总检、热处理、耐压试验、泄漏试验等控制点。

资料整理环节设置产品铭牌、出厂文件审核、产品档案审核3个控制点。

质量检验管理制度的主要内容包括：质量检验人员业务培训考核制度；制造过程检验制度；产品试板管理制度；产品技术文件归档制度；量、检具管理制度；接受第三方安全监察及监察制度；为用户服务管理制度，等等。

⑦ 理化管理制度要点　理化试验是压力容器制造过程中的先行程序，通过正确的理化试验可以获得准确、可靠的理化性能数据，为压力容器制造质量提供保证，是压力容器制造单位必须具备的测试手段。建立理化质量控制体系是确保理化性能数据完整、正确、有效的保证，进而对压力容器质量起到重要作用。

理化质量控制的主要任务包括：原材料的补项试验及复验；焊工考试试件的试验；焊接

工艺评定试件的试验；产品试板的试验。

理化质量控制系统一般应设置接受委托、试验准备、试验过程及试验报告 4 个控制环节。其中：接受委托环节设核实委托内容和实物、验收试样 2 个控制点；试验准备环节设人员资格、仪器设备检定、方法选择 3 个控制点；试验过程环节设数据处理 1 个控制点；试验报告环节设签发报告 1 个控制点。

理化管理制度的主要内容包括：理化试验委托制度；试验记录与报告制度；试样管理制度；技术资料管理制度；试验仪器设备管理制度；试验人员培训与考核制度；其他管理制度(如安全技术管理，危险品管理，事故分析、报告与处理制度)，等等。

⑧ 热处理管理制度要点　热处理是压力容器产品消除焊接应力和改善材料、零部件力学性能(或耐腐蚀性)的重要手段，也是保证压力容器产品质量和使用性能的基础。建立热处理质量控制体系并纳入质量保证体系的运转轨道，必将对压力容器制造质量的科学性、经济性、安全性起到重要作用。

热处理质量控制体系一般应设置热处理工艺编制、热处理准备、热处理过程、热处理报告 4 个控制环节。其中：热处理工艺编织环节应设置热处理工艺编织、热处理工艺修改 2 个控制点；热处理准备环节应设置热处理前对检验资料审核、热处理设备和测量仪表、测温点布置 3 个控制点；热处理过程环节应设置热处理时间—温度曲线审查，材料、产品试板性能试验报告审查，外协热处理时间—温度记录曲线和热处理保定审查 3 个控制点；热处理报告环节设置报告签发 1 个控制点。

热处理管理制度主要有：热处理工作管理制度；热处理工艺文件编制与修改管理制度。

⑨ 计量管理制度要点　计量是保证压力容器产品质量的基础，是对质量保证体系正常运转的技术保证。建立计量质量控制体系，确保量值传递的准确，通过对计量器具和仪器设备进行强制性检定，保证计量器具准确无误地提供数据和信息，进而保证压力容器制造质量，对压力容器制造单位是十分重要的。

计量管理制度的主要内容包括：计量器具采购、入库、流转、降级、报废制度；计量器具的周期检定制度；计量器具的使用、维护、保养制度；计量人员培训、考核制度及岗位责任制。

⑩ 标准化管理制度要点　标准化工作是企业内部各项工作的基础，在压力容器产品制造过程中，坚持标准化质量控制体系的地位，是保证产品质量的先决条件，也是质量管理体系正常运转的重要保障。

压力容器制造单位应根据自身的条件，为专职标准化机构人员和兼职标准化人员制定相应的标准化管理制度，明确专职(机构)人员和兼职人员的职责，建立标准化责任师负责制和接受质量保证工程师监督检查的体系。

标准化质量控制体系一般应设置技术条件标准化审查、企业标准制定和修订 2 个控制环节。其中：技术文件标准化审查环节应设置设计图纸标准化审查、工艺规程标准化审查 2 个控制点；企业标准制定和修订环节应设置产品标准制定和修订、企业工作标准和管理标准制定与修订 2 个控制点。

标准化管理制度的主要内容包括：企业贯标、采标管理制度；企业技术文件标准化审查管理制度；企业标准制定、修订管理制度；企业标准化人员培训、考核制度，等等。

⑪ 设备管理制度要点　设备与工装是企业为完成生产过程必须的设施，在压力容器产

品制造过程中，保持设备与工装的完好状态，是保证产品质量的必要条件。建立设备质量控制体系，并纳入质量保证体系的运行轨道，对保证压力容器产品生产的正常进行，提高生产效率，保证加工精度和产品质量起着关键的作用。

设备管理环节一般设置设备配置、设备维修和保养、设备事故处理3个控制点。

设备管理制度主要内容包括：设备采购管理制度；设备使用、保养和维修管理制度；设备封存、启用、报废管理制度；设备事故处理制度，等等。

（3）技术标准（技术文件）

质量体系文件的第三个层次为技术标准，即技术文件（或称工艺守则），是描述现场作业或现场管理用的详细工作文件，主要供各岗位（或个人）使用。技术文件规定了产品制造过程中主要的专业性工艺应遵守的基本原则，如工艺技术文件，通用工艺守则，操作规程，试验规程，各种记录、报告、表格等。

8.3.5 质量保证体系的运行

（1）质量保证体系运行前的准备工作

① 质量保证体系文件经厂长（经理）批准发布后，应组织中层以上的干部进行培训学习。然后再安排全体职工进行教育培训。要从全过程控制的目标出发，训练职工熟悉新的工作程序和工作见证，使全体员工、各职能部门、各级质量保证机构都了解自己的职责范围和职、责、权，熟悉产品质量要求和控制方法。

② 根据质量保证体系文件发放范围的规定，保证文件发放到位，以便贯彻执行。

③ 完善必要的硬件设施条件，如整顿生产条件、完善检测手段、添置必要的工装设备等。

（2）质量保证体系的运行

质量保证体系设计确定之后，应进行质量保证体系的试运行，就是按照规定的质量控制程序和要求演练其流转的过程，各级责任人员按照质量保证手册和程序文件中规定的职、责、权进行工作。产品制作过程中的每一道工序，操作者应按制造过程卡和图样要求进行自检，并及时在规定的见证上签字后，方可将工件向下一道工序流转。按规定由专职检验员检查的工序，专职检验员应及时进行检查，并办理相关的签字手续。需要责任工程师确认、审核、批准或监检人员在场监制的，应及时通知相应的责任人员按规定执行。质量保证体系试运行完成一个循环周期后，应及时进行总结，评定试运行产品的最终质量和质量控制的完善程度。然后，按照质量保证体系文件要求，全面正式运行其质量保证体系。

质量责任人员职责到位、认真执法，是质量保证体系正常运行的关键。质保师应根据自己的职责，有效而严密地组织好质量管理工作；各专业责任师应按规定做好本岗位的质量控制；质量检验员要秉公执法、一丝不苟、认真负责；操作者应严格按图样、工艺过程卡、作业指导书等文件规定进行操作，并做好"监督上道工序质量，做好本道工序的质量"。

质量保证体系运行有效的标志是：

① 厂长（经理）制定的质量方针和质量目标为全体员工所理解熟悉，并得到贯彻和坚持；

② 压力容器制造法规、标准和各质量控制系统的要求及各项体系文件均得到落实和贯彻实施，任何工作和生产活动均具有可追溯性。

③ 质量监督、检查验证系统有充分、明确并具有独立行使其职责的权力，且行使质量

否决的权利不受任何干扰；

④ 高效、灵敏地对不合格事项和不合格品质量信息进行反馈和处理，并记录报告；

⑤ 严格和明确的工艺纪律，做到"有法可依、有法必依、执法必严、违法必究"；员工教育有素，安全生产井井有条，环境清洁文明；

⑥ 定期进行质量分析、内部质量审核和管理评审，并有完善的质量记录报告；

⑦ 企业资源条件符合国家法规的规定；

⑧ 产品质量持久稳定，没有因制造质量问题发生安全质量事故；

⑨ 具有完整、正确、有效的质量体系文件(质量保证手册、管理标准、技术标准、程序文件、质量记录样表、压力容器现行标准目录、工厂必备的资源条件和综合情况汇总表等)。

⑩ 各质量控制系统有充分明确的质量职能分配，及各自有效或协同实施的职责和权限。

8.3.6 质量保证体系的自我完善

质量保证体系需要采取自我完善的机制才能保证不退步。自我完善的主要措施如下：

(1) 制定和实施纠正措施与预防措施

纠正措施是针对已发生的不合格品而言；预防措施是针对潜在的不合格而言。制定措施要跟踪验证是否真实有效。

(2) 内部审核

内部审核是企业质保师组织各个环节的责任师进行的质量工作评审，是为获得质量体系审核的证据，并对其进行客观的评价，以确定满足审核准则的程度所进行的系统的、独立的，并形成文件的过程。

(3) 管理评审

管理评审由厂长(经理)主持，至少每年一次。评审质量管理体系的统一性、充分性和有效性。评审应包括评价质量管理体系的改进和变更的需要，包括质量方针和质量目标。

复习题

8-1 何为质量管理？

8-2 何为特种设备？我国特种设备包括哪些？

8-3 简述特种设备法规标准体系框架的五个层次。

8-4 何为 ISO 9000 族标准？

8-5 质量保证体系的作用是什么？

8-6 过程设备制造质量管理的基本要素有哪些？

附录 《过程设备制造》课程教学大纲

课程英文名称：Process Equipment Manufacturing

课程编号：

课程参考学时：48

学分：3

课程简介：本课程适用于过程装备与控制工程专业及其他相关专业本科生，为过程装备与控制工程专业的核心专业课之一。本课程的任务是综合运用学科基础课与学科相关专业课中的基本理论和相关知识，培养学生具有进行过程设备制造的基本知识和制定过程设备制造工艺的基本能力。

一、课程教学内容及教学基本要求

过程设备制造绪论

要求了解过程装备、过程设备的含义(考核概率50%)；了解过程设备(压力容器)的基本结构(考核概率60%)；了解过程设备制造工艺大致流程及过程设备制造特点。

第一章 过程设备下料工艺

第一节 钢材的预处理

本节要求了解过程设备壳体制造准备中，常用钢材的净化方法(考核概率30%)和矫形方法(考核概率30%)。

1. 净化处理

2. 矫形

第二节 展开划线

本节要求了解壳体零部件下料展开尺寸确定的方法，掌握可展开和不可展开零部件的展开计算公式(考核概率80%)，能够进行展开计算(考核概率100%)。掌握号料划线和标志移植方法。

1. 零件的展开计算

2. 号料划线

3. 标记和标志移植

第三节 切割下料及边缘加工

本节要求了解金属常用切割方法(考核概率50%)，掌握主要切割方法的技术要求(考核概率20%)；了解板材边缘和坡口的加工方法(考核概率40%)，了解切割和边缘加工的机械和器具。

1. 机械切割

2. 氧乙炔切割

3. 等离子切割

4. 机械化切割装置

5. 碳弧气刨

6. 高压水射流切割

7. 钢板的边缘加工

第二章 过程设备成形工艺

第一节 筒节的卷制

本节要求了解钢板弯卷变形率的概念(考核概率60%),掌握冷卷和热卷成形的工艺特点,了解各种卷板机的工作原理及弯卷过程(考核概率30%)。

1. 钢板弯卷的变形率

2. 冷卷与热卷成形的概念

3. 卷板机工作原理及卷板工艺

第二节 封头的成形工艺

本节要求了解常见封头的结构形式和封头成形的工艺过程,了解封头冲压成形和旋压成形的机械设备工作原理(考核概率20%),掌握冷冲压和热冲压的条件(考核概率50%),了解冲压成形易产生的缺陷(考核概率40%)。

1. 封头的冲压成形

2. 封头的旋压成形

3. 封头制造的质量要求

第三节 U 形波纹膨胀节成形工艺

本节要求了解压力容器膨胀节的结构形式(考核概率80%),了解U形波纹膨胀节成形方法及工艺要点,掌握液压成形的成形压力和成形力的计算(考核概率50%),了解波纹管整形和稳定处理工艺。

1. 整体成形膨胀节波纹管成形工艺

2. 两半波焊接膨胀节波纹管成形工艺

3. 波纹管的整形工艺

4. 波纹管的稳定处理工艺

第四节 管子弯曲成形工艺

本节要求了解生产中主要弯管方法(考核概率20%),掌握冷管和热管的选择条件,了解弯管易产生的缺陷及质量要求(考核概率30%),掌握弯管减薄率和弯管椭圆率的计算(考核概率70%)。

1. 冷管与热管方法的选择

2. 管子冷管方法

3. 管子热管方法

4. 弯管缺陷及质量要求

第五节 型钢的弯曲

本节要求了解型钢弯曲方法。

第三章　过程设备焊接工艺

第一节　过程设备焊接接头

本节要求了解焊接接头的形式和特点，掌握焊接接头的分类（考核概率30%）；了解焊接接头各部位的组织和性能变化情况；了解焊接接头坡口形式和焊缝符号，了解常见焊接缺陷及预防措施（考核概率40%）；了解焊接残余应力和残余变形的产生原因，掌握防止焊接残余应力和残余变形的方法（考核概率30%）。

1. 焊接接头的基本形式和特点
2. 过程设备焊接接头的分类
3. 焊接接头的组织与性能
4. 焊接接头坡口形式、符号及设计
5. 焊缝符号
6. 焊接接头常见焊接缺陷及预防措施
7. 焊接残余应力和残余变形

第二节　过程设备制造常用焊接方法

本节要求了解常用焊接方法及基本原理（考核概率50%），了解焊接设备和焊材种类（考核概率30%），了解焊接新技术（窄间隙焊、内控焊等）（考核概率30%）。

1. 焊条电弧焊
2. 埋弧焊
3. 气体保护焊
4. 电渣焊
5. 特殊焊接方法

第三节　过程设备焊接工艺分析

本节要求了解金属材料焊接性及其评定方法，掌握碳当量的计算（考核概率30%）；了解焊接工艺的内容及其编制过程（考核概率60%），了解焊接工艺评定的基本要求和评定过程（考核概率30%），掌握编制焊接工艺文件的方法。

1. 金属材料的焊接性及其评定
2. 焊接工艺分析
3. 焊接工艺评定

第四节　焊前预热与焊后热处理

本节要求了解焊前预热和焊后热处理的目的和作用（考核概率60%），了解预热和热处理的规范和方法。

1. 焊前预热
2. 后热与焊后消氢处理
3. 焊后热处理

第四章　过程设备组装工艺

第一节　组装技术要求

本节要求了解过程设备组装技术要求的内容（考核概率40%），掌握关键几何参数的定义和要求。

    1. 焊接接头的对口错边量

    2. 焊接接头的棱角度

    3. 不等厚钢板对接的钢板边削薄量

    4. 筒体组对直线度要求

    5. 筒体组对圆度要求

    6. 焊接接头布置要求

    7. 焊缝表面的形状尺寸及外观要求

第二节　组装工艺过程

    本节要求了解设备组装手工器具和机械设备，了解器具和机械的使用过程，了解筒节、筒节与筒节、筒节与封头的组装过程(考核概率40%)，了解开孔接管和支座组装的要点(考核概率20%)。

    1. 筒节手工组装工艺

    2. 利用机械组装筒节的过程

    3. 筒体组装工艺

    4. 开孔接管组装要点

    5. 支座组装要点

第三节　组装机械简介

    本节要求了解过程设备组装机械化和自动化的一些新装备技术。

第五章　过程设备机加件加工工艺

第一节　机加件常见表面形式

    本节要求了解机械加工零件常见表面形式的种类及其几何特点(考核概率60%)。

第二节　机加件的表面质量和加工精度要求

    本节要求了解机加件表面质量要素和加工精度概念(考核概率40%)，了解尺寸精度等级、形位公差分类、表面粗糙度等概念(考核概率30%)。

    1. 机加件的表面质量要素

    2. 机加件加工精度的概念

    3. 机加件的尺寸精度等级及形位公差分类

    4. 机加件的表面粗糙度

第三节　机床的分类和型号

    本节要求了解机床的分类方法和常用机床的名称(考核概率30%)，了解机床型号表示方法。

    1. 机床的分类

    2. 机床的型号

第四节　金属加工切削方法概述

    本节要求了解刀具切削加工和磨料切削加工的主要方式(考核概率50%)，了解各种加工机床结构及加工工艺要点，了解特种切削加工方法。

    1. 车削加工

    2. 钻削加工

3. 镗削加工

4. 刨削加工

5. 铣削加工

6. 磨削加工

7. 特种切削加工方法简述

第五节　机加件表面加工方案

本节要求了解法兰、管板等机加件加工方法，掌握外圆、内圆(孔)和平面表面的加工方案选择(考核概率40%)。

1. 外圆表面加工方案

2. 内圆表面(孔)加工方案

3. 平面加工方案

4. 机加件精度等级及其相应加工方法

第六节　机加件毛坯及其选择

本节要求了解机加件常用毛坯的种类和特点(50%)，掌握选择毛坯时应考虑的因素。

1. 常用毛坯的种类及其特点

2. 选择毛坯应考虑的因素

第七节　典型机加件加工工艺过程

本节要求了解法兰、管板等机加件的加工工艺流程。

1. 法兰加工工艺过程

2. 管板加工工艺过程

第八节　机加件加工工艺规程

本节要求了解机械加工工艺过程组成(考核概率40%)，了解工艺规程的作用，掌握机加工艺规程编制方法(考核概率40%)，能够编制机加工艺规程。

1. 机加件加工工艺过程的组成

2. 机加件工艺规程的编制

3. 工艺规程的作用

第六章　过程设备制造质量检验与检测

第一节　概述

本节要求了解过程设备制造质量检验的目的、内容和方法(60%)，了解过程设备存在的缺陷类型及允许存在缺陷的概念。

1. 质量检验的目的

2. 质量检验的内容与方法

3. 过程设备的缺陷及允许存在缺陷的概念

第二节　宏观检验概述

本节要求了解宏观检验方法及检查的缺陷类型。

第三节　理化检测概述

本节要求了解理化检测的内容和方法。

1. 力学性能试验

2. 化学成分分析

3. 耐腐蚀性试验

第四节 射线检测及质量等级评定

本节要求了解射线检测方法是用的范围(考核概率70%),了解射线种类及射线检测原理,掌握射线检测技术要点和质量等级评定方法(考核概率50%)。

1. 射线检测所用射线及其性质

2. 射线检测原理

3. 射线检测技术要点

4. 射线检测设备简介

5. 射线检测质量等级评定

第五节 超声检测及质量等级评定

本节要求了解超声检测适用范围(考核概率80%),了解超声检测原理,掌握超声检测技术要点,掌握缺陷定量和质量等级评定方法(考核概率50%);了解衍射时差法超声检测原理和技术要点。

1. 超声检测原理

2. 超声检测设备

3. 超声检测技术要点

4. 缺陷定量与质量等级评定

5. 衍射时差法超声检测

第六节 磁粉检测及质量等级评定

本节要求了解磁粉检测适用范围和检测原理(考核概率60%),掌握磁粉检测技术要点及质量分级方法。

1. 磁粉检测原理及特点

2. 磁粉检测技术要点

3. 磁粉检测质量分级

第七节 渗透检测及质量等级评定

本节要求了解渗透检测原理,了解渗透检测技术要点和质量分级方法(考核概率30%)。

1. 渗透检测基本原理及特点

2. 渗透检测技术要点

3. 渗透检测质量分级

第八节 涡流检测简介

本节要求了解涡流检测适用范围和检测原理。

第九节 声发射检测简介

本节要求了解声发射检测原理及应用情况。

第十节 耐压试验与泄漏试验

本节要求了解耐压试验和泄漏试验的种类(考核概率70%),掌握各种试验的要求和耐压试验试验压力的确定方法(50%)。

1. 耐压试验

2. 泄漏试验

第七章　典型过程设备制造

第一节　高压过程设备制造

本节要求了解高压容器的结构型式及结构特点(考核概率50%)，了解各种类型高压容器制造工艺要点和技术要求。

1. 单层卷焊式高压容器
2. 单层锻焊式高压容器
3. 多层包扎式高压容器
4. 钢带错绕式高压容器
5. 套合式高压容器

第二节　塔设备制造

本节要求了解塔设备的总体结构特点及主要零部件组成(考核概率20%)，了解塔设备制造工艺过程，掌握塔设备制造的主要技术要求(考核概率30%)。

1. 塔设备的结构特点
2. 塔设备制造工艺过程
3. 塔设备压力试验注意事项

第三节　管壳式换热器制造

本节要求了解管壳式换热结构类型及其特点，了解换热器型号表示方法和各零部件名称，了解换热器主要零部件制造工艺过程和技术要求(考核概率60%)，掌握管束组装过程和技术要求，了解换热器整体装配的技术要求，了解热处理、无损检测、耐压试验等要求(考核概率20%)。

1. 管壳式换热器的结构
2. 管壳式换热器主要零部件制造
3. 管束组装
4. 换热器整体装配技术要求
5. 热处理与无损检测要求
6. 耐压试验工序
7. 换热器的泄漏试验

第四节　球形储罐制造

本节要求了解球罐总体结构及零部件组成(考核概率50%)，了解球壳板制造过程与技术要求，了解球罐整体组装方法。

1. 球罐的结构
2. 球壳板的制造
3. 球罐整体组装

第五节　过程设备的出厂要求

本节要求了解设备出厂资料内容、产品铭牌内容。

1. 设备出厂资料
2. 产品铭牌要求
3. 设备的涂覆与运输包装

第八章　过程设备制造质量管理和质量管理体系

第一节　我国特种设备法规体系概述

本节要求了解我国过程设备制造质量管理法规、标准体系(考核概率 30%)，了解安全监察机构与职能(考核概率 30%)，了解过程设备制造质量监督检验的机构和检验内容。

1. 我国特种设备法规标准体系框架
2. 特种设备安全监察机构与职能
3. 特种设备制造许可制度
4. 特种设备制造质量监督检验

第二节　质量管理和质量保证体系 ISO 9000 族标准简介

本节要求了解 ISO 9000 质量保证体系的来历和质量管理思想。

第三节　过程设备制造质量保证体系的建立

本节要求了解过程设备制造质量管理的基本要素(考核概率 40%)，了解质量保证体系的结构及建立原则，掌握质量体系文件编制要点(考核概率 30%)，了解质量保证体系运行机制。

1. 压力容器制造质量管理的基本要素
2. 建立质量保证体系的原则
3. 质量保证体系的结构
4. 质量体系文件及编制要点
5. 质量保证体系的运行
6. 质量保证体系的自我完善

第四节　QHSE 管理体系简介

本节要求了解 QHSE 管理体系的来历和具体内容。

二、教学内容学时分配一览表

内容	理论学时	实践学时	建议的教学组织形式
绪论	2		讲授、多媒体
过程设备下料工艺	6		讲授、多媒体
过程设备成形工艺	6		讲授、多媒体
过程设备焊接工艺	6		讲授、多媒体
过程设备组装工艺	4		讲授、多媒体
过程设备机加件加工工艺	6		讲授、多媒体
过程设备制造质量检验与检测	6		讲授、多媒体
典型过程设备制造	8		讲授、多媒体
过程设备制造质量管理和质量管理体系	4		讲授
合计	48		

说明：

本大纲主要参考《过程设备制造》教材进行编写，只作为教学指导性文件，大纲中列出的基本内容、基本要求、教学环节安排及先后顺序可根据具体情况进行安排。

参考文献

[1] 邹广华, 刘强编著. 过程装备制造与检测. 北京: 化学工业出版社, 2003

[2] 王文友主编. 过程装备制造工艺. 北京: 中国石化出版社, 2009

[3] 朱方鸣主编. 化工机械制造技术. 北京: 化学工业出版社, 2005

[4] 姚慧珠, 郑海泉主编. 化工机械制造工艺. 北京: 化学工业出版社, 1990

[5] 王启平主编. 机械制造工艺学. 哈尔滨: 哈尔滨工业大学出版社, 2005

[6] 王先逵编著. 机械制造工艺学. 北京: 机械工业出版社, 2007

[7] 冯兴奎主编. 过程设备焊接. 北京: 化学工业出版社, 2003

[8] 王春林, 庞春虎主编. 化工设备制造技术. 北京: 化学工业出版社, 2009

[9] 张声主编. 压力容器制造单位质量保证人员实用手册. 上海: 华东理工大学出版社, 1999

[10] 曹良裕, 巍战江. 钢的碳当量公式及其在焊接中的应用. 材料开发与应用, 1999, 14(1): 39-43

[11] 肖新汉. 波形膨胀节—半波环形圆盘成型工艺的改进. 压力容器, 1987, 4(5): 71-72

[12] 刘云马. 折边锥形封头与变径段的简易成形. 石油化工设备, 1987, 16(12): 32-33

[13] 徐开先主编. 波纹管类组件的制造及其应用. 北京: 机械工业出版社, 1998

[14] 李永生, 李建国主编. 波形膨胀节实用技术. 北京: 化学工业出版社, 2000

[15] 中华人民共和国特种设备安全法, 2014

[16] 中华人民共和国国务院令. 特种设备安全监察条例, 2009

[17] TSG R0004—2008 固定式压力容器安全技术监察规程

[18] GB 150.1—2011 压力容器 第1部分: 通用要求

[19] GB 150.4—2011 压力容器 第4部分: 制造、检验和验收

[20] HG 20584—1998 钢制化工容器制造技术要求

[21] GB 16749—1997 压力容器波形膨胀节

[22] JB/T 4730—2005 承压设备无损检测

[23] NB/T 47014—2011 承压设备焊接工艺评定

[24] NB/T 47015—2011 压力容器焊接规程

[25] GB 151—1999 管壳式换热器

[26] GB/T 25198—2010 压力容器封头

[27] JB/T 4710—2005 钢制塔式容器

[28] GB 12337—2010 钢制球形储罐

[29] GB/T 18182—2012 金属压力容器声发射检测及结果评价方法

[30] NB/T 47013.10—2010 承压设备无损检测 第10部分: 衍射时差法超声检测

[31] GB/T 11345—2013 焊缝无损检测 超声检测 技术、检测等级和评定